백점 과학과 내 교과서 비교하기

단원		1. 신나는 과학 탐구	2. 동물의 생활
주제명		● 나의 과학 탐구 ● 신나는 과학 탐구	❶ 주변에서 사는 동물, 동물 분류하기 ❷ 땅에서 사는 동물, 물에서 사는 동물 ❸ 날아다니는 동물, 사막이나 극지방에서 사는 동물 ❹ 동물의 특징을 모방하여 활용한 예, 동물의 생김새
백점 쪽수	개념북	5 ~ 12	13 ~ 40
	평가북	-	2 ~ 13
교과서별 쪽수	동아출판	8 ~ 15	16 ~ 41
	금성출판사	8 ~ 19	20 ~ 47
	김영사	8 ~ 19	20 ~ 43
	비상교과서	-	10 ~ 37
	아이스크림미디어	8 ~ 15	16 ~ 43
	지학사	8 ~ 17	18 ~ 43
	천재교과서	12 ~ 25	26 ~ 53

활용 방법

❶ 오늘 공부할 단원과 내용을 찾습니다.
❷ 내가 배우는 교과서의 출판사명에서 공부할 내용에 해당하는 쪽수를 찾습니다.
❸ 찾은 쪽수와 해당하는 백점 과학은 몇 쪽인지 확인합니다.

3. 지표의 변화	4. 물질의 상태	5. 소리의 성질
❶ 장소에 따른 흙의 특징 ❷ 흙이 만들어지는 과정 ❸ 흐르는 물에 의한 땅의 모습 변화 ❹ 강과 바닷가 주변의 모습	❶ 고체의 성질 ❷ 액체의 성질 ❸ 공간을 차지하는 기체의 성질 ❹ 이동하는 기체의 성질 ❺ 무게가 있는 기체의 성질, 물질의 분류	❶ 소리가 나는 물체, 큰 소리와 작은 소리 ❷ 높은 소리와 낮은 소리 ❸ 소리의 전달 ❹ 소리의 반사, 소음을 줄이는 방법
41 ~ 68	69 ~ 100	101 ~ 128
14 ~ 25	26 ~ 37	38 ~ 48
42 ~ 63	64 ~ 87	88 ~ 111
48 ~ 69	70 ~ 89	90 ~ 111
44 ~ 67	68 ~ 91	92 ~ 115
38 ~ 63	64 ~ 87	88 ~ 113
44 ~ 67	68 ~ 93	94 ~ 117
44 ~ 67	68 ~ 91	92 ~ 113
54 ~ 77	78 ~ 101	102 ~ 125

백점

BOOK 1 개념북

과학 3·2

구성과 특징

BOOK 1 개념북

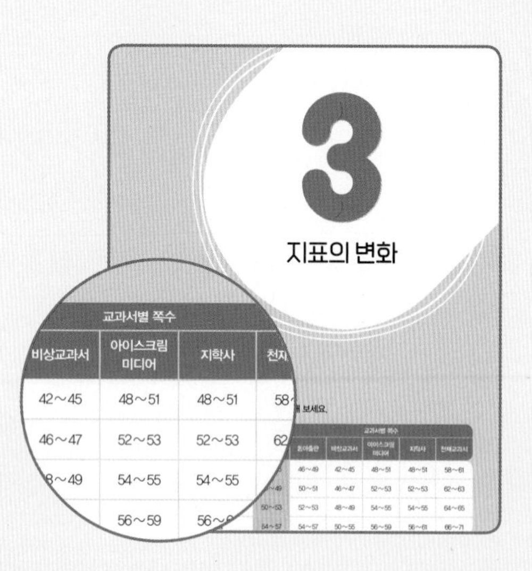

검정 교과서를 통합한 개념 학습

2022년부터 초등 3~4학년 과학 교과서가 국정 교과서에서 **7종 검정 교과서**로 바뀌었습니다.

'백점 과학'은 **검정 교과서의 개념과 탐구를 통합적으로 학습**할 수 있도록 구성하였습니다. 단원별 검정 교과서 학습 내용을 확인하고 **개념 학습, 문제 학습, 마무리 학습**으로 이어지는 3단계 학습을 통해 검정 교과서의 통합 개념을 익혀 보세요.

1 개념 학습

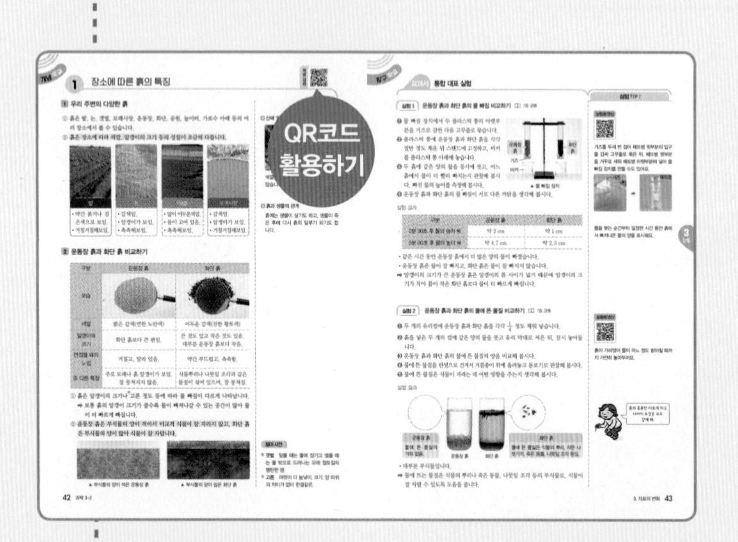

- 검정 교과서의 내용을 통합한 **핵심 개념**을 익힐 수 있습니다.
- **교과서 통합 대표 실험**을 통해 검정 교과서별 중요 실험을 확인할 수 있습니다.
- QR을 통해 개념 이해를 돕는 **개념 강의**, 한눈에 보는 **실험 동영상**이 제공됩니다.

2 문제 학습

- **기본 개념 문제**로 개념을 파악합니다.
- **교과서 공통 핵심 문제**로 여러 출판사의 공통 개념을 익힐 수 있습니다.
- **교과서별** 문제를 풀면서 다양한 교과서의 개념을 학습할 수 있습니다.

3 마무리 학습

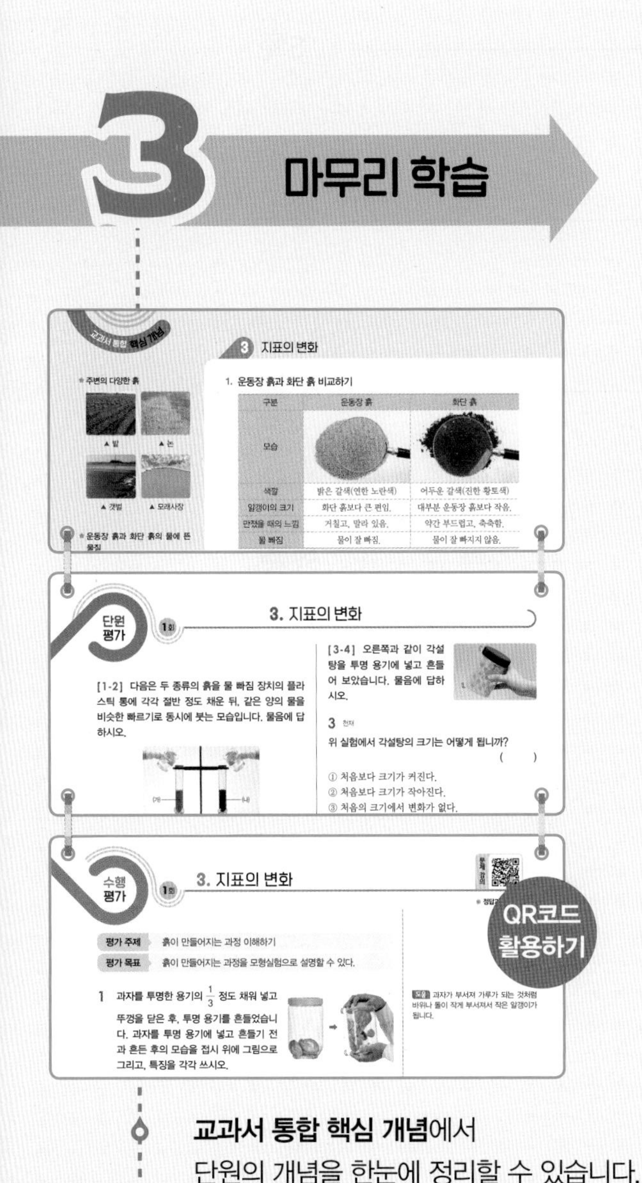

교과서 통합 핵심 개념에서
단원의 개념을 한눈에 정리할 수 있습니다.

단원 평가와 **수행 평가**를 통해
단원을 최종 마무리할 수 있습니다.

BOOK 2 평가북

학교 시험에 딱 맞춘 평가 대비

묻고 답하기

묻고 답하기를 통해 핵심 개념을 다시 익힐 수
있습니다.

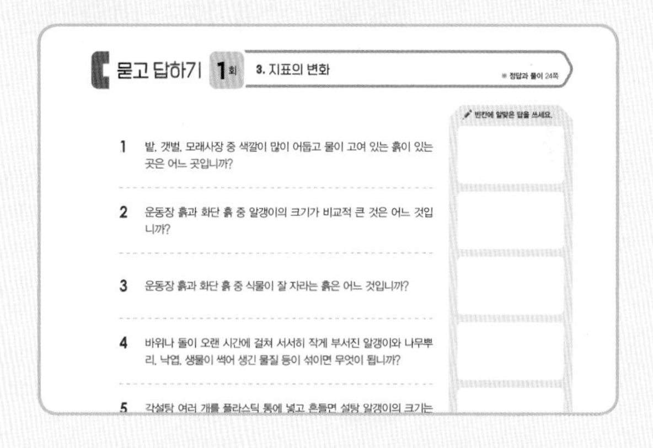

단원 평가 기출/실전 / 수행 평가

단원 평가와 수행 평가를 통해 학교 시험에 대비할 수
있습니다.

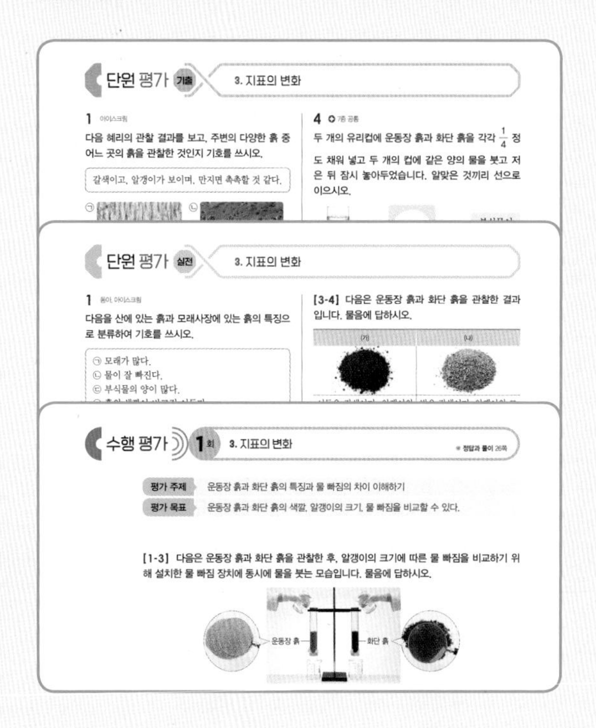

차례

1

신나는 과학 탐구

학습 내용과 교과서별 해당 쪽수를 확인해 보세요.

학습 내용	백점 쪽수	교과서별 쪽수			
		동아출판	아이스크림 미디어	지학사	천재교과서
나의 과학 탐구 (탐구 문제, 탐구 계획, 탐구 실행, 탐구 결과 발표, 새로운 탐구 시작)	6~9	–	10~15	10~17	14~25
신나는 과학 탐구 (관찰, 분류, 측정, 예상, 추리, 의사소통)	10~12	10~15	–	–	–

★ 2015 개정 과학과 교육과정에서는 다양한 탐구 중심의 학습이 이루어지도록 학년별 위계가 정해져 있지 않습니다. 자신의 학교에 맞는 학습 내용을 선택하여 활용하면 됩니다.

- **나의 과학 탐구**는 금성출판사 「과학자처럼 탐구를 계획해 볼까요?」, 김영사 「1. 재미있는 나의 탐구」, 아이스크림미디어 「재미있는 탐구 생활」, 지학사 「1. 나의 과학 탐구」, 천재교과서 「1. 탐구야, 궁금한 점을 해결해 볼까?」 단원에 해당합니다.
- **신나는 과학 탐구**는 동아출판 「1. 신나는 과학 탐구」 단원에 해당합니다.

나의 과학 탐구

1 탐구 문제 정하기

① 주변에서 일어나는 일을 직접 관찰하면서 궁금한 점을 생각해 봅니다.
② 더 알고 싶거나 궁금한 점은 잊지 않도록 기록합니다.
③ 궁금한 점들 중에서 가장 알아보고 싶은 것 한 가지를 고릅니다.

탐구 1 팽이를 오래 돌게 하려면 어떻게 해야 할까?

탐구 2 비눗방울은 둥근 모양만 있을까?

④ 가장 알아보고 싶은 것으로부터 탐구 문제를 정합니다.

탐구 1 회전판을 여러 장 겹치면 팽이가 도는 시간이 길어질까?

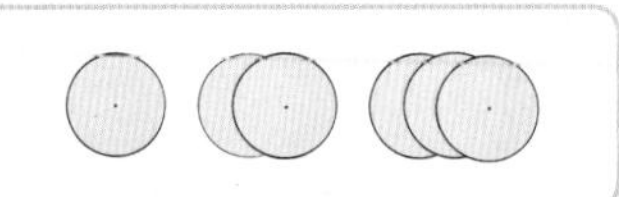

탐구 2 비눗방울이 나오는 막대 끝의 모양을 다르게 하면 다양한 모양의 비눗방울이 나올까?

⑤ 내가 정한 탐구 문제가 적절한지, 스스로 해결할 수 있는 문제인지 확인합니다.

탐구 문제를 정할 때 유의할 점

- 간단하고 명확해야 합니다.
- 탐구하는 사람이 답을 이미 알고 있는 것이면 안됩니다.
- 탐구하는 사람이 흥미와 호기심을 가질 수 있어야 합니다.
- 탐구하는 사람이 관찰이나 실험 등 탐구 과정으로 확인이 가능한 것이어야 합니다.

탐구 문제가 적절한지 확인하기

- 탐구하고 싶은 내용이 문제에 분명하게 드러나 있나요?
- 직접 관찰하고 탐구할 수 있나요?
- 탐구 준비물을 쉽게 구할 수 있나요?
- 관찰, 측정, 실험을 하여 결과를 얻을 수 있는 문제인가요?
- 간단한 조사로 쉽게 답을 찾을 수 있는 문제는 아닌가요?

2 탐구 계획하기

(1) 탐구 문제를 해결할 수 있는 방법 정하기

① 탐구 문제를 해결할 수 있는 실험 방법을 생각합니다.
② 실험에서 다르게 해야 할 것과 같게 해야 할 것을 생각해 봅니다.
③ 실험에서 다르게 한 것에 따라 바뀌는 것은 무엇인지 생각해 봅니다.

탐구 1
- 다르게 해야 할 것: 겹친 회전판의 개수
- 같게 해야 할 것: 회전판의 크기, 모양, 무게, 팽이 심의 종류와 길이 등
- 다르게 한 것에 따라 바뀌는 것: 팽이가 도는 시간

탐구 2
- 다르게 해야 할 것: 막대 끝의 모양
- 같게 해야 할 것: 비눗방울 액의 종류, 막대의 재료, 실험 장소 등
- 다르게 한 것에 따라 바뀌는 것: 비눗방울의 모양

(2) 탐구 계획 세우기

① 탐구 방법에 따라 탐구 순서를 정합니다. → 탐구 순서는 구체적으로 적는 것이 좋아요.
② 탐구를 했을 때 예상되는 결과를 생각해 봅니다.
③ 준비물을 정하고, 역할을 나눕니다. → 준비물을 계획할 때에는 안전에 유의하여 계획을 세우고, 준비물에 안전 장비를 포함하면 좋아요.

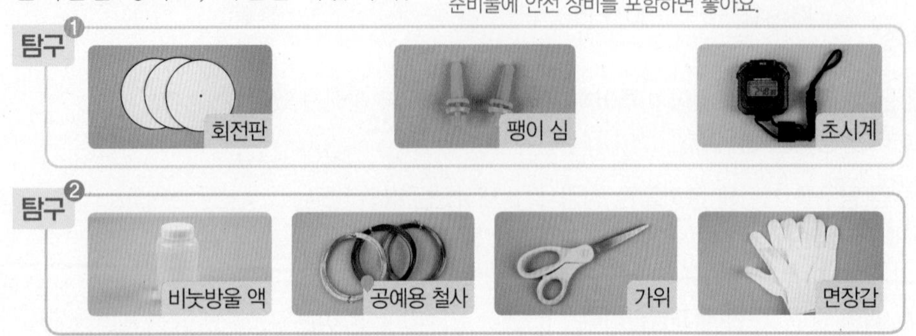

탐구 계획이 적절한지 확인하기

- 탐구 순서가 적절한가요?
- 탐구 방법으로 탐구 문제 해결이 가능한가요?
- 탐구에 필요한 준비물에 빠진 것이나 구하기 어려운 것이 있나요?

용어사전

- **회전판** 어떤 것을 축으로 물체가 빙빙 돌 수 있게 만든 판.
- **공예** 기능과 장식의 두 가지 방면을 조화시켜 일상생활에 필요한 물건을 만드는 일.

④ 앞 내용을 정리해서 탐구 계획을 세워 봅니다. — 다른 사람이 읽었을 때 쉽게 이해할 수 있도록 계획을 세우며 세운 탐구 계획을 확인하고, 보완해야 할 부분이 있다면 보완해요.

탐구 1

과학 탐구 계획서

탐구 문제	회전판을 여러 장 겹치면 팽이가 도는 시간이 길어질까?		
다르게 해야 할 것	겹친 회전판의 개수	같게 해야 할 것	회전판의 크기, 모양, 무게, 팽이 심의 종류와 길이 등
탐구 순서	❶ 회전판이 한 장인 팽이, 회전판을 두 장 겹친 팽이, 회전판을 세 장 겹친 팽이를 각각 만듭니다. ❷ 각각의 팽이를 5회씩 돌리면서 팽이가 멈출 때까지 걸린 시간을 잽니다. ❸ 가장 오래 도는 팽이를 찾습니다.		
예상되는 결과	회전판을 여러 장 겹칠수록 팽이가 오래 돌 것입니다.		
준비물	회전판, 팽이 심, 초시계 등		

탐구 2

과학 탐구 계획서

탐구 문제	비눗방울이 나오는 막대 끝의 모양을 다르게 하면 다양한 모양의 비눗방울이 나올까?		
다르게 해야 할 것	막대 끝의 모양	같게 해야 할 것	비눗방울 액의 종류, 막대의 재료, 실험 장소 등
탐구 순서	❶ 공예용 철사로 막대 끝의 모양을 각각 동그라미, 네모, 별 모양으로 만듭니다. ❷ 막대를 바꾸어 가며 비눗방울을 불고, 나오는 비눗방울의 모양을 관찰합니다.		
예상되는 결과	막대 끝의 모양에 따라 나오는 비눗방울의 모양이 다를 것입니다.		
준비물	비눗방울 액, 공예용 철사, 가위, 면장갑 등		

3 탐구 실행하기

① 탐구 결과를 어떻게 기록할지 정합니다. — 글과 그림으로 기록장에 기록하거나 표로 정리할 수 있어요.

② 탐구 계획에 따라 탐구를 실행하고, 나타나는 결과를 사실대로 기록합니다.

③ 탐구 결과를 정리합니다. — 탐구 과정을 반복해서 실행하면 더 정확한 결과를 얻을 수 있어요.

탐구 1

겹친 회전판의 개수		회전판 한 장	회전판 두 장	회전판 세 장
팽이가 도는 시간 (초)	1회	5	10	20
	2회	7	12	19
	⋮	⋮	⋮	⋮
	5회	6	12	22
팽이가 가장 오래 돈 시간(초)		8	11	23

탐구 2

막대 끝의 모양		동그라미	네모	별
비눗방울 모양	예상	동그라미	네모	별
	결과	공 모양	공 모양	공 모양

겹친 회전판의 개수에 따른 팽이가 도는 시간을 알아보는 탐구의 유의 사항

팽이를 돌릴 때 돌리는 사람에 의한 오차를 최대한 줄이기 위하여 팽이 돌리는 연습을 충분히 한 후, 가장 일정하게 돌릴 수 있는 사람이 돌리도록 합니다.

막대 끝의 모양에 따른 비눗방울의 모양을 알아보는 탐구의 유의 사항

- 학교 안의 야외 장소를 이용하고, 안전에 유의합니다.
- 사람을 향해서 비눗방울을 불지 않습니다.

탐구를 실행하기 전에 확인할 것

- 탐구 활동에 필요한 준비물을 준비했는지 확인합니다.
- 탐구를 하면서 관찰되는 실험 결과를 기록할 수 있는 기록장을 준비해야 합니다.
- 탐구 계획서를 확인하여 빠진 것이 없는지 확인합니다.

용어 사전

- **보완** 모자라거나 부족한 것을 보충하여 완전하게 함.
- **오차** 실제로 셈하거나 측정한 값과 이론적으로 정확한 값과의 차이.

④ 탐구 결과로 알게 된 것을 친구들과 이야기해 봅니다.

탐구 1
[탐구 결과] 회전판이 한 장인 팽이가 가장 짧게 돌고, 회전판을 세 장 겹친 팽이가 가장 오래 돌았습니다.
[알게 된 것] 회전판을 여러 장 겹칠수록 팽이가 오래 돕니다.

탐구 2
[탐구 결과] 동그라미, 네모, 별 모양의 막대 끝에서 나온 비눗방울은 모두 공 모양입니다.
[알게 된 것] 막대 끝의 모양과 관계없이 비눗방울은 공 모양입니다.

⑤ 탐구를 하기 전에 예상한 결과와 실제 탐구 결과를 비교해 봅니다.

+ 예상한 결과와 실제 결과가 다를 때 해야 할 일

- 탐구 계획대로 탐구가 실행되었는지 확인합니다.
- 탐구 결과를 사실대로 기록했는지 확인합니다.
- 실험 결과로 탐구 문제를 해결할 수 있는지 생각해 봅니다.

4 탐구 결과 발표하기

(1) 탐구 결과를 발표할 자료 만들기

① 탐구 결과를 이해하기 쉽게 전달할 수 있는 발표 방법과 발표 자료의 종류를 정합니다. —• 발표 자료에 표나 그림을 넣으면 발표를 듣는 사람이 더 잘 이해할 수 있어요.

② 발표 자료에 들어갈 내용을 확인한 후 발표 자료를 만듭니다.

(2) 탐구 결과 발표하기

① 탐구 결과를 발표하고, 친구들의 질문에 대답합니다.

② 다른 친구의 발표 내용을 주의 깊게 듣고 궁금한 점을 질문합니다.

③ 나의 발표에서 잘한 점과 보완해야 할 점을 정리해 봅니다.

+ 발표 자료에 들어가야 할 내용

탐구 문제, 시간과 장소, 탐구 방법, 준비물, 탐구 순서, 탐구 결과, 탐구를 하여 알게 된 것, 더 알아보고 싶은 것, 느낀 점 등을 씁니다.

5 새로운 탐구 시작하기

① 탐구하면서 더 알아보고 싶은 것이나 주위에서 알아보고 싶은 것을 찾아 봅니다.

② 알아보고 싶은 것 중에서 새로운 탐구 문제를 정하고, 탐구를 시작해 봅니다.

예

[탐구 문제] 고무찰흙이 어떤 모양일 때 물에 뜰까?
- 다르게 해야 할 것: 고무찰흙의 모양
- 예상되는 결과: 얇게 펴고 끝을 살짝 오므린 모양으로 만든 고무찰흙은 물에 뜰 것입니다.
- 준비물: 고무찰흙 반대기 세 개, 수조, 물, 수건 등

[탐구 문제] 어떤 물질에 사과를 담그면 색깔이 잘 변하지 않을까?
- 다르게 해야 할 것: 사과를 담그는 물질의 종류
- 예상되는 결과: 소금물에 담근 사과의 색깔이 가장 변하지 않을 것입니다.
- 준비물: 사과, 수돗물, 소금물, 설탕물, 레몬즙 탄 물, 초시계, 집게 등

[탐구 문제] 발포 비타민을 물과 식용유에 넣으면 어떻게 될까?
- 다르게 해야 할 것: 발포 비타민을 넣을 액체의 종류
- 예상되는 결과: 발포 비타민을 물에 넣으면 거품이 생기지만, 식용유에 넣으면 아무 변화가 없을 것입니다.
- 준비물: 발포 비타민, 물, 식용유, 투명한 유리컵 두 개 등

+ 탐구 문제에 따른 탐구 결과 예

[탐구 결과] 얇게 펴고 끝을 살짝 오므린 모양으로 만든 고무찰흙이 물에 뜹니다.

[탐구 결과] 레몬즙 탄 물에 담근 사과의 색깔이 가장 변하지 않았습니다.

[탐구 결과] 발포 비타민은 물에서는 반응이 일어나지만, 식용유에서는 반응이 일어나지 않습니다.

용어사전

- **반대기** 가루를 반죽한 것 등을 평평하고 둥글넓적하게 만든 조각.
- **발포** 거품이 남.

나의 과학 탐구

정답과 풀이 1쪽

1 단원

1 금성, 김영사, 아이스크림, 지학사, 천재

탐구 문제를 정하는 과정으로 ( ) 안에 들어갈 알맞은 말을 보기 에서 골라 기호를 쓰시오.

( ) 기록하기 ➡ 탐구 문제 정하기

보기
㉠ 궁금한 것　　㉡ 좋아하는 것
㉢ 하기 싫은 것　　㉣ 먹고 싶은 것

( )

[2-3] 다음 탐구 계획서를 보고, 물음에 답하시오.

탐구 문제	비눗방울이 나오는 막대 끝의 모양을 다르게 하면 다양한 모양의 비눗방울이 나올까?
탐구 순서	❶ 공예용 철사로 막대 끝의 모양을 각각 동그라미, 네모, 별 모양으로 만든다. ❷ 막대를 바꾸어 가며 비눗방울을 불고, 나오는 비눗방울의 모양을 관찰한다.

2 금성, 김영사, 아이스크림, 지학사, 천재

위 탐구 계획서에 추가로 들어갈 내용으로 알맞은 것을 보기 에서 모두 골라 기호를 쓰시오.

보기
㉠ 준비물　　㉡ 예상되는 결과
㉢ 같게 해야 할 것　　㉣ 다르게 해야 할 것

( )

3 서술형 아이스크림

위 탐구를 실행하여 얻은 다음 결과를 보고, 이 탐구를 통해 알게 된 것을 정리하여 쓰시오.

막대 끝의 모양	동그라미	네모	별
비눗방울 모양	공 모양	공 모양	공 모양

4 금성, 김영사, 아이스크림, 지학사, 천재

탐구 실행에 대한 설명으로 옳지 않은 것은 어느 것입니까? ( )

① 안전에 유의하면서 탐구를 실행한다.
② 탐구는 한 번만 실행하고 반복하지 않는다.
③ 탐구할 내용에 따라 측정 도구를 사용할 수도 있다.
④ 탐구를 실행하며 결과가 나오면 즉시 기록장에 기록한다.
⑤ 탐구를 실행하면서 어떤 결과가 나올지 미리 예상해 볼 수도 있다.

5 금성, 김영사, 지학사, 천재

탐구 결과 발표 자료를 만들 때 생각할 내용으로 알맞은 것을 보기 에서 두 가지 골라 기호를 쓰시오.

보기
㉠ 발표 자료를 어떻게 더 크고 화려하게 만들까?
㉡ 발표를 할 때 세계의 다른 나라에는 어떤 일이 일어날까?
㉢ 탐구 결과를 이해하기 쉽게 전달하려면 어떻게 해야 할까?
㉣ 탐구 결과 발표 자료에 반드시 들어가야 할 내용에는 어떤 것이 있을까?

( )

6 금성, 김영사, 지학사, 천재

탐구하면서 더 알아보고 싶은 것 중에서 새로운 탐구 문제로 적절하지 않은 것은 어느 것입니까?
( )

① 우리 가족은 몇 명일까?
② 어떤 종이비행기가 가장 멀리 날아갈까?
③ 손톱과 발톱 중 어느 것이 더 빨리 자랄까?
④ 강아지가 걸을 때와 뛸 때의 발자국 모양은 어떻게 다를까?
⑤ 바람개비가 돌아가는 속도는 날개의 개수에 따라 어떻게 다를까?

신나는 과학 탐구

1 관찰과 분류

(1) 관찰

① 관찰은 눈, 코, 입, 귀, 피부를 이용하여 사물이나 현상을 자세하게 살펴 보는 것입니다.

② 관찰한 결과는 느낌이나 감정보다 사실에 기초하여 기록합니다.

예

- 줄무늬가 있는 나비도 있습니다.
- 날개 끝에 꼬리 모양의 돌기가 있는 나비도 있습니다.
- 날개에 점과 무늬가 없이 하나의 색깔로만 이루어진 것도 있습니다.

(2) 분류

① 분류는 대상들을 관찰하여 공통점과 차이점을 바탕으로 무리 짓는 것입니다.

예

- 점이 있는 나비와 없는 나비가 있습니다.
- 줄무늬가 있는 나비와 없는 나비로 공통점과 차이점을 구분할 수 있습니다.
- 날개의 색깔이 한 가지인 나비와 두 가지 이상인 나비로 공통점과 차이점을 구분할 수 있습니다.

② 누구나 받아들일 수 있고 똑같이 분류할 수 있는 기준을 과학적인 분류 기준이라고 합니다.

예

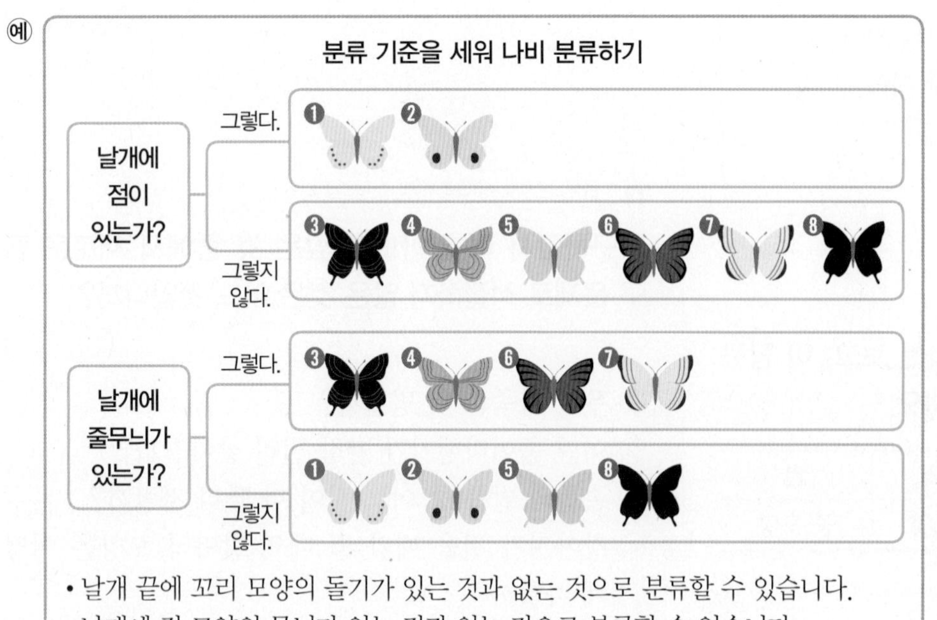

- 날개 끝에 꼬리 모양의 돌기가 있는 것과 없는 것으로 분류할 수 있습니다.
- 날개에 점 모양의 무늬가 있는 것과 없는 것으로 분류할 수 있습니다.
- 날개에 줄무늬가 있는 것과 없는 것으로 분류할 수 있습니다.

가상 생물을 관찰하고 분류하기

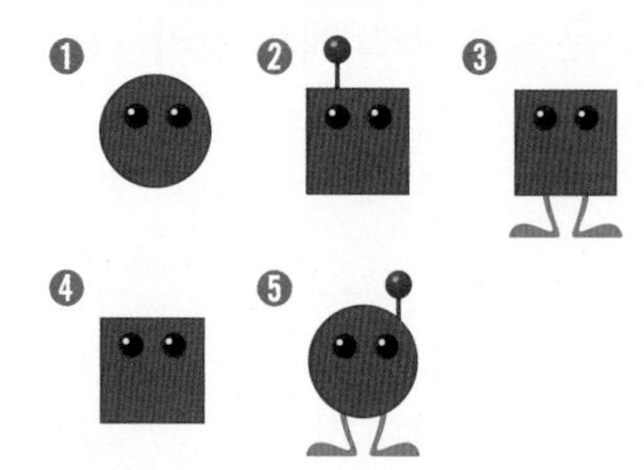

[관찰하기]

❶은 동그라미 모양입니다.
❷는 네모 모양이고 머리 위에 뿔 한 개가 있습니다.
❸은 네모 모양이고 다리 두 개가 있습니다.
❹는 네모 모양입니다.
❺는 동그라미 모양이고 머리 위에 뿔 한 개가 있고, 다리 두 개가 있습니다.

[분류하기]

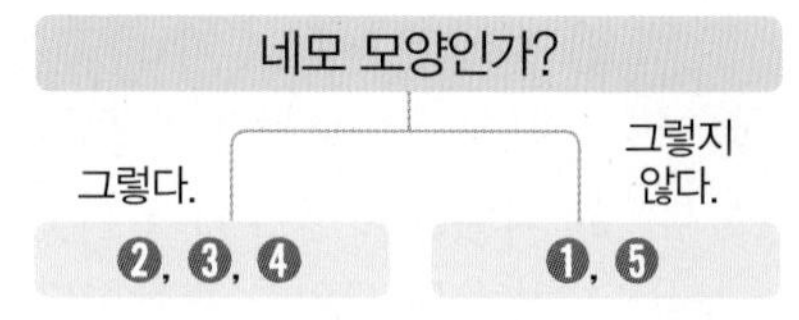

과학적인 분류 기준이 아닌 것

예를들어 '내가 좋아하는 색깔의 나비인가?'라는 분류 기준은 과학적인 분류 기준이 아닙니다. 좋아하는 것과 싫어하는 것은 사람에 따라 다른 결과가 나오기 때문입니다.

용어 사전

- **현상** 인간이 알아서 깨달을 수 있는 사물의 모양과 상태.
- **기초** 사물이나 일 등에서 기본이 되는 것.
- **돌기** 뾰족하게 내밀거나 도드라짐. 또는 그런 부분.

2 측정과 예상

(1) 측정

① 측정은 대상의 길이, 무게, 시간, 온도 등을 재는 것입니다.

② 측정을 여러 번 할수록 정확한 결과를 얻을 수 있습니다.

예

쇠구슬을 넣을 때 물의 높이 변화 측정하기

(물의 높이가 높아짐. / 쇠구슬)

처음 물의 높이	쇠구슬 한 개	쇠구슬 두 개	쇠구슬 세 개
약 8.0 cm	약 8.5 cm	약 9.0 cm	약 9.5 cm

[알 수 있는 사실] 쇠구슬이 한 개씩 늘어날 때마다 물의 높이는 일정한 간격으로 높아집니다. (0.5 cm씩 높아졌어요.)

(2) 예상

① 예상은 앞으로 일어날 수 있는 일을 생각하는 것입니다.

② 측정한 결과를 바탕으로 어떤 규칙을 찾으면 측정하지 않은 결과도 예상할 수 있습니다. — 예상한 값과 실제 측정한 값은 같을 수도 있지만 다를 수도 있어요.

예

[측정 결과]

구분	쇠구슬을 넣지 않았을 때	쇠구슬 한 개를 넣었을 때	쇠구슬 두 개를 넣었을 때	쇠구슬 세 개를 넣었을 때
물의 높이	약 8.0 cm	약 8.5 cm	약 9.0 cm	약 9.5 cm

[쇠구슬 다섯 개를 넣었을 때 물의 높이 예상하기] 쇠구슬을 한 개씩 넣을 때마다 물의 높이가 0.5 cm 정도씩 높아졌기 때문에, 쇠구슬 다섯 개를 넣었을 때 물의 높이는 약 10.5 cm가 될 것입니다.

3 추리와 의사소통

(1) 추리

① 추리는 관찰 결과, 과거 경험, 이미 알고 있는 것 등을 바탕으로 탐구 대상의 보이지 않는 현재 상태를 생각해 보는 것입니다.

② 관찰로 얻은 정보, 경험, 지식 등이 풍부할수록 과학적인 추리를 할 수 있습니다.

③ 추리한 것이 관찰 결과를 설명할 수 있어야 합니다.

(2) 의사소통

① 의사소통은 탐구하는 과정에서 다른 사람과 생각이나 정보를 주고받는 것입니다.

② 정확한 용어를 사용하여 이해하기 쉽게 설명합니다. — 간단하게 설명해요.

③ 타당한 근거를 제시하여 설명합니다.

④ 표, 그림, 몸짓 등과 같은 다양한 방법을 활용합니다.

다양한 측정 도구

길이는 자, 무게는 저울, 시간은 시계, 온도는 온도계를 사용해서 보다 정확하게 측정합니다.

측정하고 예상하기

- 대상을 측정할 때에는 알맞은 측정 도구를 선택합니다.
- 여러 번 측정하면 조금씩 값이 다르지만 비슷한 결과가 나옵니다.
- 이미 관찰하거나 측정한 값에서 규칙을 찾아내면 측정하지 않은 값을 예상할 수 있습니다.

발자국에 관하여 추리하기 예

[추리한 내용] 모래성 오른쪽에 있는 발자국의 주인은 갈매기일 것입니다.

의사소통의 범위

탐구 결과를 발표할 때뿐만 아니라 탐구하는 과정 중에서 친구와 서로 생각과 정보를 주고받는 과정 모두를 의사소통이라고 합니다.

용어 사전

- **규칙** 여러 사람이 다 같이 지키기로 작정한 법칙. 또는 제도나 법률 등을 만들어서 정한 질서.
- **타당한** 일의 이치로 보아 옳은.
- **근거** 어떤 일이나 의논, 의견에 그 근본이 됨. 또는 그런 까닭.

신나는 과학 탐구

정답과 풀이 1쪽

1 동아

다음 나비를 관찰한 결과로 옳은 것을 보기 에서 두 가지 골라 기호를 쓰시오.

보기
㉠ 줄무늬가 있는 나비도 있다.
㉡ 날개 끝에 꼬리 모양의 돌기가 없는 나비도 있다.
㉢ 날개에 점이나 무늬가 없이 하나의 색깔로만 이루어진 나비는 없다.

( )

2 서술형 동아

다음 가상 생물을 관찰하여 두 무리로 분류하려고 합니다. 분류 기준으로 알맞은 것을 두 가지 쓰시오.

[3-4] 다음은 같은 양의 물에 쇠구슬의 수를 다르게 하여 넣었을 때 물의 높이를 알아보는 탐구의 측정 결과입니다. 물음에 답하시오.

구분	쇠구슬 0개	쇠구슬 1개	쇠구슬 2개
물의 높이	약 8.0 cm	약 8.5 cm	약 9.0 cm

3 동아

위 측정 결과를 통해 알 수 있는 사실로 옳은 것에 ○표 하시오.

(1) 쇠구슬이 한 개씩 늘어날 때마다 물의 높이가 일정한 간격으로 높아졌다. ( )
(2) 쇠구슬을 넣지 않았을 때와 쇠구슬 2개를 넣었을 때 물의 높이는 약 0.5 cm 차이가 난다. ( )

4 동아

앞 탐구에서 물에 쇠구슬 3개를 넣었을 때 물의 높이를 예상한 것으로 알맞은 것은 무엇입니까?
( )

① 약 9.0 cm ② 약 9.5 cm
③ 약 10.0 cm ④ 약 10.5 cm
⑤ 약 11.0 cm

5 동아

어느 바닷가에서 다음과 같은 모습을 발견하고 추리한 내용으로 옳지 않은 것을 보기 에서 골라 기호를 쓰시오.

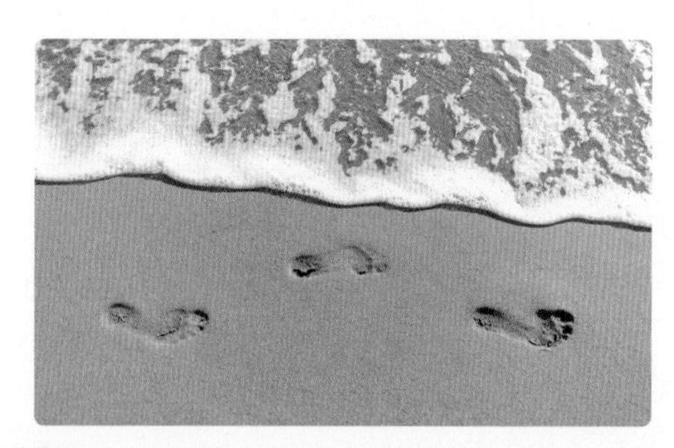

보기
㉠ 발자국의 모양으로 보아 사람의 발자국일 것이다.
㉡ 발자국의 크기로 보아 발자국 주인은 안경을 썼을 것이다.
㉢ 발자국의 모양으로 보아 발자국 주인은 신발을 신지 않고 걸어갔을 것이다.

( )

6 동아

다음 ( ) 안에 공통으로 들어갈 알맞은 말은 무엇인지 쓰시오.

( )은/는 탐구하는 과정에서 다른 사람과 생각이나 정보를 주고받는 것으로, ( )을/를 할 때에는 정확한 용어를 사용하여 이해하기 쉽게 설명해야 한다.

( )

동물의 생활

학습 내용과 교과서별 해당 쪽수를 확인해 보세요.

학습 내용	백점 쪽수	교과서별 쪽수				
		동아출판	비상교과서	아이스크림 미디어	지학사	천재교과서
1 주변에서 사는 동물, 동물 분류하기	14~17	20~23	14~17	20~23	22~27	30~35
2 땅에서 사는 동물, 물에서 사는 동물	18~21	24~29	18~19, 22~25	24~25, 28~31	28~31	36~41
3 날아다니는 동물, 사막이나 극지방에서 사는 동물	22~25	30~33	20~21, 26~27	26~27, 32~33	32~35	42~45
4 동물의 특징을 모방하여 활용한 예, 동물의 생김새	26~29	34~35	28~29	34~35	36~37	46~47

★ 동아출판, 김영사, 지학사, 천재교과서의 「2. 동물의 생활」 단원에 해당합니다.
★ 금성출판사, 비상교과서, 아이스크림미디어의 「1. 동물의 생활」 단원에 해당합니다.
★ 4의 '동물의 생김새'는 금성출판사 교과서의 38~41쪽에 해당하는 내용입니다.

1 주변에서 사는 동물, 동물 분류하기

1 주변에서 사는 동물

(1) 주변에서 동물을 볼 수 있는 곳 예

① 집에서 강아지를 키우고 있습니다.

② 학교 화단에서 개미와 나비를 보았습니다.

③ 공원의 나무에서 까치, 참새 등을 본 적이 있습니다.

④ 동물을 볼 수 있는 곳은 동물의 먹이가 있는 곳입니다.

⑤ 숨을 곳이 있어서 안전하게 생활할 수 있는 곳에서 동물을 볼 수 있습니다.

(2) 주변에서 볼 수 있는 동물

고양이	까치	참새

• 관찰한 곳: 집 주변 • 다리로 걷거나 뛰어다님. • 몸은 털로 덮여 있고, 꼬리가 있음.	• 관찰한 곳: 화단, 나무 위 • 날개가 있어 날아다님. • 몸은 검은색과 흰색 깃털로 덮여 있음.	• 관찰한 곳: 화단, 나무 위 • 날개가 있어 날아다님. • 몸은 갈색과 흰색 깃털로 덮여 있음.

거미	나비	꿀벌
• 관찰한 곳: 화단 • 다리 네 쌍으로 걸어 다님. • 실을 뽑아 그물처럼 쳐 놓고 벌레를 잡아먹음.	• 관찰한 곳: 화단 • 날개가 있어 날아다님. • 대롱같이 생긴 입으로 꽃의 꿀을 먹음.	• 관찰한 곳: 화단 • 날개가 있어 날아다니며, 꽃에 있는 꿀을 먹음. • 다리는 세 쌍이 있음.

개미	금붕어	공벌레
• 관찰한 곳: 화단 • 다리 세 쌍으로 걸어서 이동함. (개미 중에는 날개가 있는 개미도 있어요.) • 땅속이나 땅 위를 오가며 생활함.	• 관찰한 곳: 연못 • 지느러미로 물속에서 헤엄쳐 이동함. • 아가미가 있음.	• 관찰한 곳: 화단 • 건드리면 몸을 공처럼 둥글게 만듦. • 몸이 여러 개의 마디로 되어 있음.

① 우리 주변에는 여러 가지 동물이 살고 있습니다.

② 우리 주변에는 까치, 참새, 나비 등과 같이 날아다니는 동물도 있고 고양이, 개미, 공벌레 등과 같이 땅에서 사는 동물도 있습니다. 또 금붕어, 붕어처럼 물에서 사는 동물도 있습니다.

⊕ 우리 주변에 사는 동물을 더 알아보기 위한 방법

- 동물도감, 컴퓨터, 스마트 기기 등을 사용해서 동물의 특징을 찾아볼 수 있습니다.
- 이름을 잘 모르는 동물은 관찰하면서 사진을 찍은 뒤에 인터넷에서 정보를 검색하여 찾을 수 있습니다.

⊕ 주변에 있는 동물들과 함께 살아가기 위해 실천할 수 있는 일

- 동물을 괴롭히지 않습니다.
- 화단에 함부로 들어가지 않습니다.
- 동물이 사는 곳 주변에서 큰 소리로 이야기하지 않고, 조심스럽게 관찰합니다.

⊕ 동물을 관찰할 때 가져야 하는 태도

동물을 아끼고 사랑하는 마음을 가지고, 제대로 보살펴야 한다는 책임감을 가져야 합니다.

⊕ 작은 동물을 확대해서 관찰할 수 있는 관찰 도구

돋보기나 확대경을 이용하면 작은 동물을 확대하여 관찰할 수 있습니다. 특히, 확대경은 작은 동물을 가두어 놓고 관찰할 수 있어, 빠르게 움직이는 동물을 관찰하는 데 편리합니다.

▲ 돋보기

▲ 확대경

용어 사전

- **지느러미** 물고기 등이 몸의 균형을 유지하거나 헤엄치는 데 쓰는 기관. 등, 배, 가슴, 꼬리 등에 붙어 있음.
- **아가미** 물속에서 사는 동물, 특히 어류에 발달한 호흡 기관.

2 동물 분류하기

(1) **비슷한 특징을 가진 동물끼리 분류하기:** 여러 가지 동물의 생김새와 특징을 자세히 관찰하고 공통점과 차이점을 찾은 뒤 그중 한 가지를 골라 분류 기준을 세웁니다.

(2) **분류 기준을 세우고 동물 분류하기** ㉨

▲ 참새 ▲ 거미 ▲ 고양이 ▲ 뱀
▲ 금붕어 ▲ 달팽이 ▲ 지렁이 ▲ 꿀벌

① 생김새에 따라 분류하기

- 날개가 있는 것과 없는 것으로 분류할 수 있습니다.

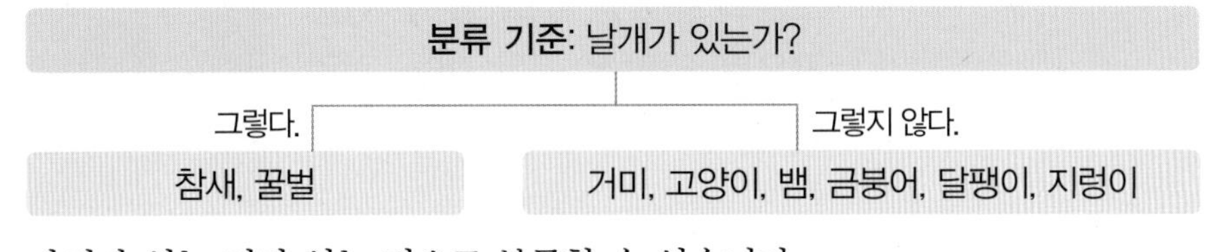

- 다리가 있는 것과 없는 것으로 분류할 수 있습니다.

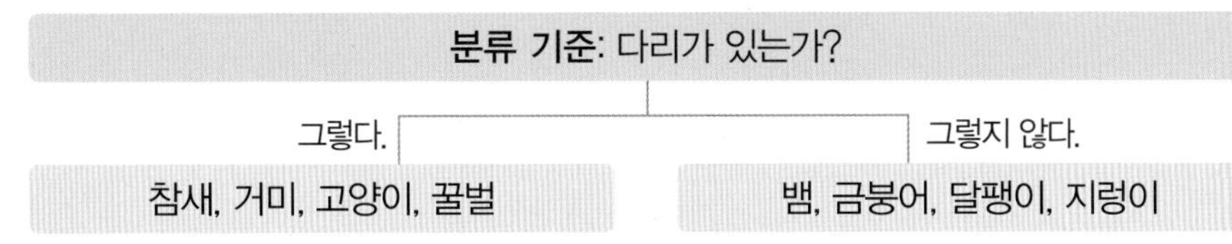

- 지느러미가 있는 것과 없는 것으로 분류할 수 있습니다.

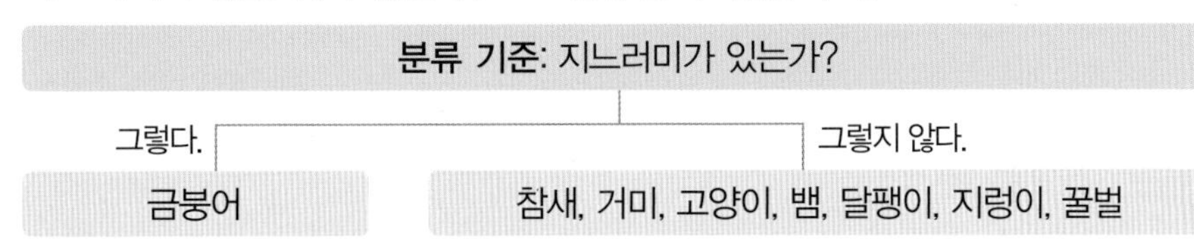

- 더듬이가 있는 것과 없는 것으로 분류할 수 있습니다.

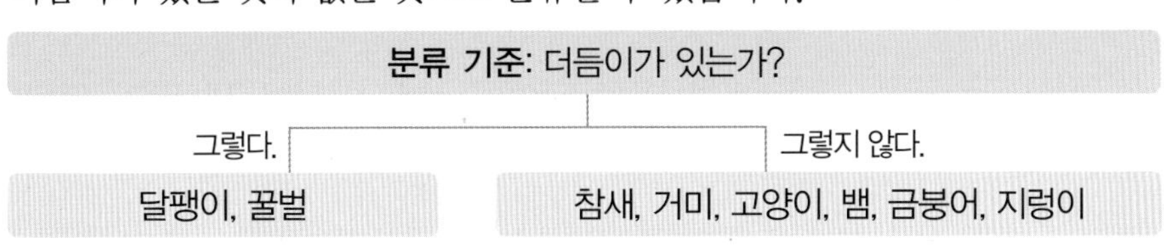

② 사는 곳에 따라 분류하기

- 물속에서 살 수 있는 것과 살 수 없는 것으로 분류할 수 있습니다.
- 땅에서 사는 것과 물에서 사는 것으로 분류할 수 있습니다.

(3) **동물을 분류하였을 때의 좋은 점:** 동물을 특징에 따라 분류하면 동물을 이해하는 데 도움이 됩니다.

동물을 분류하기 위해 분류 기준을 세우는 까닭

분류 기준을 세우지 않으면 사람마다 동물을 분류한 결과가 다를 수 있기 때문입니다.

분류 기준 정하기

- 분류 기준으로 '빠른가?'는 알맞지 않습니다. 어떤 동물이 빠르고 느린지를 판단하는 기준이 사람마다 다르기 때문입니다.
- '알을 낳는 동물인가?'는 분류 기준으로 알맞습니다. 누가 분류하더라도 같은 분류 결과가 나오기 때문입니다.

여러 가지 조개를 생김새에 따라 분류하기 ㉨

- 껍데기에 골이 패어 있는가?
- 껍데기가 매끈한가?

용어 사전

- **더듬이** 후각, 촉각 등을 맡아 보며, 먹이를 찾고 적을 막는 역할을 함.
- **골** 물체에 얕게 팬 줄이나 금.

1 주변에서 사는 동물, 동물 분류하기

기본 개념 문제

1

우리 주변에서 사는 동물에는 (   ) 등이 있습니다.

2

작은 동물을 확대해서 관찰할 수 있는 도구에는 (   )이/가 있습니다.

3

여러 가지 동물을 (   )에 따라 분류하면, 사람마다 분류한 결과가 같습니다.

4

참새, 금붕어, 달팽이 중 더듬이가 있는 것으로 분류할 수 있는 동물은 (   )입니다.

5

동물을 특징에 따라 분류하면 (   )을/를 이해하는 데 도움이 됩니다.

6 금성, 김영사, 비상, 아이스크림, 지학사, 천재

우리 주변에서 사는 동물에 대하여 옳게 말한 사람의 이름을 쓰시오.

- 영지: 나무 위에서는 먹이를 먹는 개를 볼 수 있어.
- 수현: 화단을 잘 살펴보면 개미와 거미를 볼 수 있지.
- 동민: 학교 옥상과 같이 높은 곳에서는 달팽이가 날아다니는 모습을 볼 수 있어.

(   )

7 동아, 금성, 김영사

오른쪽 동물을 주로 볼 수 있는 곳으로 알맞은 곳은 어느 것입니까? (   )

▲ 꿀벌

① 집안
② 물속
③ 화단
④ 돌 밑
⑤ 지하실

8 7종 공통

날개가 있어 날아다니며, 다리가 세 쌍인 동물의 기호를 쓰시오.

㉠ 
▲ 고양이

㉡ 
▲ 나비

㉢ 
▲ 개구리

(   )

[9-10] 다음은 주변에서 볼 수 있는 동물입니다. 물음에 답하시오.

(가)

▲ 공벌레

(나)

▲ 까치

(다)

▲ 개

(라)

▲ 금붕어

9 서술형 동아, 금성, 비상, 아이스크림, 지학사, 천재

위 (가)~(라) 중 주로 화단에서 볼 수 있고 몸이 여러 개의 마디로 되어 있는 동물의 기호를 쓰고, 이 동물을 건드렸을 때 어떤 변화가 있는지 쓰시오.

(1) 동물의 기호: (　　　　　　　　　　)

(2) 건드렸을 때의 변화: ______________________

____

10 동아, 금성, 비상, 아이스크림, 지학사, 천재

위 (가)~(라) 중 다음과 같은 특징이 있는 동물의 기호를 쓰시오.

- 나무 위에서 볼 수 있으며 날아다닌다.
- 몸은 검은색과 흰색 깃털로 덮여 있다.

(　　　　　　　　　　)

11 동아, 금성, 김영사, 비상, 천재

다음 동물들의 공통점으로 옳은 것은 어느 것입니까?

(　　　　)

▲ 거미

▲ 달팽이

▲ 뱀

① 날개가 없다.　　② 꼬리가 있다.
③ 다리가 없다.　　④ 물에 사는 동물이다.
⑤ 몸이 털로 덮여 있다.

12 ✚ 7종 공통

다음 중 동물을 분류하는 기준으로 알맞지 않은 것을 보기 에서 골라 기호를 쓰시오.

보기

㉠ 다리가 있는 것과 다리가 없는 것
㉡ 초식 동물인 것과 육식 동물인 것
㉢ 뿔이 멋진 것과 뿔이 멋지지 않은 것
㉣ 지느러미가 있는 것과 지느러미가 없는 것

(　　　　　　　　　　)

13 ✚ 7종 공통

다음 동물들을 다리의 개수에 따라 모두 분류하여 각각 이름을 쓰시오.

▲ 참새

▲ 개미

▲ 나비

▲ 까마귀

(1) 다리 한 쌍: (　　　　　　　　　　)

(2) 다리 세 쌍: (　　　　　　　　　　)

개념 학습

2 땅에서 사는 동물, 물에서 사는 동물

1 땅에서 사는 동물의 특징 알아보기

(1) 땅에서 사는 동물

① 땅 위에서 사는 동물: 소, 노루, 공벌레, 다람쥐, 너구리, 고라니, 토끼, 개, 여우, 달팽이, 거미 등이 있습니다.

② 땅속에서 사는 동물: 두더지, 땅강아지, 지렁이 등이 있습니다.

③ 땅 위와 땅속을 오가며 사는 동물: 뱀, 개미 등이 있습니다.

(2) 땅에서 사는 동물의 생김새와 생활 방식

동물 이름	사는 곳	특징
소	땅 위	• 몸이 털로 덮여 있고, 머리에 뿔이 있음. • 다리는 네 개이며, 걷거나 뛰어다님. • 꼬리가 있음.
노루	땅 위	• 몸이 털로 덮여 있고, 수컷은 머리에 뿔이 있음. • 다리는 네 개이며, 걷거나 뛰어다님. • 꼬리가 짧음.
공벌레	땅 위	• 몸이 여러 개의 마디로 되어 있음. (머리에는 더듬이가 있어요.) • 다리는 일곱 쌍이며, 위험을 느끼면 몸을 동그랗게 말고 움직이지 않음.
다람쥐	땅 위	• 몸이 털로 덮여 있고, 짙은 갈색의 줄무늬가 있음. • 다리는 네 개이며, 걷거나 뛰어다님. • 볼에 먹이를 넣는 주머니가 있고, 꼬리가 있음.
두더지	땅속	• 몸이 털로 덮여 있고, 눈이 거의 보이지 않음. • 앞발이 튼튼하여 땅속에 굴을 파서 이동함. • 꼬리가 짧음.
땅강아지	땅속	• 몸이 머리, 가슴, 배의 세 부분으로 구분됨. • 다리는 세 쌍임. • 앞다리를 이용해 땅을 팔 수 있음.
지렁이	땅속	• 몸이 길쭉한 원통 모양이며, 피부가 매끄러움. • 다리가 없어 기어 다님. • 썩은 나뭇잎이나 동물의 똥을 먹음.
뱀	땅 위와 땅속	• 몸이 길고 비늘로 덮여 있음. • 다리가 없어 기어서 이동함. • 혀는 가늘고 길며 끝이 두 개로 갈라져 있음.
개미	땅 위와 땅속	• 몸이 머리, 가슴, 배의 세 부분으로 구분됨. • 다리는 세 쌍이고 걸어 다님. • 개미 중에는 날개가 있는 것도 있음.

① 동물의 생김새와 생활 방식은 사는 곳의 환경과 관련이 있습니다.

② 땅에서 사는 동물 중에는 다리가 있어 걷거나 뛰어다니는 동물도 있고, 다리가 없어 기어 다니는 동물도 있습니다.

두더지와 지렁이가 사는 곳

두더지와 지렁이는 주로 땅속에서 생활하며 땅 위로는 드물게 올라오는 동물입니다. 따라서 두더지와 지렁이는 땅속에 사는 동물로 구분하는 것이 좋습니다.

노루와 지렁이의 생김새와 생활 방식이 서로 다른 까닭

노루는 땅 위에서 살고 지렁이는 땅속에서 살기 때문입니다.

땅강아지가 땅속에서 생활하기에 알맞은 특징

- 땅강아지는 몸길이의 200배나 되는 긴 굴을 팔 수 있습니다.
- 땅강아지는 삽처럼 생긴 크고 넓적한 앞다리가 있어, 쉽게 굴을 파고 이동할 수 있습니다.

용어사전

- **고라니** 노루의 일종으로 암수 모두 뿔이 없으며, 송곳니가 밖으로 나와 있는 것을 볼 수 있음.
- **비늘** 물고기나 뱀 등의 생물의 겉 피부를 덮고 있는 얇고 단단하게 생긴 작은 조각.

2 물에서 사는 동물의 특징 알아보기

(1) 물에서 사는 동물

① 강가나 호숫가에서 사는 동물: 수달, 개구리 등이 있습니다.

② 강이나 호수의 물속에서 사는 동물: 붕어, 다슬기, 물방개 등이 있습니다.

③ 바닷속에서 사는 동물: 돌고래, 오징어, 고등어, 전복, 상어 등이 있습니다.
(상어 → 아가미로 숨을 쉬어요.)

④ 갯벌에서 사는 동물: 조개, 게 등이 있습니다.

(2) 물에서 사는 동물의 생김새와 생활 방식

동물 이름	사는 곳	특징
수달	강가나 호숫가	• 몸이 길고 털로 덮여 있음. • 다리 네 개로 걸어 다니며, 발가락에 물갈퀴가 있어 물속에서 헤엄칠 수 있음.
개구리	강가나 호숫가	• 다리가 네 개로 앞다리는 짧고 뒷다리는 길며, 뒷발에 물갈퀴가 있음. (수달과 개구리는 발에 물갈퀴가 있어 쉽게 헤엄을 칠 수 있어요.) • 땅에서는 뛰어다니고, 물속에서는 헤엄쳐 이동함.
붕어	강이나 호수의 물속	• 몸이 유선형이고, 비늘로 덮여 있음. • 아가미로 숨을 쉬고, 지느러미를 이용하여 물속에서 헤엄쳐 이동함.
다슬기	강이나 호수의 물속	• 몸이 고깔 모양의 단단한 껍데기로 덮여 있음. • 물속 바위에 붙어서 배발로 기어 다님.
돌고래	바닷속	• 몸이 유선형이고, 지느러미로 헤엄침. • 물 밖에서 입으로 숨을 쉴 뿐만 아니라 머리의 위쪽에 있는 물을 뿜는 구멍으로도 숨을 쉼.
오징어	바닷속	• 몸이 긴 세모 모양이며, 몸통과 다리 사이에 눈이 두 개 있음. • 다리는 열 개이며, 지느러미를 이용하여 헤엄침.
고등어	바닷속	• 몸이 부드러운 곡선 형태이며, 비늘로 덮여 있음. • 아가미로 숨을 쉬고, 지느러미를 이용하여 물속에서 헤엄쳐 이동함.
조개	갯벌	• 몸이 두 장의 딱딱한 껍데기로 둘러싸여 있음. • 납작한 도끼 모양의 발로 땅을 파고 들어가거나 기어 다님.
게	갯벌	• 몸이 딱딱한 껍데기로 덮여 있음. • 다리는 집게발 두 개와 걷거나 헤엄치는 데 이용하는 다리 여덟 개로 총 열 개이며, 아가미로 숨을 쉼.

① 물에서 사는 동물 중에는 수달이나 게처럼 다리가 있어 걸어 다니는 동물도 있고, 붕어나 고등어처럼 헤엄쳐 이동하는 동물도 있습니다. 또 전복처럼 바위에 붙어서 기어 다니는 동물도 있습니다.

② 물에서 사는 동물의 생김새와 생활 방식은 물에서 생활하기에 알맞습니다. 붕어는 몸이 부드러운 곡선 모양이고 비늘로 덮여 있으며 지느러미로 헤엄칩니다.

물에서 사는 동물의 특징

- 강가나 호숫가에서는 수달, 개구리 등이 물과 땅을 오가며 삽니다. 강이나 호수의 물속에는 미꾸라지, 피라미 등이 헤엄쳐 다니고 다슬기처럼 기어 다니는 동물도 있습니다.
- 바닷속에는 돌고래, 오징어, 가오리 등이 헤엄쳐 다니고 전복, 소라처럼 기어 다니는 동물도 있습니다.
- 갯벌에는 조개, 게 등이 기어 다니거나 걸어 다닙니다.

2 단원

붕어와 고등어 생김새의 특징

- 몸이 부드러운 곡선 형태이며 비늘로 덮여 있어 물살을 헤치기 좋습니다.
- 모두 지느러미가 있습니다.
- 붕어와 고등어는 물속에서 헤엄쳐 이동하기에 알맞은 생김새를 가졌습니다.

갯벌의 중요성

갯벌은 바다와 육지가 만나는 경계에 있어 살고 있는 생물의 종류가 다양합니다. 또 육지에서 오는 오염 물질을 깨끗하게 하고, 태풍이나 해일이 발생했을 때 먼저 충격을 흡수하여 육지에 대한 피해를 줄여 주는 역할도 합니다.

용어 사전

- **물갈퀴** 발가락 사이의 막으로, 물을 밀어내며 나아가기에 좋으므로 물에 사는 동물의 발에서 흔히 찾을 수 있음.
- **유선형** 앞과 뒤는 가늘고 중간 부분은 볼록한 부드러운 곡선 형태로, 물이나 공기의 저항을 최소한으로 받는 모양임. 전형적인 물고기의 모양임.

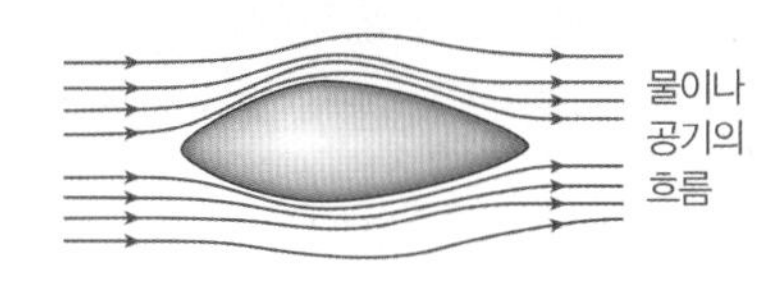

▲ 유선형 구조

2 땅에서 사는 동물, 물에서 사는 동물

기본 개념 문제

1

두더지, 땅강아지는 (　　　　　　)에서 사는 동물입니다.

2

(　　　　　　)은/는 땅 위와 땅속을 오가며 사는 동물입니다.

3

땅에서 사는 동물 중 지렁이나 뱀과 같이 기어 다니는 동물은 (　　　　　　)이/가 없는 동물입니다.

4

물에서 사는 동물인 (　　　　　　)은/는 바닷속에 살고, 몸이 긴 세모 모양이며 다리가 열 개입니다.

5

물에서 사는 붕어와 고등어는 모두 몸이 부드러운 곡선 모양이고, (　　　　　　)(으)로 덮여 있는 공통점이 있습니다.

[6-8] 다음은 땅에서 사는 동물들의 모습입니다. 물음에 답하시오.

(가)

▲ 지렁이

(나)

▲ 소

(다)

▲ 다람쥐

(라)

▲ 두더지

6 동아, 김영사, 비상, 아이스크림, 지학사, 천재

위 (가)~(라) 중 몸이 털로 덮여 있고 눈이 거의 보이지 않으며, 앞발이 튼튼하여 땅속에 굴을 파서 이동하는 동물의 기호를 쓰시오.

(　　　　　　　　)

7 동아, 김영사, 비상, 아이스크림, 지학사, 천재

위 (가)~(라)를 다음의 사는 곳에 따라 분류하여 기호를 쓰시오.

(1) 땅속에서 사는 동물: (　　　　　　)
(2) 땅 위에서 사는 동물: (　　　　　　)

8 서술형 동아, 김영사, 비상, 아이스크림, 지학사, 천재

위 (가)~(라)를 다리가 있는 것과 다리가 없는 것으로 분류할 때, 다리가 없는 것에 속하는 동물의 기호를 쓰고, 이 동물의 이동 방법을 쓰시오.

(1) 다리가 없는 것: (　　　　　　)

(2) 이동 방법: ______________________

9 동아, 김영사, 비상, 아이스크림, 지학사, 천재

물에서 사는 동물로 알맞지 않은 것을 두 가지 고르시오. (　　　　)

① 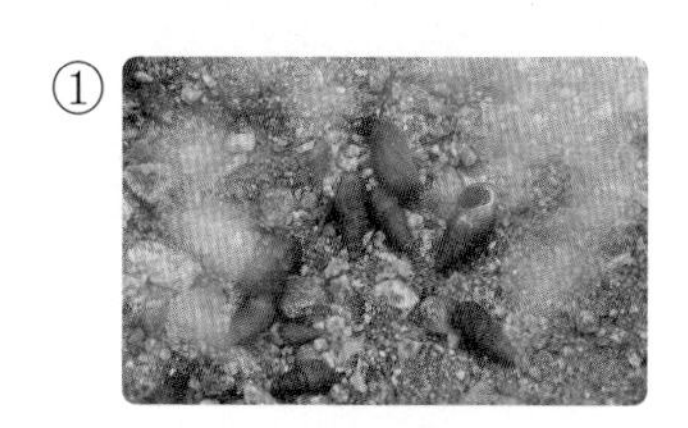
▲ 다슬기

② 
▲ 공벌레

③ 
▲ 게

④ 
▲ 땅강아지

10 동아, 금성, 김영사, 아이스크림, 천재

오른쪽 수달에 대한 설명으로 (　　) 안의 알맞은 말에 ○표 하시오.

몸이 길고 (털, 비늘)로 덮여 있으며, 발가락에 물갈퀴가 있어 물속에서 헤엄을 잘 친다.

11 동아, 김영사, 비상, 아이스크림, 지학사, 천재

다음 중 게에 대한 설명에는 '게', 조개에 대한 설명에는 '조'라고 쓰시오.

(1) 집게발 두 개가 있다. (　　　　)

(2) 몸이 두 장의 딱딱한 껍데기로 둘러싸여 있다. (　　　　)

[12-14] 다음은 물에서 사는 동물들의 모습입니다. 물음에 답하시오.

(가) 
▲ 붕어

(나) 
▲ 전복

(다) 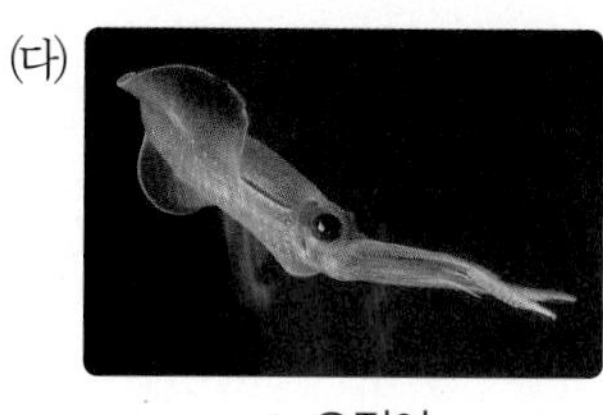
▲ 오징어

(라) 
▲ 물방개

12 7종 공통

위 (가)~(라) 중 몸이 유선형이고 비늘로 덮여 있으며, 지느러미를 이용하여 물속에서 헤엄쳐 이동하는 동물의 기호를 쓰시오.

(　　　　　　　　)

13 7종 공통

위 (가)~(라)를 사는 곳에 따라 구분하여 알맞게 선으로 이으시오.

(1) (가) •

(2) (나) •

(3) (다) •

(4) (라) •

• ㉠ 강이나 호수의 물속

• ㉡ 바닷속

14 서술형 금성, 아이스크림

위 (나)의 이동 방법을 쓰시오.

3 날아다니는 동물, 사막이나 극지방에서 사는 동물

1 날아다니는 동물

(1) 날아다니는 다양한 동물

① 새: 참새, 흰꼬리수리(수리), 제비, 까치, 황새, 벌새, 황조롱이, 직박구리, 도요새, 백로, 딱새, 박새, 새매, 딱따구리 등이 있습니다. ─• 새는 날개가 한 쌍 있어요.

② 곤충: 나비, 잠자리, 벌, 매미, 박각시나방, 무당벌레, 장수풍뎅이 등이 있습니다.

(2) 날아다니는 동물의 생김새와 생활 방식

참새	흰꼬리수리(수리)	제비
• 몸은 갈색 깃털로 덮여 있고, 검은색 줄무늬가 있음. • 부리로 곡식을 쪼아 먹음. • 날개가 있고 날아다님.	• 몸은 전체적으로 갈색 깃털로 덮여 있고, 날개 깃은 검은색, 꽁지깃은 흰색임. • 물고기를 잡아 먹음.	• 머리와 등 위쪽은 검은색, 아랫면은 흰색 깃털로 덮여 있음. • 곤충을 잡아 먹음.

까치	황새	나비
• 몸은 검은색과 흰색 깃털로 덮여 있음. • 곤충, 나무 열매 등을 먹음. • 날개가 있고 날아다님.	• 부리와 날개 일부를 제외하고 몸이 흰색 깃털로 덮여 있으며, 다리는 붉은색임. • 물고기를 잡아 먹음.	• 몸이 머리, 가슴, 배의 세 부분으로 구분됨. • 날개 두 쌍, 다리 세 쌍, 더듬이 한 쌍이 있음. └• 몸이 머리, 가슴, 배로 구분되고 다리가 세 쌍인 동물을 곤충이라고 해요.

잠자리	벌	매미
• 몸이 가늘고 길며 머리, 가슴, 배의 세 부분으로 구분됨. • 얇고 투명한 날개 두 쌍, 다리 세 쌍이 있음. └• 짧은 더듬이가 한 쌍 있어요.	• 몸이 머리, 가슴, 배로 구분됨. • 투명한 날개 두 쌍, 다리 세 쌍, 더듬이 한 쌍이 있음. └• 꿀과 꽃가루를 모으며 여왕벌을 중심으로 무리 지어 생활해요.	• 몸이 머리, 가슴, 배로 구분됨. • 투명한 날개 두 쌍, 다리 세 쌍, 더듬이 한 쌍이 있음. • 나무즙을 먹음.

① 새나 곤충과 같은 날아다니는 동물은 모두 날개로 날아다닙니다.

② 박쥐는 몸의 일부가 변한 날개로 날아다닙니다.

③ 하늘다람쥐는 날개가 없지만, 날개 역할을 하는 막이 있어 날아서 이동합니다.

▲ 박쥐

▲ 하늘다람쥐

➕ 날아다니는 동물을 볼 수 있는 곳 예

- 집이나 학교 주변, 공원 등에서 볼 수 있습니다.
- 산이나 들에서 볼 수 있습니다.
- 강이나 호수, 바다에서도 볼 수 있습니다.

➕ 날아다니는 동물을 관찰하는 방법과 관찰할 때 주의할 점

- 멀리 있는 동물은 쌍안경을 이용해서 관찰할 수 있습니다.
- 곤충 표본, 동물도감, 스마트 기기 등을 활용할 수 있습니다.
- 날아다니는 동물을 관찰하기 위해 높은 곳에 올라가지 않습니다.

➕ 날지 못하는 새

모든 새들이 날 수 있는 것은 아닙니다. 펭귄, 타조 등과 같은 새는 날개가 있어도 날지 못합니다. 이들 대부분은 날개뼈가 작고 천적이 없는 곳에 살기 때문에 날 수 있는 능력을 잃은 경우가 많습니다.

▲ 타조

용어 사전

- **꽁지깃** 새의 꽁무니와 꽁무니에 붙은 깃털을 아울러 이르는 말.
- **즙** 물기가 들어 있는 물체에서 짜낸 액체.

2 사막이나 극지방에서 사는 동물

(1) 사막에서 사는 동물

① 낙타, 사막여우, 도마뱀, 전갈, 사막딱정벌레, 미어캣, 뱀 등이 살고 있습니다.

② 사막에서 사는 동물의 생김새와 생활 방식

낙타	사막여우
• 등에 지방을 저장한 혹이 있어 물과 먹이가 없는 사막에서 며칠 동안 살 수 있음. • 긴 속눈썹과 귀 주위의 긴 털, 여닫을 수 있는 콧구멍이 사막의 모래 먼지를 막아 줌. • 발바닥이 넓적해서 모래에 발이 잘 빠지지 않음.	• 몸에 비해 큰 귀로 몸속의 열을 밖으로 내보내서 체온을 조절함. • 귓속에 털이 많아 모래가 잘 들어가지 않음.

도마뱀	전갈	사막딱정벌레
서 있거나 이동할 때 뜨거운 모래 위에서 발을 식히기 위해 두 발씩 번갈아 들어 올림.	몸이 딱딱한 껍데기로 덮여 있어서 몸 안의 수분이 밖으로 잘 빠져나가지 않음.	물구나무를 서서 몸에 있는 돌기에 맺힌 물을 입으로 흘려 보냄.

몸에 비늘이 있어 몸안의 수분이 쉽게 증발하는 것을 막아요.

(2) 극지방에서 사는 동물

① 북극곰, 북극여우, 펭귄, 바다코끼리, 순록 등이 살고 있습니다.

② 극지방에서 사는 동물의 생김새와 생활 방식

북극곰	북극여우	펭귄
• 몸집이 크고 귀가 작아 추운 환경에서 체온을 잘 유지할 수 있음. • 촘촘하게 난 털이 추위를 막아 줌. • 몸을 덮고 있는 흰색의 털 색깔이 북극의 눈 색깔과 비슷해서 다른 동물의 눈에 잘 띄지 않음.	• 몸에 털이 많고 귀가 작아서 몸의 열을 빼앗기지 않음. • 계절에 따라 털 색깔이 변함.	• 몸에 지방층이 두껍고, 깃털이 촘촘해서 물이 몸속으로 스며들지 않게 막아 줌. • 여럿이 무리를 지어 서로 몸을 바짝 맞대고 추위를 견딤.

여름에는 털이 땅과 비슷한 갈색이고, 눈이 많이 오는 겨울에는 흰색 털이 나와서 다른 동물의 눈에 잘 띄지 않아요.

(3) 사막이나 극지방에서 사는 동물의 공통점: 사람이 살기 어려운 환경에서도 잘 살 수 있는 알맞은 특징이 있습니다.

사막의 환경

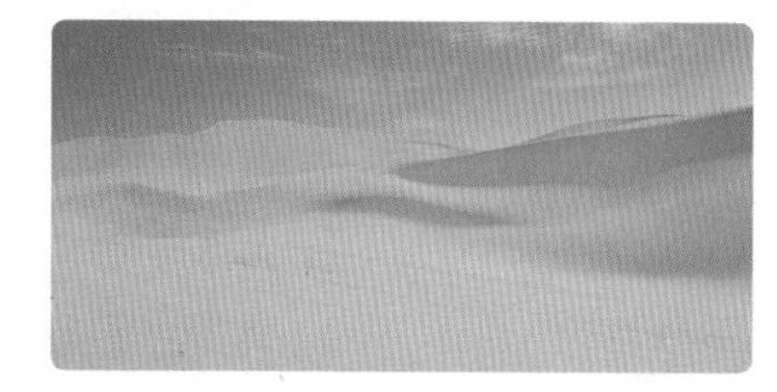

사막은 비가 거의 내리지 않아 물이 부족하고 매우 건조합니다. 낮에는 햇볕이 뜨겁고 밤에는 매우 추우며 모래바람이 강하게 붑니다.

2 단원

사막에서 사는 다양한 도마뱀

사막에서 사는 도마뱀 중에는 몸에 뾰족한 뿔과 가시가 있으며 발바닥과 피부로 물을 흡수할 수 있는 도마뱀이 있습니다. 또 피부가 스펀지처럼 되어 있어 공기나 젖은 모래에서 물을 빨아들여 입으로 흘려 보내는 도마뱀도 있습니다.

극지방의 환경

북극이나 남극과 같은 극지방은 일년 내내 눈과 얼음으로 덮여 있고, 매우 춥습니다.

용어사전

- **지방** 동물에서는 피부밑이나 근육에 저장되며, 에너지를 내게 하지만 몸무게가 느는 원인이 되기도 함.
- **혹** 표면으로 불룩하게 나온 부분.
- **돌기** 뾰족하게 내밀거나 도드라짐. 또는 그런 부분.

3 날아다니는 동물, 사막이나 극지방에서 사는 동물

기본 개념 문제

1

참새, 제비, 까치와 같은 (   )와/과 나비, 잠자리, 벌과 같은 곤충은 모두 날아다니는 동물입니다.

2

박쥐나 하늘다람쥐는 몸의 일부를 (   ) 처럼 사용하여 날아서 이동할 수 있습니다.

3

사막여우, 전갈, 미어캣은 (   )에서 사는 동물입니다.

4

낙타는 등에 지방을 저장한 (   )이/가 있어 물과 먹이가 없는 사막에서 며칠 동안 살 수 있습니다.

5

극지방에서 사는 (   )은/는 날지 못하는 새로, 몸에 지방층이 두껍고 깃털이 촘촘하여 추위를 잘 견디는 특징이 있습니다.

6 김영사, 아이스크림, 천재

다음 중 날아다니는 동물이 아닌 것을 골라 기호를 쓰시오.

㉠ 
▲ 개

㉡ 
▲ 직박구리

㉢
▲ 매미

(   )

[7-8] 다음은 날아다니는 동물들입니다. 물음에 답하시오.

(가) 
▲ 까치

(나) 
▲ 박새

(다) 
▲ 잠자리

(라) 
▲ 나비

7 동아, 김영사, 비상, 아이스크림, 지학사, 천재

위 (가)~(라) 중 다음과 같은 특징이 있는 동물의 기호를 쓰시오.

- 날개가 있어 날아다닌다.
- 몸이 머리, 가슴, 배의 세 부분으로 구분된다.
- 대롱같이 생긴 입으로 꽃의 꿀을 먹는다.

(   )

8 동아, 김영사, 비상, 아이스크림, 지학사, 천재

위 (가)~(라)를 동물의 종류에 따라 다음의 두 무리로 분류하여 기호를 쓰시오.

(1) 

(2) 곤충

9 서술형 동아, 아이스크림

오른쪽 동물이 나무 사이를 날아서 이동할 수 있는 까닭을 쓰시오.

하늘다람쥐

____

____

____

10 7종 공통

사막의 환경에 대한 설명으로 (　　) 안의 알맞은 말에 각각 ○표 하시오.

> 사막은 비가 거의 내리지 않아 물이 부족하고 매우 ㉠(습, 건조)하며, 낮에는 햇볕이 뜨겁고 밤에는 매우 ㉡(덥다, 춥다).

11 7종 공통

다음은 사막에 사는 동물들입니다. 등에 지방을 저장한 혹이 있는 동물은 어느 것입니까? (　　　)

①  
▲ 낙타

② 
▲ 전갈

③  
▲ 도마뱀

④ 
▲ 사막여우

12 7종 공통

앞 11번 답의 동물이 사막에서 잘 살 수 있는 까닭으로 알맞은 것에 ○표 하시오.

(1) 발바닥이 넓적해서 사막의 모래에 발이 잘 빠지지 않는다. (　　)

(2) 몸에 비해 큰 귀로 몸속의 열을 밖으로 내보내서 체온을 조절한다. (　　)

(3) 온몸이 딱딱한 껍데기로 덮여 있어 몸 안의 수분이 밖으로 잘 빠져나가지 않는다. (　　)

13 동아, 금성, 아이스크림, 지학사, 천재

다음에서 설명하는 극지방에서 사는 동물의 이름을 쓰시오.

> • 몸에 털이 많고 귀가 작아서 몸의 열을 빼앗기지 않는다.
> • 계절에 따라 털의 색깔이 변한다.
>
> 

(　　　　　　　　　)

14 7종 공통

사막이나 극지방에서 사는 동물의 공통점으로 알맞은 것은 어느 것입니까? (　　　)

① 날개가 있다.
② 몸에 털이 많다.
③ 다리가 세 쌍이다.
④ 몸에 지방층이 두껍고 속눈썹이 길다.
⑤ 사람이 살기 어려운 환경에서도 잘 살 수 있는 특징이 있다.

4 동물의 특징을 모방하여 활용한 예, 동물의 생김새

개념 강의

1 동물의 특징을 모방하여 활용한 예

(1) 동물의 특징을 모방하여 활용한 예

물체에 잘 붙는 문어 빨판의 특징을 활용한 흡착판(압착 고무)

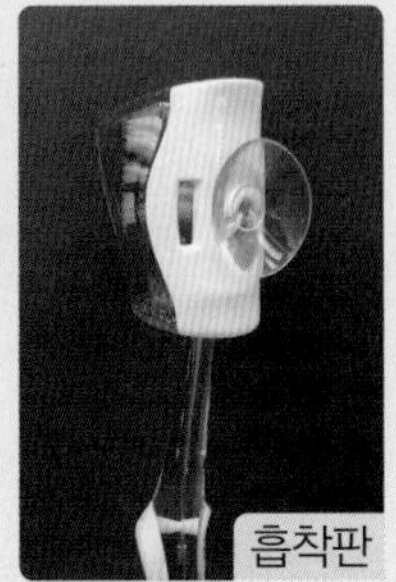

흡착판

물의 저항을 줄이는 상어의 피부를 모방한 수영복

수영복

먹이를 잘 잡고 놓치지 않는 수리의 발 모양을 모방한 집게 차

집게 차

미세한 털이 나 벽에 쉽게 달라붙는 도마뱀붙이의 발바닥을 모방한 게코 테이프

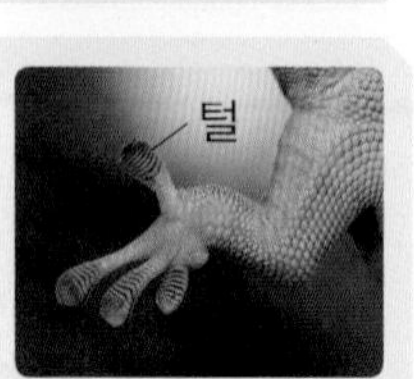

게코 테이프

지느러미에 혹이 있어 물의 저항을 줄이는 혹등고래의 특징을 활용한 에어컨 실외기 날개

실외기 날개

발가락 사이에 막이 있어 헤엄을 잘 치는 오리와 개구리의 발을 모방한 오리발과 물갈퀴

오리발

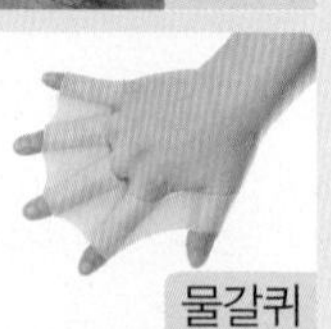

물갈퀴

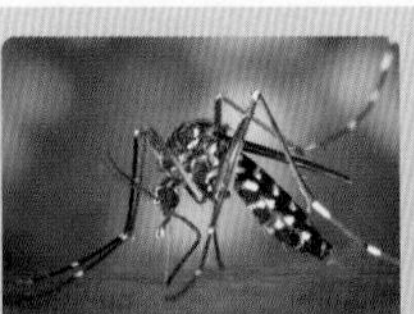

물 때 통증이 없는 모기 침 모양을 본떠 만들어서 통증이 거의 없는 주삿바늘

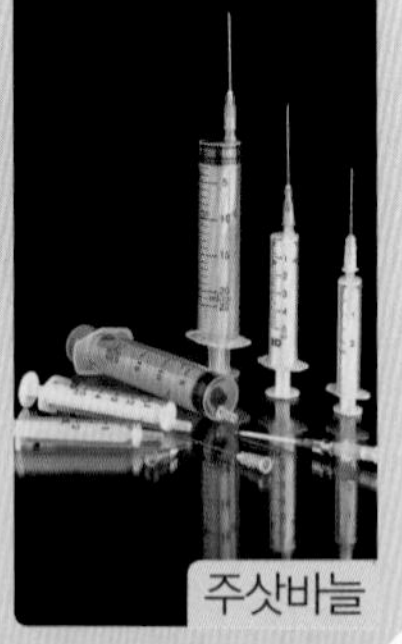

주삿바늘

가파른 바위에서도 미끄러지지 않고 잘 다니는 산양의 발바닥을 모방한 등산화

등산화

앞부분이 부드러운 곡선 형태인 산천어를 모방하여 공기 저항을 줄인 고속 열차

고속 열차

세찬 파도에도 바위에서 떨어지지 않는 홍합의 특징을 활용한 홍합 접착제

• 다양한 의료 분야에서 피부 접착제로 사용하기 위해 연구 중이에요.

홍합 접착제

동물의 특징을 활용한 로봇

물속 탐사 로봇은 바닷속에서 자유롭게 움직이는 거북의 움직임을 모방하여 설계하였습니다. 이 로봇은 물속에서 네 개의 물갈퀴를 이용해 상하좌우 모든 방향으로 자유롭게 움직일 수 있습니다.

탐색구조 로봇은 좁은 공간을 기어서 이동할 수 있는 뱀의 특징을 모방하여 만들었습니다. 건물 붕괴 등의 사고 현장에서 좁은 공간을 기어서 이동하며 구석구석을 살펴볼 수 있습니다.

• 또, 벌의 특징을 모방하여 하늘을 날 수 있게 만든 비행 로봇이나 소금쟁이가 물 위를 미끄러지듯이 이동할 수 있는 특징을 모방한 물 위에서 움직이는 로봇도 있어요.

하늘다람쥐의 특징을 모방한 예

하늘다람쥐의 날개막을 본떠, 날아다니는 힘이 없어도 땅쪽으로 경사를 이루며 내려올 수 있는 윙슈트를 만들었습니다.

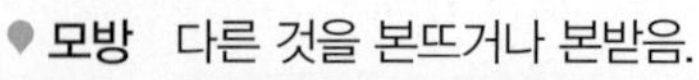

용어 사전

- **모방** 다른 것을 본뜨거나 본받음.
- **흡착** 어떤 물질이 달라붙음.
- **저항** 물체의 운동 방향과 반대 방향으로 작용하는 힘.
- **실외기** 에어컨이 작동할 때 생기는 뜨거운 바람을 실외로 빼내는 기능을 하는 장치.

(2) 동물의 특징을 활용하면 좋은 점

① 우리는 동물의 다양한 특징을 모방해 생활에서 활용합니다.

② 동물의 특징을 활용하면 사람들의 생활이 편리해집니다.

③ 최근에는 동물의 생김새나 특징을 활용하여 로봇을 만들기도 합니다.

④ 동물의 특징을 활용한 로봇은 깊은 바닷속이나 재난 현장과 같이 사람들이 가기 어려운 곳을 쉽게 탐색할 수 있습니다.

2 동물의 생김새

(1) 먹이의 종류에 따른 동물의 생김새: 동물은 사는 환경에 따라 먹이 종류가 다르고, 먹이에 따라 다양한 생김새를 가집니다.

기린	사자

기린의 긴 목은 높은 곳의 나뭇잎을 먹기에 알맞으며, 혀도 매우 긴 특징이 있음.	사자의 날카로운 이빨은 고기를 뜯어 먹기에 알맞음. → 사자와 같은 육식 동물과 달리 초식 동물은 편평하고 넓은 어금니를 가지고 있어요.

왜가리	딱따구리
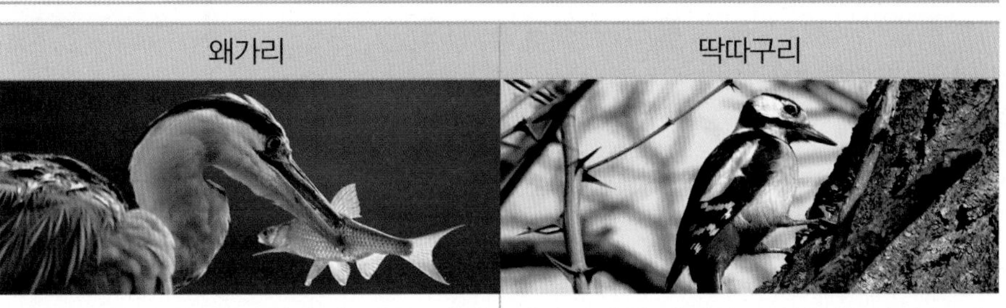	
왜가리의 긴 부리는 물속에 있는 먹이를 잡아먹기에 알맞음.	딱따구리의 단단하고 뾰족한 부리는 나무에 구멍을 뚫어 나무속 먹잇감을 먹기에 알맞음.

(2) 사는 곳의 환경에 따른 동물의 생김새: 동물은 사는 곳의 환경에 비슷한 색깔과 모양을 가져 자신을 잡아먹는 동물의 눈을 피합니다.

① 사는 곳과 비슷한 색깔을 가진 동물

▲ 토끼

▲ 메뚜기

▲ 이구아나

② 사는 곳과 비슷한 모양을 가진 동물

▲ 대벌레

▲ 나뭇잎벌레

▲ 사마귀

먹이에 따른 새의 부리 모양

▲ 참새 ▲ 앵무새

참새의 부리 모양은 곡식을 먹기에 알맞고, 앵무새의 부리 모양은 딱딱한 열매를 먹기에 알맞습니다.

계절에 따른 토끼의 털 색깔 변화

▲ 겨울

▲ 그 외의 계절

토끼는 눈이 많이 내리는 겨울에는 몸의 털이 흰색이지만, 그 외의 계절에는 주변의 나무나 땅과 비슷한 갈색으로 바뀝니다.

용어 사전

- **재난** 뜻밖에 일어난 재앙과 고난.
- **이구아나** 대형 도마뱀으로 몸의 전체 길이가 1.5~2 m 정도이며, 머리가 크고 꼬리는 전체 몸 길이의 $\frac{2}{3}$가 될 정도로 긴 특징이 있음.

4 동물의 특징을 모방하여 활용한 예, 동물의 생김새

기본 개념 문제

1

집게 차는 (　　　　　　　　)의 특징을 모방하여 활용한 것입니다.

2

(　　　　　)의 저항을 줄이는 상어의 피부를 모방하여 수영복을 만듭니다.

3

잘 미끄러지지 않는 등산화의 밑바닥은 가파른 바위에서도 미끄러지지 않고 잘 다니는 (　　　　　)의 발바닥을 모방한 것입니다.

4

세찬 파도에도 바위에서 떨어지지 않는 홍합의 특징을 활용하여 (　　　　　　　　)을/를 만들었습니다.

5

동물의 특징을 모방한 (　　　　　　)은/는 깊은 바닷속이나 재난 현장과 같이 사람들이 가지 못하는 곳도 자유롭게 탐색할 수 있어 유용합니다.

6 동아, 금성, 비상

다음과 같은 동물의 특징을 생활 속에서 활용한 예로 가장 알맞은 것은 어느 것입니까? (　　　　)

> 개구리의 발가락 사이에는 막이 있어서 물속에서 헤엄을 잘 친다.

① 가위　　② 물갈퀴　　③ 색연필
④ 타이어　　⑤ 쓰레기통

7 7종 공통

오른쪽 칫솔걸이의 흡착판이 유리에 잘 붙는 특징은 어느 동물을 모방한 것인지 보기 에서 골라 기호를 쓰시오.

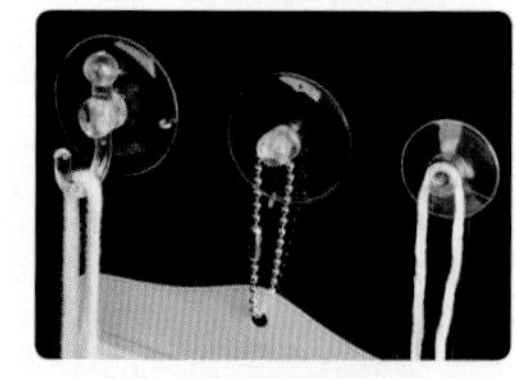
▲ 흡착판

> 보기
> ㉠ 문어 빨판　　㉡ 오리의 발
> ㉢ 조개껍데기　　㉣ 수리의 깃털

(　　　　　　　　)

8 동아, 금성, 김영사, 아이스크림, 천재

다음 (　　) 안에 들어갈 동물로 알맞은 것에 ○표 하시오.

> 앞부분이 부드러운 곡선 형태인 (　　　)을/를 모방하여 공기 저항을 줄인 고속 열차를 만들었다.

> 게, 거미, 잠자리, 산천어, 고라니

[9-10] 다음은 동물의 특징을 모방하여 활용한 예입니다. 물음에 답하시오.

(가) 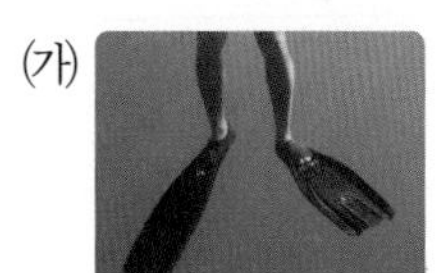 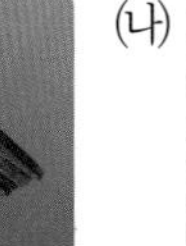

▲ 오리발

(나) 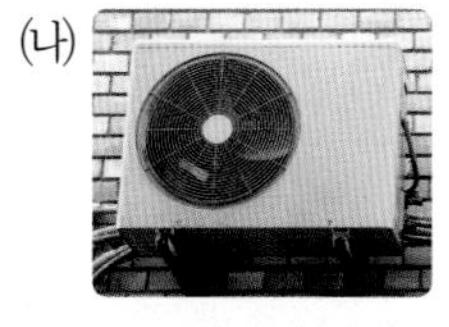

▲ 실외기 날개

(다) 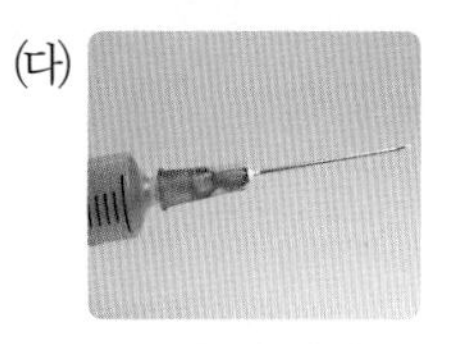

▲ 통증이 거의 없는 주삿바늘

9 동아, 금성, 김영사, 비상, 아이스크림, 천재

위 (가)~(다) 중 다음 밑줄친 동물의 특징을 활용하여 만든 것의 기호를 골라 쓰시오.

> 이 동물의 지느러미에는 혹이 있어서 물의 저항을 줄일 수 있다.

( )

10 김영사, 아이스크림

위 9번의 밑줄친 동물로 알맞은 것은 어느 것입니까? ( )

① 꽃게 ② 다슬기 ③ 오징어
④ 금붕어 ⑤ 혹등고래

11 서술형 7종 공통

오른쪽은 배의 뒤쪽에서 빛을 내는 반딧불이의 모습입니다. 반딧불이의 특징을 활용하여 만들 수 있는 것을 한 가지 쓰시오.

▲ 반딧불이

______

______

12 7종 공통

동물의 특징을 활용하는 예에 대한 설명으로 옳은 것에 ○표 하시오.

(1) 로봇 과학자들은 동물의 특징을 활용하여 로봇을 만들기도 한다. ( )

(2) 생활 속에서 동물의 특징을 활용할 때에는 주로 몸집이 큰 동물의 특징만을 활용한다. ( )

13 금성

다음 중 물속에 있는 먹이를 잡아먹기에 알맞은 생김새를 가진 동물은 어느 것입니까? ( )

① 

▲ 기린

② 

▲ 사자

③  

▲ 왜가리

④ 

▲ 딱따구리

14 금성

사는 곳에 따른 동물의 생김새와 특징에 대해 옳게 말한 사람의 이름을 쓰시오.

- 호준: 비슷한 환경에 사는 동물들은 모두 같은 먹이를 먹어.
- 은별: 동물의 생김새와 사는 곳 사이에는 아무런 관계가 없어.
- 정윤: 동물은 사는 곳의 환경에 비슷한 색깔을 가져서 천적의 눈을 피하기도 해.

( )

2 단원

2 동물의 생활

★ 주변에서 볼 수 있는 동물 예

▲ 개

▲ 비둘기

1. 주변에서 사는 동물, 동물 분류하기

(1) 주변에서 사는 동물

① 우리 주변에는 여러 가지 동물이 살고 있습니다.

② 까치, 참새 등과 같이 날아다니는 동물도 있고 고양이, 개미 등과 같이 땅에서 사는 동물도 있습니다. 또 금붕어처럼 ❶ (　　　　)에서 사는 동물도 있습니다.

관찰할 수 있는 곳	동물 이름 예
집 주변	고양이, 강아지, 비둘기 등
화단	거미, 나비, 꿀벌, 개미, 잠자리, 달팽이 등
나무 위	까치, 참새, 매미, 까마귀 등
연못	금붕어, 붕어, 개구리 등

(2) 동물 분류하기: 동물의 생김새와 특징을 관찰하고, ❷ (　　　　)을 세워 분류합니다.

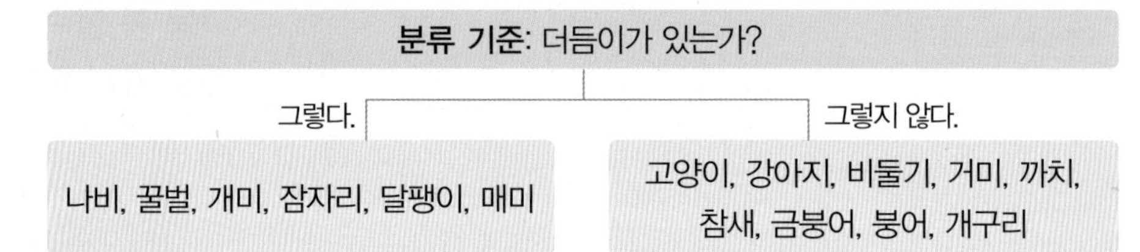

★ 동물을 분류하였을 때의 좋은 점

동물을 특징에 따라 분류하면 동물을 이해하는 데 도움이 됩니다.

★ 땅에서 사는 동물을 사는 곳에 따라 분류하기 예

땅 위
소, 노루, 공벌레, 다람쥐

땅속
두더지, 땅강아지, 지렁이

땅 위와 땅속
뱀, 개미

2. 땅에서 사는 동물, 물에서 사는 동물

(1) 땅에서 사는 동물

① 땅에서 사는 동물은 동물이 사는 곳, 생김새, 생활 방식 등의 특징이 다양합니다.

② 땅에서 사는 동물 중 다리가 있는 동물은 걷거나 뛰어다니고, 다리가 없는 동물은 기어 다닙니다.

(2) 물에서 사는 동물

① 물에서 사는 동물 중에는 다리가 있어 걸어 다니는 동물도 있고, 헤엄쳐 이동하는 동물도 있습니다. 또 바위에 붙어서 기어 다니는 동물도 있습니다.

② 물에서 사는 동물의 생김새와 생활 방식은 물에서 생활하기에 알맞습니다.

사는 곳	동물 이름 예
강가나 호숫가	수달, 개구리 등
강이나 호수의 물속	붕어, 다슬기, 물방개, 피라미, 미꾸라지 등
바닷속	돌고래, 오징어, 고등어, 전복, 상어, 가오리, 소라 등
갯벌	조개, 게 등

★ 물에서 사는 동물 예

▲ 물방개 ▲ 전복

▲ 상어 ▲ 가오리

3. 날아다니는 동물, 사막이나 극지방에서 사는 동물

(1) **날아다니는 동물**: 새와 곤충과 같은 날아다니는 동물은 모두 ❺ [   ]로 날아다닙니다.

구분	동물 이름 예
새	 벌새, 직박구리, 도요새, 딱따구리
곤충	박각시나방, 무당벌레, 장수풍뎅이

(2) **사막에서 잘 살 수 있는 동물의 특징(예 낙타)**

낙타

- 발바닥이 넓적해서 모래에 잘 빠지지 않습니다.
- 긴 속눈썹과 귀 주위의 긴 털, 여닫을 수 있는 콧구멍이 사막의 모래 먼지를 막아 줍니다.
- 등에 지방을 저장한 ❻ [   ]이 있어 물과 먹이가 없는 사막에서 며칠 동안 살 수 있습니다.

(3) **극지방에서 잘 살 수 있는 동물의 특징(예 북극곰)**

북극곰

- 몸집이 크고 귀가 작아 추운 환경에서 체온을 잘 유지할 수 있습니다.
- ❼ [   ]색의 털이 북극의 눈 색깔과 비슷해서 다른 동물의 눈에 잘 띄지 않으며, 몸에 촘촘하게 난 털이 추위를 막아 줍니다.

(4) **사막이나 극지방에서 사는 동물의 특징**: 사람이 살기 어려운 환경에서도 잘 살 수 있는 알맞은 특징이 있습니다.

4. 동물의 특징을 모방하여 활용한 예, 동물의 생김새

(1) **동물의 특징을 모방하여 활용한 예**

흡착판(압착 고무)
문어 빨판을 활용함.

집게 차
수리 발을 활용함.

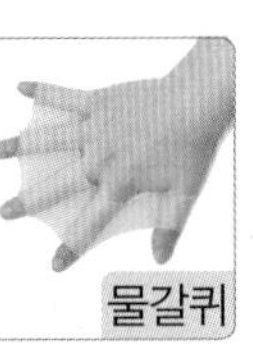
오리발, 물갈퀴
오리, 개구리 발을 활용함.

등산화
산양 발을 활용함.

① 우리는 동물의 다양한 특징을 모방해 생활에서 활용합니다.
② 동물의 특징을 활용하면 사람들의 생활이 ❽ [   ]해집니다.

(2) **동물의 생김새**

① 동물은 사는 환경에 따라 먹이의 종류가 다르고, 먹이에 따라 다양한 생김새를 가집니다.
② 동물은 사는 곳의 환경에 비슷한 색깔과 모양을 가져 자신을 잡아먹는 동물의 눈을 피합니다.

★ **몸의 일부가 변한 날개 또는 몸의 일부를 이용하여 날 수 있는 동물**

▲ 박쥐

▲ 하늘다람쥐

★ **사막에서 사는 미어캣의 생김새**

- 눈 주위의 검은 털이 빛의 반사를 막아 주어 강한 햇빛 속에서도 멀리 볼 수 있습니다.
- 구부러진 발톱으로 모래 속에 굴을 팔 수 있습니다.

★ **육식 동물과 초식 동물의 이빨**

▲ 호랑이

▲ 말

- 호랑이의 날카로운 이빨은 고기를 뜯어 먹기에 알맞습니다.
- 말의 편평하고 넓은 어금니는 풀을 씹어 먹기에 알맞습니다.

2. 동물의 생활

1 동아, 금성, 김영사, 비상, 지학사, 천재

다음 ㉠~㉢에 들어갈 동물을 옳게 짝 지은 것은 어느 것입니까? (   )

> 우리 주변에는 여러 가지 동물들이 살고 있다. 화단에서는 (㉠)을/를 볼 수 있으며, 나무 위에서는 (㉡)을/를 볼 수 있다. 그리고 연못의 물속에서는 (㉢)을/를 볼 수 있다.

	㉠	㉡	㉢
①	조개	달팽이	뱀
②	나비	개	붕어
③	까치	거미	고양이
④	꿀벌	참새	금붕어
⑤	개미	공벌레	지렁이

2 7종 공통

다음과 같은 특징이 있는 동물의 기호를 쓰시오.

> • 몸이 여러 개의 마디로 되어 있다.
> • 건드리면 몸을 공처럼 둥글게 만든다.

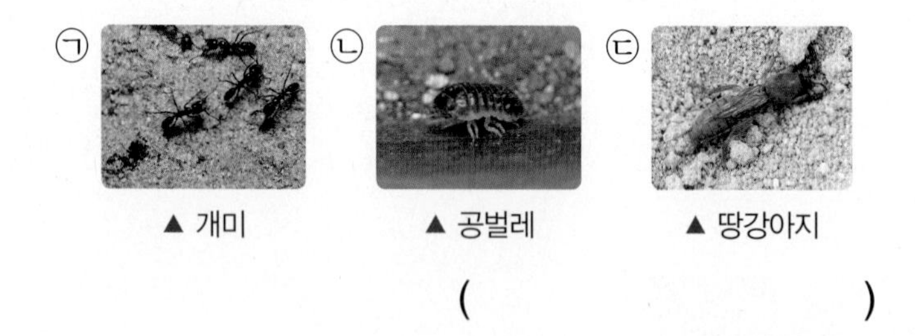

㉠ ▲ 개미 ㉡ ▲ 공벌레 ㉢ ▲ 땅강아지

(   )

3 7종 공통

여러 가지 동물을 분류할 수 있는 기준으로 알맞은 것을 보기 에서 두 가지 골라 기호를 쓰시오.

> 보기
> ㉠ 몸이 큰 것과 몸이 작은 것
> ㉡ 알을 낳는 것과 새끼를 낳는 것
> ㉢ 좋은 냄새가 나는 것과 그렇지 않은 것
> ㉣ 다리가 네 개인 것과 여섯 개 이상인 것

(   )

4 7종 공통

다음 동물을 곤충인 것과 곤충이 아닌 것으로 분류하여 쓰시오.

▲ 달팽이

▲ 잠자리

▲ 메뚜기

▲ 개구리

5 동아, 김영사, 비상, 아이스크림, 지학사, 천재

다음 땅에서 사는 동물 중 기어서 이동하는 동물을 두 가지 골라 기호를 쓰시오.

㉠ ▲ 노루 ㉡ ▲ 뱀 ㉢ ▲ 지렁이 ㉣ ▲ 다람쥐

(   )

6 동아, 김영사, 비상, 아이스크림, 지학사, 천재

다음 중 땅에서 사는 동물에 대한 설명으로 옳은 것에 ○표 하시오.

(1) 땅속에 굴을 파고 산다. ( )
(2) 모두 네 개의 다리가 있다. ( )
(3) 뱀이나 개미와 같이 땅 위와 땅속을 오가며 사는 동물도 있다. ( )

7 서술형 동아, 비상, 아이스크림, 지학사, 천재

다음은 땅강아지의 모습입니다. 땅강아지가 땅속에서 생활하기에 알맞은 특징을 한 가지 쓰시오.

▲ 땅강아지

8 동아, 금성, 김영사, 아이스크림, 천재

몸이 길고 털로 덮여 있으며, 발가락에 물갈퀴가 있어 물속에서 헤엄칠 수 있는 동물의 기호를 쓰시오.

㉠ 
▲ 게

㉡ 
▲ 고양이

㉢ 
▲ 개구리

㉣ 
▲ 수달

( )

9 동아, 김영사, 아이스크림, 지학사, 천재

다음 중 갯벌에서 볼 수 있는 동물은 어느 것입니까? ( )

① 조개 ② 붕어 ③ 수달
④ 다슬기 ⑤ 미꾸라지

10 동아, 금성, 비상, 아이스크림, 지학사, 천재

다음과 같은 특징이 있는 동물끼리 옳게 짝 지은 것은 어느 것입니까? ( )

- 지느러미가 있다.
- 몸이 부드러운 곡선 형태여서 물살을 헤치며 헤엄치기 좋다.

① 게, 조개 ② 상어, 다슬기
③ 전복, 개구리 ④ 붕어, 고등어
⑤ 소라, 오징어

11 동아, 김영사, 비상, 아이스크림, 지학사, 천재

다음과 같이 날아다니는 동물의 공통점으로 옳은 것은 어느 것입니까? (   )

▲ 나비

▲ 까치

① 날개가 있다.
② 몸이 단단하다.
③ 피부가 매끄럽다.
④ 몸이 넓적한 모양이다.
⑤ 다리가 한 쌍 있어서 기어 다닐 수 있다.

12 7종 공통

오른쪽 동물이 사막의 환경에서 생활하기에 알맞은 까닭으로 옳지 않은 것을 두 가지 고르시오.
(   )

▲ 낙타

① 발을 번갈아 들어 올려 열을 식힌다.
② 발바닥이 넓어 모래에 잘 빠지지 않는다.
③ 앞다리로 땅을 파서 굴을 만들어 이동한다.
④ 등에 있는 혹에 지방이 있어서 먹이가 없어도 며칠 동안 생활할 수 있다.
⑤ 콧구멍을 열고 닫을 수 있어서 모래 먼지가 콧속으로 들어가는 것을 막는다.

13 7종 공통

다음은 어떤 환경에 대한 설명인지 알맞은 것에 ○표 하시오.

- 모래바람이 많이 분다.
- 낮에는 매우 뜨겁고 밤에는 춥다.
- 비가 거의 내리지 않으므로 물이 매우 적다.

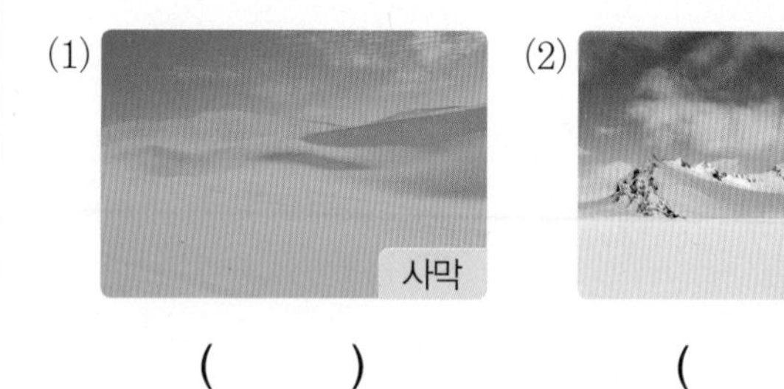

(1) (   ) (2) (   )

14 동아, 금성, 아이스크림, 지학사, 천재

다음은 극지방에서 사는 동물에 대한 내용입니다. 이와 관련하여 이 동물이 극지방에서 잘 살 수 있는 까닭을 한 가지 쓰시오.

이름	북극여우
특징	• 귀가 작음. • 겨울철에는 털 색깔이 흰색임.

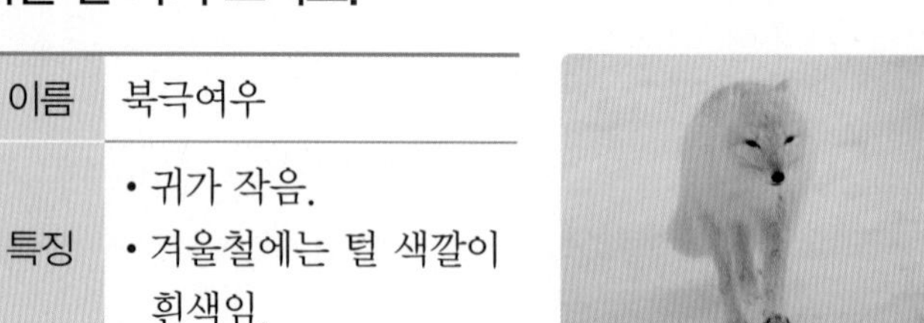

15 동아, 금성, 비상, 천재

우리 생활에서 오른쪽과 같은 오리의 특징을 활용한 예로 알맞은 것을 골라 기호를 쓰시오.

㉠ 
㉡ 
㉢ 

(   )

1 7종 공통

다음 중 동물과 동물의 특징을 옳게 설명한 것은 어느 것입니까? (　　　)

① 개: 다리 세 쌍으로 뛰어다닌다.
② 거미: 날개가 있어서 날 수 있다.
③ 꿀벌: 다리는 세 쌍이며, 날개가 있다.
④ 달팽이: 다리 두 쌍으로 걷거나 뛰어다닌다.
⑤ 참새: 실을 뽑아 그물처럼 쳐 놓고 벌레를 잡아먹는다.

2 7종 공통

다음 (　　) 안에 들어갈 알맞은 분류 기준은 어느 것입니까? (　　　)

분류 기준: (　　　　　　　　　　　　)

그렇다.	그렇지 않다.
금붕어, 고등어	토끼, 달팽이

① 날개가 있는가?
② 다리가 있는가?
③ 꼬리가 있는가?
④ 발가락이 있는가?
⑤ 지느러미가 있는가?

[3-5] 다음은 땅에서 사는 동물입니다. 물음에 답하시오.

㉠ 
▲ 노루

㉡
▲ 개미

㉢ 
▲ 지렁이

㉣ 
▲ 두더지

㉤ 
▲ 다람쥐

㉥ 
▲ 땅강아지

3 동아, 김영사, 비상, 아이스크림, 지학사, 천재

위 동물을 사는 곳에 따라 다음과 같이 분류하여 빈칸에 기호를 쓰시오.

(1) 땅 위	(2) 땅속	(3) 땅 위와 땅속

4 동아, 김영사, 비상, 지학사, 천재

위 ㉣ 동물의 특징으로 옳은 것은 어느 것입니까? (　　　)

① 앞다리로 땅속에 굴을 판다.
② 몸이 머리, 가슴, 배로 구분된다.
③ 다리 세 쌍으로 걸어 다니며 날 수도 있다.
④ 혀가 가늘고 길며 끝이 두 개로 갈라져 있다.
⑤ 몸이 길쭉한 원통 모양이며 피부가 매끄럽다.

5 서술형 동아, 김영사, 비상, 아이스크림, 지학사, 천재

위 동물 중 땅에서 이동하는 방법이 나머지와 다른 하나를 골라 기호를 쓰고, 이 동물이 이동하는 방법을 쓰시오.

(1) 이동하는 방법이 다른 동물: (　　　　　　　　)

(2) 이동하는 방법: ______________________

____

6 아이스크림, 지학사, 천재

개미와 같은 작은 동물을 가두어 놓고 자세하게 관찰할 수 있는 도구를 골라 기호와 이름을 쓰시오.

㉠ 

㉡ 

㉢ 

㉣ 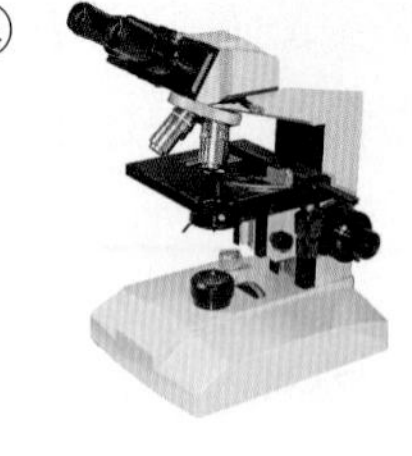

( )

7 금성, 비상, 아이스크림, 지학사, 천재

다음 붕어에 대한 내용으로 ( ) 안에 들어갈 알맞은 말을 옳게 짝 지은 것은 어느 것입니까? ( )

사는 곳	강이나 호수의 물속
특징	(㉠)(으)로 숨을 쉼.
이동 방법	(㉡)을/를 이용하여 물속에서 헤엄쳐 이동함.

	㉠	㉡
①	코	지느러미
②	입	배발
③	아가미	물갈퀴
④	아가미	지느러미
⑤	지느러미	아가미

8 동아, 금성, 김영사, 비상, 아이스크림, 천재

물에서 사는 동물에 대한 설명으로 옳은 것에 ○표 하시오.

(1) 물에서 사는 동물은 모두 지느러미가 있다. ( )

(2) 금붕어는 지느러미를 이용하여 헤엄쳐 이동한다. ( )

(3) 수달과 개구리는 강가나 호숫가에 살면서 땅과 물을 오가며 산다. ( )

9 서술형 동아, 김영사, 아이스크림, 지학사, 천재

오른쪽은 날아다니는 동물인 잠자리의 모습을 나타낸 것입니다. 잠자리의 특징을 두 가지 쓰시오.

10 동아, 김영사, 비상, 아이스크림, 지학사, 천재

다음 중 날아다닐 수 있는 동물을 두 가지 골라 기호를 쓰시오.

㉠ 
▲ 매미

㉡  
▲ 부엉이

㉢ 
▲ 원숭이

㉣ 
▲ 돼지

( )

11 금성, 김영사, 비상, 아이스크림, 지학사, 천재

다음 설명에 해당하는 환경과 그 환경에서 사는 동물을 옳게 짝 지은 것은 어느 것입니까? (　　　)

> 비가 거의 내리지 않아 물이 매우 적고, 낮에는 매우 뜨겁고 밤에는 추워 동물이 살기 힘들다.

① 동굴 - 박쥐　② 사막 - 사막여우
③ 숲 속 - 전갈　④ 바닷속 - 오징어
⑤ 높은 산 - 북극곰

12 금성, 아이스크림

온몸이 딱딱한 껍데기로 덮여 있어 몸 안의 수분이 밖으로 잘 빠져나가지 않아 사막에서도 잘 살 수 있는 동물은 어느 것입니까? (　　　)

① 낙타　② 전갈
③ 수달　④ 바다사자
⑤ 땅강아지

13 7종 공통

사막이나 극지방에 사는 동물에 대하여 옳게 말한 사람의 이름을 쓰시오.

> • 새롬: 극지방에 사는 동물은 모두 털이 없어.
> • 진수: 극지방에 사는 동물은 모두 초식동물이야.
> • 영웅: 사막에서 사는 동물은 물이 부족한 환경에서도 잘 살 수 있는 특징을 가지고 있어.

(　　　　　　　　)

14 동아, 금성, 김영사, 아이스크림, 지학사, 천재

다음 중 극지방에서 사는 동물이 아닌 것은 어느 것입니까? (　　　)

①

▲ 펭귄

②

▲ 북극여우

③

▲ 타조

④

▲ 북극곰

15 서술형 동아, 금성, 김영사, 아이스크림, 천재

다음은 고속 열차의 모습입니다. 고속 열차의 모습은 어떤 동물의 특징을 모방한 것인지 동물의 이름과 특징을 쓰시오.

▲ 고속 열차의 모습

(1) 동물 이름: (　　　　　　　　)

(2) 모방한 동물의 특징: ________________

____

____

2 단원

1회

2. 동물의 생활

정답과 풀이 5쪽

평가 주제	땅(사막)에서 사는 동물의 특징 알아보기
평가 목표	땅(사막)에서 사는 동물의 특징과 생활 방식을 알 수 있다.

[1-3] 다음은 땅에서 사는 동물들의 모습입니다. 물음에 답하시오.

▲ 지렁이

▲ 사막딱정벌레

▲ 소

1 위 동물들이 사는 곳으로 가장 알맞은 것을 골라 ○표 하시오.

(1) 지렁이 — 땅 위, 땅속, 땅위와 땅속, 사막

(2) 사막딱정벌레 — 땅 위, 땅속, 땅위와 땅속, 사막

(3) 소 — 땅 위, 땅속, 땅위와 땅속, 사막

도움 각 동물을 직접 보았거나 스마트 기기 등에서 검색했을 때의 모습을 떠올려 봅니다.

2 위 동물들을 다음의 분류 기준에 따라 분류하여 빈칸에 이름을 쓰고, 분류된 동물들의 이동 방법을 비교하여 쓰시오.

[분류 기준] 다리가 있는 것과 다리가 없는 것

(1) 다리가 있는 것

(2) 다리가 없는 것

(3) 동물의 이동 방법: ______________________

____

도움 문제에서 제시한 각 동물의 모습을 잘 보고, 분류 기준에 따라 분류해 봅니다.

3 다음은 위 사막딱정벌레가 사는 곳에 대한 설명입니다. 사막딱정벌레가 이곳에서 잘 살 수 있는 알맞은 특징을 쓰시오.

- 비가 거의 내리지 않아 물이 부족하다.
- 낮에는 햇볕이 뜨겁고 밤에는 매우 춥다.

____

____

도움 동물들은 사람이 살기 어려운 환경에서도 잘 살 수 있는 알맞은 특징이 있습니다. 동물의 생김새와 생활 방식은 사는 곳의 환경과 관련되어 있습니다.

2. 동물의 생활

정답과 풀이 5쪽

평가 주제	날아다니는 동물의 특징, 동물의 특징을 모방하여 활용한 예 알아보기
평가 목표	날아다니는 동물의 특징과 공통점 등을 알고, 동물의 특징을 모방하여 우리 생활에 활용하는 까닭을 알 수 있다.

[1-3] 다음은 날아다니는 동물들의 모습입니다. 물음에 답하시오.

▲ 수리

▲ 잠자리

▲ 박새

1 다음 ( ) 안에 공통으로 들어갈 알맞은 말을 쓰시오.

- 수리는 ( )이/가 한 쌍 있다.
- 잠자리는 얇고 투명한 ( )이/가 두 쌍 있다.
- 박새는 ( )이/가 한 쌍 있다.

( )

도움 문제에서 제시한 각 동물의 생김새를 잘 보고, 공통점을 찾아 봅니다.

2 위 동물들을 두 무리로 분류할 수 있는 분류 기준을 한 가지 쓰시오.

도움 분류 기준은 동물의 특징에 따라 '그렇다, 그렇지 않다' 형식으로 나뉠 수 있는 기준을 세워야 합니다.

3 다음은 우리 생활에서 동물의 특징을 모방하여 활용한 예입니다. 위 동물들 중 어떤 동물을 모방한 것인지 이름을 쓰시오.

집게 차는 쓰레기나 재활용품 등의 물건을 잡아서 원하는 곳으로 옮길 수 있다.

( )

도움 문제에서 제시한 동물들의 특징을 떠올리고, 집게 차의 모습과 서로 비교하여 공통점이 있는 동물을 고릅니다.

숨은 그림을 찾아보세요.

정답 5쪽

돼지가 6마리 동물 친구들을 찾고 있어요.

지표의 변화

학습 내용과 교과서별 해당 쪽수를 확인해 보세요.

학습 내용	백점 쪽수	교과서별 쪽수				
		동아출판	비상교과서	아이스크림미디어	지학사	천재교과서
1 장소에 따른 흙의 특징	42~45	46~49	42~45	48~51	48~51	58~61
2 흙이 만들어지는 과정	46~49	50~51	46~47	52~53	52~53	62~63
3 흐르는 물에 의한 땅의 모습 변화	50~53	52~53	48~49	54~55	54~55	64~65
4 강과 바닷가 주변의 모습	54~57	54~57	50~55	56~59	56~61	66~71

★ 김영사, 동아출판, 지학사, 천재교과서의 「3. 지표의 변화」 단원에 해당합니다.
★ 금성출판사, 비상교과서, 아이스크림미디어의 「2. 지표의 변화」 단원에 해당합니다.

1 장소에 따른 흙의 특징

1 우리 주변의 다양한 흙

① 흙은 밭, 논, 갯벌, 모래사장, 운동장, 화단, 공원, 놀이터, 가로수 아래 등의 여러 장소에서 볼 수 있습니다.

② 흙은 장소에 따라 색깔, 알갱이의 크기 등의 성질이 조금씩 다릅니다.

밭
- 약간 붉거나 검은색으로 보임.
- 거칠거칠해보임.

논
- 갈색임.
- 알갱이가 보임.
- 촉촉해보임.

갯벌
- 많이 어두운색임.
- 물이 고여 있음.
- 촉촉해보임.

모래사장
- 갈색임.
- 알갱이가 보임.
- 거칠거칠해보임.

2 운동장 흙과 화단 흙 비교하기

구분	운동장 흙	화단 흙
모습		
색깔	밝은 갈색(연한 노란색)	어두운 갈색(진한 황토색)
알갱이의 크기	화단 흙보다 큰 편임.	큰 것도 있고 작은 것도 있음. 대부분 운동장 흙보다 작음.
만졌을 때의 느낌	거칠고, 말라 있음.	약간 부드럽고, 축축함.
또 다른 특징	주로 모래나 흙 알갱이가 보임. 잘 뭉쳐지지 않음.	식물뿌리나 나뭇잎 조각과 같은 물질이 섞여 있으며, 잘 뭉쳐짐.

① 흙은 알갱이의 크기나 고른 정도 등에 따라 물 빠짐이 다르게 나타납니다.
➡ 보통 흙의 알갱이 크기가 클수록 물이 빠져나갈 수 있는 공간이 많아 물이 더 빠르게 빠집니다.

② 운동장 흙은 부식물의 양이 적어서 비교적 식물이 잘 자라지 않고, 화단 흙은 부식물의 양이 많아 식물이 잘 자랍니다.

▲ 부식물의 양이 적은 운동장 흙

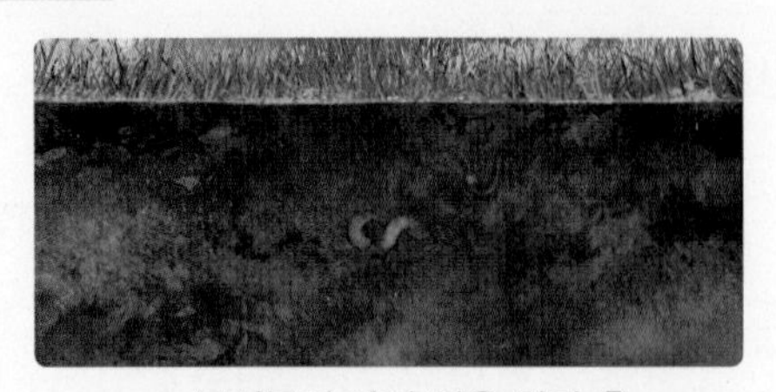
▲ 부식물의 양이 많은 화단 흙

⊕ 산에 있는 흙의 특징

색깔이 비교적 어둡고, 부식물의 양이 많습니다.

⊕ 흙과 생물의 관계

흙에는 생물이 살기도 하고, 생물이 죽은 후에 다시 흙의 일부가 되기도 합니다.

용어사전

- **갯벌** 밀물 때는 물에 잠기고 썰물 때는 물 밖으로 드러나는 모래 점토질의 평탄한 땅.
- **고른** 여럿이 다 높낮이, 크기, 양 따위의 차이가 없이 한결같은.

학습

교과서 통합 대표 실험

실험 1 운동장 흙과 화단 흙의 물 빠짐 비교하기 📖 7종 공통

❶ 물 빠짐 장치에서 두 플라스틱 통의 아랫부분을 거즈로 감싼 다음 고무줄로 묶습니다.

❷ 플라스틱 통에 운동장 흙과 화단 흙을 각각 절반 정도 채운 뒤 스탠드에 고정하고, 비커를 플라스틱 통 아래에 놓습니다.

❸ 두 흙에 같은 양의 물을 동시에 붓고, 어느 흙에서 물이 더 빨리 빠지는지 관찰해 봅시다. 빠진 물의 높이를 측정해 봅시다.

▲ 물 빠짐 장치

❹ 운동장 흙과 화단 흙의 물 빠짐이 서로 다른 까닭을 생각해 봅시다.

실험 결과

구분	운동장 흙	화단 흙
2분 30초 후 물의 높이 ㉠	약 2 cm	약 1 cm
5분 00초 후 물의 높이 ㉠	약 4.7 cm	약 2.3 cm

- 같은 시간 동안 운동장 흙에서 더 많은 양의 물이 빠졌습니다.
- 운동장 흙은 물이 잘 빠지고, 화단 흙은 물이 잘 빠지지 않습니다.

➡ 알갱이의 크기가 큰 운동장 흙은 알갱이의 틈 사이가 넓기 때문에 알갱이의 크기가 작아 틈이 작은 화단 흙보다 물이 더 빠르게 빠집니다.

실험 TIP !

실험동영상

거즈를 두세 번 접어 페트병 윗부분의 입구를 감싸 고무줄로 묶은 뒤, 페트병 윗부분을 거꾸로 세워 페트병 아랫부분에 넣어 물 빠짐 장치를 만들 수도 있어요.

➡

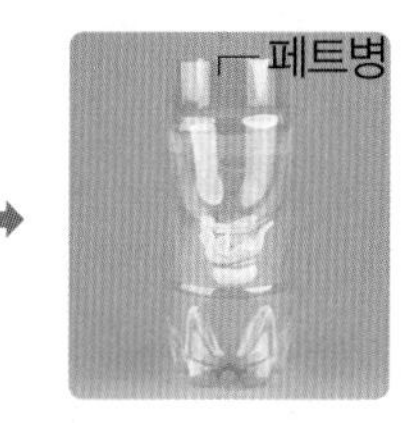

물을 붓는 순간부터 일정한 시간 동안 흙에서 빠져나온 물의 양을 표시해요.

실험 2 운동장 흙과 화단 흙의 물에 뜬 물질 비교하기 📖 7종 공통

❶ 두 개의 유리컵에 운동장 흙과 화단 흙을 각각 $\frac{1}{4}$ 정도 채워 넣습니다.

❷ 흙을 넣은 두 개의 컵에 같은 양의 물을 붓고 유리 막대로 저은 뒤, 잠시 놓아둡니다.

❸ 운동장 흙과 화단 흙의 물에 뜬 물질의 양을 비교해 봅시다.

❹ 물에 뜬 물질을 핀셋으로 건져서 거름종이 위에 올려놓고 돋보기로 관찰해 봅시다.

❺ 물에 뜬 물질은 식물이 자라는 데 어떤 영향을 주는지 생각해 봅시다.

실험 결과

➡ 물에 뜨는 물질은 식물의 뿌리나 죽은 동물, 나뭇잎 조각 등의 부식물로, 식물이 잘 자랄 수 있도록 도움을 줍니다.

실험동영상

흙이 가라앉아 물이 어느 정도 맑아질 때까지 가만히 놓아두어요.

3 단원

1 장소에 따른 흙의 특징

기본 개념 문제

1

논과 밭 중 약간 붉거나 검은색으로 보이며 거칠거칠한 흙은 (　　　　　)에 있는 흙입니다.

2

운동장 흙과 화단 흙 중 알갱이의 크기가 더 작은 것은 (　　　　　)입니다.

3

운동장 흙과 화단 흙 중 손으로 만졌을 때 거칠거칠한 것은 (　　　　　)입니다.

4

흙의 알갱이 크기가 (　　　　　)수록 물이 빠져나갈 수 있는 공간이 많아 물이 더 빠르게 빠집니다.

5

화단 흙과 같이 흙 속에 (　　　　　)이/가 많으면 식물이 잘 자랍니다.

6 아이스크림

다음은 우리 주변의 다양한 흙 중 어느 곳의 흙을 관찰한 것입니까? (　　　)

- 많이 어두운색이다.
- 물이 고여 있어 촉촉하다.

① 산　② 논　③ 갯벌　④ 놀이터　⑤ 모래사장

7 7종 공통

다음은 운동장 흙과 화단 흙을 돋보기로 관찰하는 모습입니다. 운동장 흙에는 '운동장'이라고 쓰고, 화단 흙에는 '화단'이라고 쓰시오.

(1)  (　　　　　)

(2)  (　　　　　)

8 7종 공통

운동장 흙과 화단 흙에 대한 설명으로 옳은 것을 보기 에서 골라 기호를 쓰시오.

보기
㉠ 화단 흙은 운동장 흙에 비해 밝은색이다.
㉡ 화단 흙의 알갱이 크기는 큰 것도 있고, 작은 것도 있다.
㉢ 운동장 흙을 만져 보면 약간 부드럽고, 화단 흙을 만져 보면 거칠다.

(　　　　　)

[9-11] 다음은 물 빠짐 장치에 운동장 흙과 화단 흙을 절반 정도 넣은 후, 같은 양의 물을 비슷한 빠르기로 동시에 붓는 모습입니다. 물음에 답하시오.

9 7종 공통

위 장치는 무엇에 따라 물 빠짐이 다른 까닭을 알아보기 위한 것인지 보기 에서 골라 기호를 쓰시오.

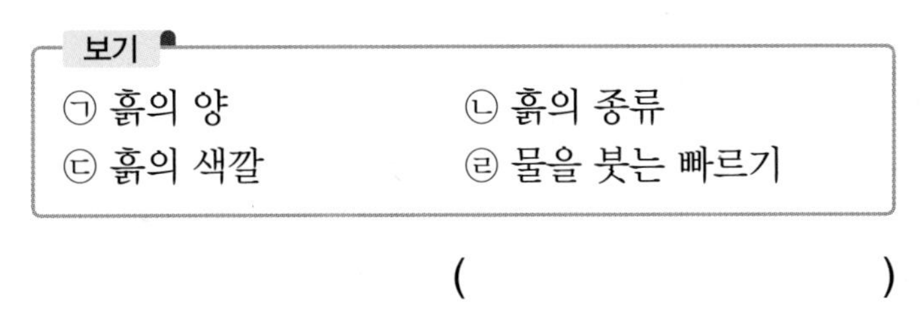

보기
㉠ 흙의 양 ㉡ 흙의 종류
㉢ 흙의 색깔 ㉣ 물을 붓는 빠르기

( )

10 동아, 김영사, 비상, 아이스크림, 지학사

다음은 위와 같이 각각의 흙에 물을 붓고, 약 2분 후에 비커로 빠진 물의 높이를 측정한 것입니다. 각각 어느 흙의 결과인지 쓰시오.

구분	㉠	㉡
2분 00초 후 물의 높이	약 1.8 cm	약 0.9 cm

㉠ ( ), ㉡ ( )

11 7종 공통

위 10번의 결과를 통해 알 수 있는 사실에 대해 옳게 말한 사람의 이름을 쓰시오.

- 예림: 모든 흙의 물 빠짐 정도는 같아.
- 수빈: 운동장 흙이 화단 흙보다 물이 더 잘 빠져.
- 호영: 운동장 흙과 화단 흙에서는 물이 빠지지 않아.

( )

[12-14] 다음은 운동장 흙과 화단 흙을 각각 넣은 두 개의 유리컵에 물을 붓고 유리 막대로 저은 뒤, 잠시 놓아둔 모습입니다. 물음에 답하시오.

12 7종 공통

위 실험에서 같게 해야 할 조건과 다르게 해야 할 조건을 각각 보기 에서 골라 기호를 쓰시오.

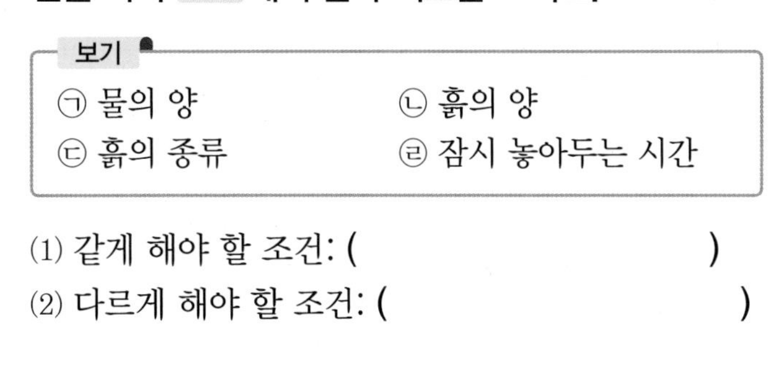

보기
㉠ 물의 양 ㉡ 흙의 양
㉢ 흙의 종류 ㉣ 잠시 놓아두는 시간

(1) 같게 해야 할 조건: ( )
(2) 다르게 해야 할 조건: ( )

13 7종 공통

위 (가)와 (나) 중 운동장 흙이 들어 있는 유리컵의 기호를 쓰시오.

( )

14 서술형 7종 공통

위 (가)와 (나) 중 식물이 잘 자랄 수 있는 흙이 들어 있는 유리컵의 기호를 쓰고, 그 유리컵의 흙에서 식물이 잘 자랄 수 있는 까닭을 쓰시오.

(1) 식물이 잘 자랄 수 있는 흙이 든 유리컵: ( )

(2) 까닭: ______________________

____

2 흙이 만들어지는 과정

1 자연에서 흙이 만들어지는 과정

바위틈에서 물이 얼었다 녹았다를 반복하거나, 나무뿌리가 자랍니다.	바위가 작은 돌로 부서집니다.	작은 돌은 다시 더 작은 돌 알갱이로 부서집니다.	작은 돌 알갱이와 부식물이 섞여 흙이 됩니다.

① 바위나 돌이 오랜 시간에 걸쳐 서서히 작게 부서진 알갱이와 나무뿌리, 낙엽, 생물이 썩어 생긴 물질 등이 섞여서 흙이 됩니다.

② 자연에서 바위나 돌은 오랜 시간에 걸쳐 여러 가지 과정으로 작게 부서집니다.

③ 식물은 흙에서 양분과 물을 얻고, 사람과 다양한 동물은 식물을 먹고 삽니다.

풍화 작용

암석이 오랜 시간에 걸쳐 물, 공기, 생물 등의 작용으로 크기가 더 작은 돌이나 흙으로 부서지거나 성분이 변하는 것입니다.

흙을 보존해야 하는 까닭

- 흙이 만들어지는 과정은 매우 오랜 시간이 걸리기 때문입니다.
- 동물은 식물을 먹고 사는데, 식물은 흙에서 물과 영양분을 얻기 때문입니다.

2 자연에서 바위나 돌을 부서지게 하는 것

(1) 물이 얼었다 녹았다를 반복하면서 바위가 부서지는 과정

물이 얼었다 녹았다를 반복해요.

바위틈으로 물이 들어갑니다.	물이 얼면서 바위에 힘을 작용합니다.	바위틈이 더 벌어지면서 그 사이로 물이 더 많이 들어갑니다.	오랜 시간 동안 반복되면서 바위가 부서집니다.

(2) 나무뿌리가 자라면서 바위가 부서지는 과정

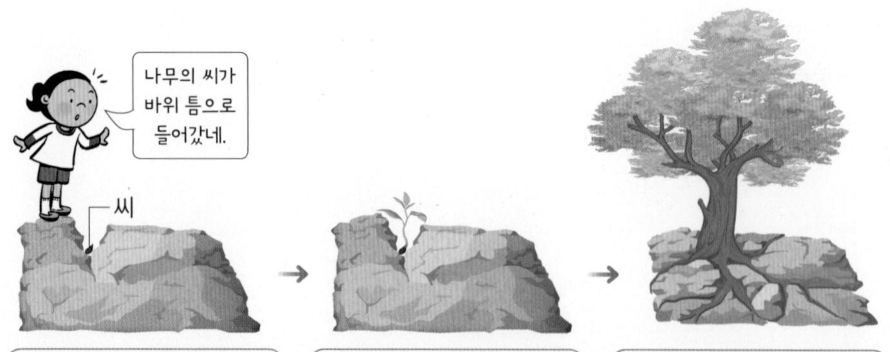

바위틈으로 나무의 씨가 들어갑니다.	씨가 싹 터 자라면서 뿌리가 바위틈으로 들어갑니다.	나무가 자랄수록 바위틈이 벌어져서 바위가 부서집니다.

(3) 물이나 나무뿌리 외에 바위나 돌을 부서지게 하는 것

① 강한 바람과 비 때문에 바위나 돌이 부서질 수 있습니다.

② 바위와 돌이 서로 부딪쳐 부서질 수 있습니다.

③ 차가워지거나 따뜻해지는 기온 변화가 반복되면서 바위나 돌이 부서질 수 있습니다.

④ 사람들의 필요로 인해 땅을 개발하면서 바위나 돌이 부서질 수 있습니다.

자연에서 돌이 부서지는 경우

▲ 물이 얼었다 녹으면서 부서진 바위

▲ 나무뿌리가 자라면서 부서진 바위

▲ 모래 바람에 깎인 바위

용어 사전

- **풍화** 바위, 돌 따위가 햇빛, 공기, 물 등의 작용으로 제자리에서 점차 파괴되고 부서지는 현상.
- **기온** 공기의 온도.

교과서 통합 대표 실험

실험 흙이 만들어지는 과정 알아보기 📖 7종 공통

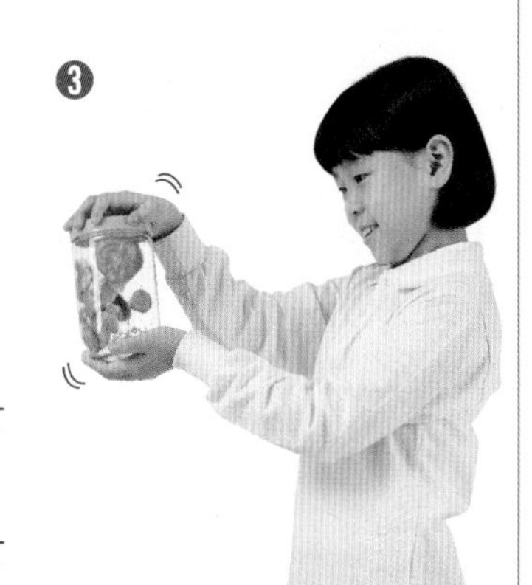

❶ 흰 접시 위에 과자를 올려놓고 과자의 모습을 관찰해 봅시다.
- 각설탕, 별 모양 사탕, 소금 덩어리 등을 사용할 수도 있습니다.

❷ 과자를 투명한 용기의 $\frac{1}{3}$ 정도 채워 넣고 뚜껑을 닫습니다.

❸ 과자 가루가 보일 때까지 투명 용기를 흔듭니다.

❹ 흰 접시 위에 과자를 부어 어떤 변화가 있는지 관찰해 봅시다.

실험 결과

① 투명 용기를 흔든 후 과자, 각설탕, 별 모양 사탕, 소금 덩어리의 변화

구분	과자	각설탕	별 모양 사탕	소금 덩어리
투명 용기를 흔들기 전				
투명 용기를 흔든 후				

- 과자, 각설탕, 별 모양 사탕, 소금 덩어리가 부서져 가루가 보입니다.
- 과자, 각설탕, 별 모양 사탕, 소금 덩어리의 크기가 작아졌습니다.
- 각설탕과 소금 덩어리의 모서리가 부서져 뾰족한 부분이 없어졌습니다.

② 모형실험과 실제 자연에서 나타내는 것 비교하기

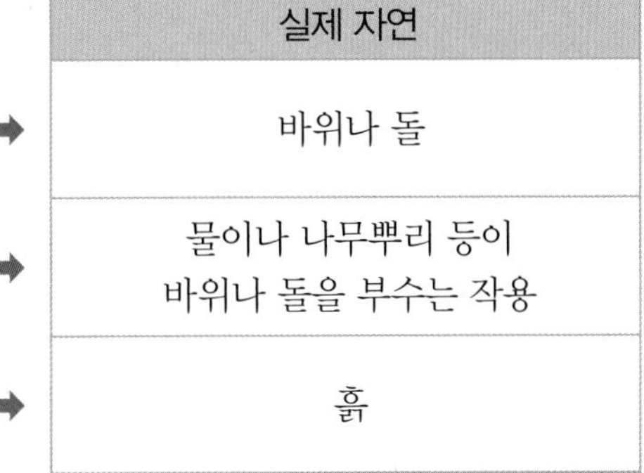

모형실험		실제 자연
과자, 각설탕, 별 모양 사탕, 소금 덩어리	➡	바위나 돌
투명 용기를 흔드는 것	➡	물이나 나무뿌리 등이 바위나 돌을 부수는 작용
과자 가루, 설탕 가루, 별 모양 사탕 가루, 소금 가루	➡	흙

- 모형실험에서는 투명 용기를 흔들어서 작게 부수었지만, 실제 자연에서는 물, 바람, 식물 등이 바위나 돌을 작게 부숩니다.
- 모형실험은 짧은 시간에 만들어졌지만, 실제 자연에서 흙이 만들어지는 데에는 매우 오랜 시간이 걸립니다.

실험 TIP !

실험동영상

투명 용기를 세고 빠르게 흔들수록 결과를 더 관찰하기 좋아요.

투명 용기를 흔든 후의 각설탕, 소금 덩어리를 관찰할 때 모서리 부분의 모양 위주로 확인해요.

실제 흙이 만들어지는 과정은 물이나 생물의 작용, 기후 등과 같은 다양한 원인의 상호 작용으로 만들어지고, 오랜 시간이 걸린다는 점이 실험과 달라요.

2 흙이 만들어지는 과정

기본 개념 문제

1

바위나 돌이 오랜 시간에 걸쳐 서서히 작게 부서진 알갱이와 나무뿌리, 낙엽, 생물이 썩어 생긴 물질 등이 섞여서 (   )이/가 됩니다.

2

자연에서 바위나 돌은 (   ) 시간에 걸쳐 여러 가지 과정으로 작게 부서집니다.

3

바위틈에 들어간 (   )이/가 오랜 시간 동안 얼었다 녹았다를 반복하면서 바위에 힘을 작용하면 바위틈이 더 벌어지면서 부서집니다.

4

차가워지거나 따뜻해지는 (   ) 변화가 반복되면서 바위나 돌이 부서질 수 있습니다.

5

흙이 만들어지는 과정은 매우 (   ) 시간이 걸리기 때문에 중요한 흙을 잘 보존해야 합니다.

6 7종 공통

자연에서 흙이 만들어질 때 영향을 미치는 것을 보기 에서 모두 골라 ○표 하시오.

보기

물, 별, 달, 바람, 나무뿌리

7 7종 공통

자연에 있는 바위와 흙에 대한 설명으로 옳은 것을 보기 에서 골라 기호를 쓰시오.

보기

㉠ 흙은 바위가 뭉쳐져서 만들어진다.
㉡ 한번 만들어진 바위는 크기가 달라지지 않는다.
㉢ 주변의 영향으로 바위가 부서져 흙이 만들어진다.
㉣ 자연에서 바위가 흙으로 변할 때는 짧은 시간이 걸린다.

(   )

8 7종 공통

바위틈으로 들어간 물이 얼었다 녹았다를 반복할 때 생길 수 있는 일에 대해 옳게 말한 사람의 이름을 쓰시오.

- 소영: 오랜 시간 반복되면 바위가 더 커져.
- 창민: 바위틈이 막혀서 바위가 더 단단해져.
- 현준: 바위틈이 더 벌어지면서 그 사이로 물이 더 많이 들어가.

(   )

9 서술형 7종 공통

오른쪽은 나무가 바위틈에서 자라고 있는 모습입니다. 나무가 자라고 있는 바위가 깨진 까닭은 무엇인지 쓰시오.

____

____

10 7종 공통

자연의 바위나 돌이 부서지게 하는 원인으로 알맞지 않은 것의 기호를 쓰시오.

㉠ 
강한 비

㉡ 
새소리

㉢ 
모래 바람

㉣ 
땅 개발

( )

11 동아, 비상, 지학사, 천재

우리가 흙을 보존해야 하는 까닭을 옳게 말한 사람의 이름을 쓰시오.

( )

[12-14] 다음은 플라스틱 통에 과자를 넣고 20번 정도 흔드는 모습입니다. 물음에 답하시오.

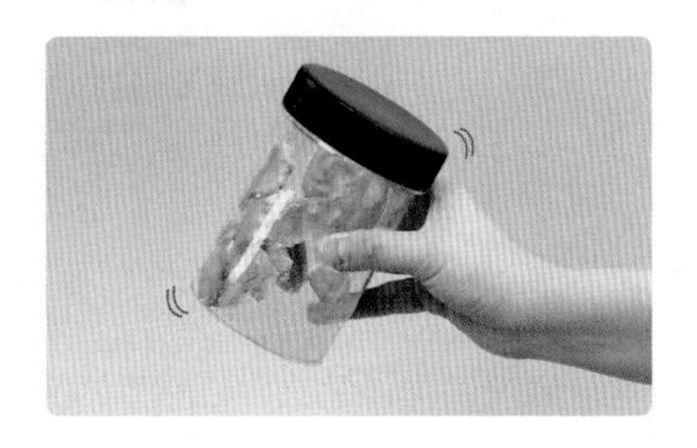

12 동아, 김영사, 아이스크림

위와 같이 플라스틱 통을 흔들었을 때 과자의 변화로 옳은 것에 ○표 하시오.

(1) 과자의 크기가 커진다. ( )
(2) 과자의 색깔이 진해진다. ( )
(3) 과자가 부서져서 가루가 생긴다. ( )

13 7종 공통

위 12번 답처럼 과자가 변하는 결과와 실제 자연에서 흙이 만들어지는 과정을 비교한 것으로 옳은 것에 ○표 하시오.

> 과자가 작게 부서지는 것은 ㉠ (짧은, 긴) 시간이 걸리고, 자연에서 바위가 부서져 흙이 되는 과정은 ㉡ (짧은, 긴) 시간이 걸린다.

14 7종 공통

위 흙이 만들어지는 모형실험과 실제 자연에서 나타내는 것을 관계있는 것끼리 선으로 이으시오.

(1)	과자 •	• ㉠	흙
(2)	과자 가루 •	• ㉡	바위
(3)	통을 흔드는 것 •	• ㉢	물이 바위를 부수는 작용

3 단원

3 흐르는 물에 의한 땅의 모습 변화

1 비가 오는 날 운동장의 모습 관찰하기

① 비가 온 후 운동장에는 다양한 물길과 작은 웅덩이가 생겼습니다.
② 물이 고인 곳도 있고, 흙탕물이 흘러가기도 합니다.
③ 흐르는 빗물이 흙을 깎아서 돌이 드러나기도 하고, 흙이 쌓이기도 합니다.

잔디가 깔린 운동장

잔디가 깔린 운동장은 식물의 뿌리가 흙과 엉겨 있기 때문에 흙이 잘 깎여 옮겨지지 않습니다.

2 흐르는 물에 의한 작용

(1) 흐르는 물이 하는 일

① 높은 곳에서 낮은 곳으로 흐르는 물은 땅의 표면인 지표를 깎아 돌과 흙 등을 낮은 곳으로 옮겨 쌓이게 합니다.
② 흐르는 물은 침식 작용, 운반 작용, 퇴적 작용을 하여 지표의 모습을 변화시킵니다.
③ 오랜 시간 계속 흐르는 물은 지표의 모습을 서서히 변화시킵니다.

(2) 흐르는 물에 의한 작용

침식 작용	운반 작용	퇴적 작용
흐르는 물이 바위, 돌, 흙 등을 깎아 내는 것	침식된 돌, 모래, 흙 등이 흐르는 물에 의해 이동하는 것	운반된 돌, 모래, 흙 등이 쌓이는 것

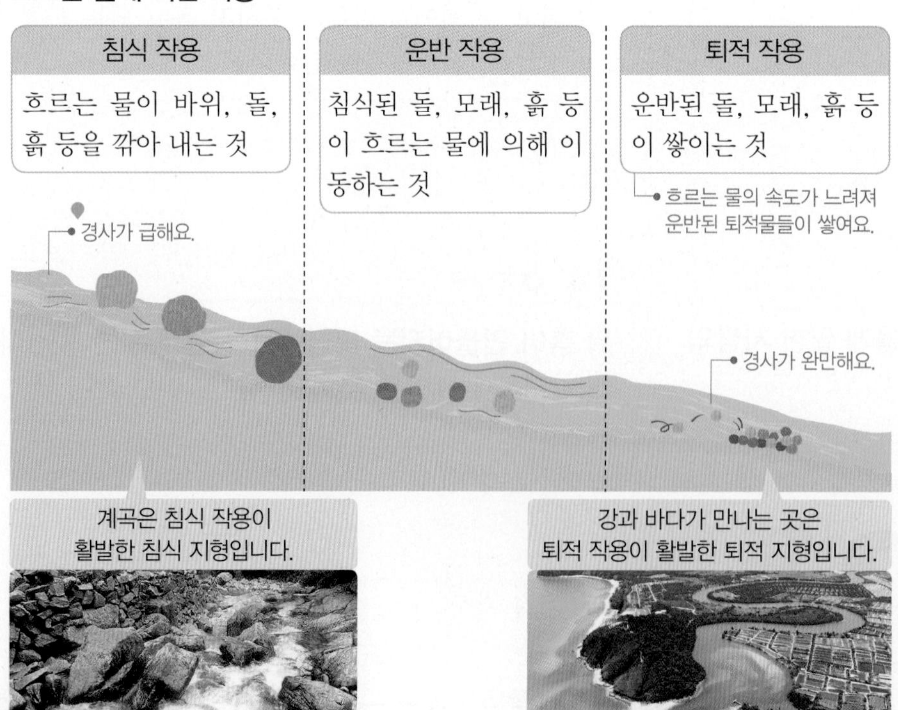

비가 내린 뒤 산의 모습

흐르는 물은 지표를 변화시킵니다. 비가 내리면 빗물이 흘러가면서 흙을 깎아 낮은 곳에 쌓아 놓습니다.

경사진 곳의 지표는 깎이고, 깎인 흙이 운반되어 경사가 완만한 곳에 흘러내려 와서 쌓여요.

용어 사전

- **흙탕물** 흙이 많이 섞인 물.
- **침식** 물이나 바람 등에 땅이나 바위가 조금씩 씻겨 가거나 부스러지는 것.
- **퇴적** 흙이나 쓰레기 등이 많이 겹쳐 쌓인 것.
- **경사** 비스듬히 기울어짐. 또는 그런 상태나 정도.

교과서 통합 대표 실험

실험 흙 언덕에 물을 흘려보냈을 때의 변화 관찰하기 7종 공통

❶ 흙 언덕을 만든 뒤, 색 모래(색 자갈)를 흙 언덕 위에 충분히 뿌립니다.

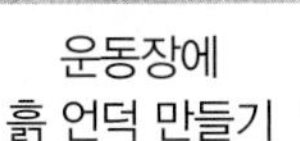
운동장에 흙 언덕 만들기

쟁반에 흙 언덕 만들기

간이 유수대에 흙 언덕 만들기

❷ 흙 언덕 위쪽에서 천천히 물을 흘려보내고, 흙 언덕이 어떻게 변하는지 관찰해 봅시다.

입구가 좁은 물뿌리개로 물 흘려보내기

바닥에 구멍을 뚫은 종이컵에 물을 조금씩 여러 번 넣기

페트병에 물을 담아 물 흘려보내기

❸ 흙 언덕에서 흙이 깎인 곳과 쌓인 곳을 관찰하고, 흙 언덕의 모습이 변한 까닭을 생각해 봅시다.

실험 결과

흙이 많이 깎인 곳 	흙이 많이 쌓인 곳 
흙 언덕의 위쪽	흙 언덕의 아래쪽

- 흙 언덕 윗부분에 있던 흙이 물과 함께 아래쪽으로 흘러내려 쌓입니다.
- 물이 흐르기 전에는 흙 언덕이 경사져 있지만, 물이 흐르면서 흙 언덕의 모습을 변화시킵니다.
- 위쪽의 흙을 아래쪽에 더 많이 쌓이게 하려면 물을 한 번에 더 많이 흘려보내거나 물을 더 오랫동안 흘려보냅니다. → 흙 언덕의 높이를 높게 해요.
- **흙 언덕의 모습이 변한 까닭:** 흐르는 물이 흙 언덕의 위쪽을 깎고, 깎은 흙을 흙 언덕 아래쪽으로 운반하여 쌓았기 때문입니다.

실험 TIP !

실험동영상

흙 언덕 위쪽에 색 모래와 색 자갈을 뿌리면 물이 흐르면서 달라지는 흙 언덕의 변화 모습을 쉽게 살펴볼 수 있어요.

높은 곳에서 물을 부으면 물이 떨어지는 힘에 의해 흙 언덕이 깎이기 때문에 물을 부을 때에는 흙 언덕 바로 위 최대한 가까운 높이에서 물을 부어 물이 떨어지는 힘에 의한 영향을 작게 해야 해요.

흙 언덕의 모습을 많이 변화시키려면 흙 언덕의 기울기를 급하게 하거나 흘려보내는 물의 양을 많게 해요.

3 흐르는 물에 의한 땅의 모습 변화

기본 개념 문제

1

비가 온 후 운동장에 흐르는 빗물이 흙을 깎아서 돌이 드러나기도 하고, (　　　　)이/가 쌓이기도 합니다.

2

흐르는 물에 의해 지표의 바위, 돌, 흙 등이 깎여 나가는 것을 (　　　　) 작용이라고 합니다.

3

경사가 급한 곳에서 깎인 돌이나 흙 등은 물의 (　　　　) 작용에 의해 이동합니다.

4

비가 내리기 전에서 비가 내린 후 산의 모습이 변하는 까닭은 (　　　　)이/가 흙을 깎고 운반하여 쌓았기 때문입니다.

5

흙 언덕을 쌓아 위쪽에서 물을 흘려보내면 흙 언덕의 (　　　　)쪽에서 깎인 흙이 흙 언덕의 (　　　　)쪽에 쌓입니다.

6 동아, 금성, 김영사, 비상, 지학사, 천재

비가 오기 전 운동장의 모습과 비가 온 후의 운동장의 모습으로 알맞은 것끼리 선으로 이으시오.

(1) 비가 오기 전 운동장의 모습 •　　　• ㉠

(2) 비가 온 후 운동장의 모습 •　　　• ㉡

7 7종 공통

지표에 대한 설명으로 옳은 것에 ○표, 옳지 않은 것에 ×표 하시오.

(1) 땅의 표면을 지표라고 한다. (　　)

(2) 물은 지표의 위를 흐르지만, 지표에 영향을 주지는 않는다. (　　)

(3) 흐르는 물이 지표의 돌이나 흙을 운반하면서 지표의 모습을 변화시킨다. (　　)

8 7종 공통

다음과 같이 비가 많이 오고 난 후에 산의 모습을 관찰한 결과에 대해 잘못 말한 사람의 이름을 쓰시오.

- 보영: 흙이 깎여 있는 곳이 있어.
- 혜림: 흙이 쌓여 있는 곳이 있어.
- 준호: 비가 오기 전과 큰 차이가 없어.

(　　　　　　)

9 서술형 7종 공통

다음은 지훈이가 계곡에서 놀고 온 날에 쓴 일기입니다. 밑줄 친 지훈이의 일기 중 잘못된 부분의 기호를 쓰고, 어떻게 고쳐 써야 하는지 쓰시오.

202○년 ○월 ○일
오늘 서준이랑 계곡에서 물놀이를 하고 왔다. 계곡물이 너무 맑고 시원했다.
계곡은 ㉠ 퇴적 작용이 활발한 ㉡ 침식 지형으로 ㉢ 흐르는 물이 바위, 돌, 흙 등을 깎아 내는 곳이라고 배웠던 내용이 생각났다.

(1) 잘못된 부분: (　　　　　　　)

(2) 옳게 고쳐 쓰기: ______________________

10 7종 공통

다음은 흐르는 물에 의한 작용 중 한 가지에 대해 국어사전에서 찾은 내용입니다. 어떤 작용인지 쓰시오.

『지구』 강물, 빙하, 바람, 파도와 같은 자연적인 힘에 의하여 흙이나 모래, 자갈 따위의 물질이 다른 곳으로 옮겨지는 작용.

(　　　　　　　) 작용

11 천재

오른쪽과 같이 강과 바다가 만나는 부분에 대한 설명으로 옳은 것을 두 가지 고르시오. (　　　)

① 강의 경사가 급한 부분이다.
② 물이 흐르지 않는 부분이다.
③ 지표의 모습이 변하지 않는다.
④ 침식 작용보다 퇴적 작용이 활발하다.
⑤ 운반된 돌, 모래, 흙 등이 쌓이는 곳이다.

[12-14] 다음은 꽃삽으로 흙을 모아 흙 언덕을 만든 후, 언덕의 위쪽에 색 모래를 뿌린 모습입니다. 물음에 답하시오.

12 7종 공통

위 흙 언덕의 위쪽에서 물을 흘려 보내려고 합니다. 관찰할 내용을 잘못 말한 사람의 이름을 쓰시오.

- 윤아: 흙이 깎인 곳이 어디인지 살펴봐야 해.
- 찬규: 젖은 흙이 언제 마르는지 관찰해야 해.
- 수진: 흙 언덕의 높이가 어떻게 변하는지 살펴봐야 해.
- 연호: 흙 언덕에서 색 모래가 움직이는 모습을 관찰해야 해.

(　　　　　　　)

13 7종 공통

위 흙 언덕의 위쪽에서 물을 흘려보냈을 때 ㉠과 ㉡ 중 흙이 쌓이는 곳의 기호를 쓰시오.

(　　　　　　　)

14 아이스크림

다음 보기 의 설명을 흙 언덕의 위쪽에서 물을 흘려 보내기 전과 물을 흘려보낸 후의 모습으로 분류하여 기호를 쓰시오.

보기
㉠ 흙이 언덕처럼 쌓여 있다.
㉡ 흙 언덕의 위쪽이 움푹 파였다.
㉢ 흙 언덕의 아래쪽에 물이 고여 있다.
㉣ 흙 언덕이 미끄럼틀처럼 경사져 있다.

(1) 물을 흘려보내기 전: (　　　　　　　)
(2) 물을 흘려보낸 후: (　　　　　　　)

개념 학습

4 강과 바닷가 주변의 모습

개념 강의

1 강 주변의 모습

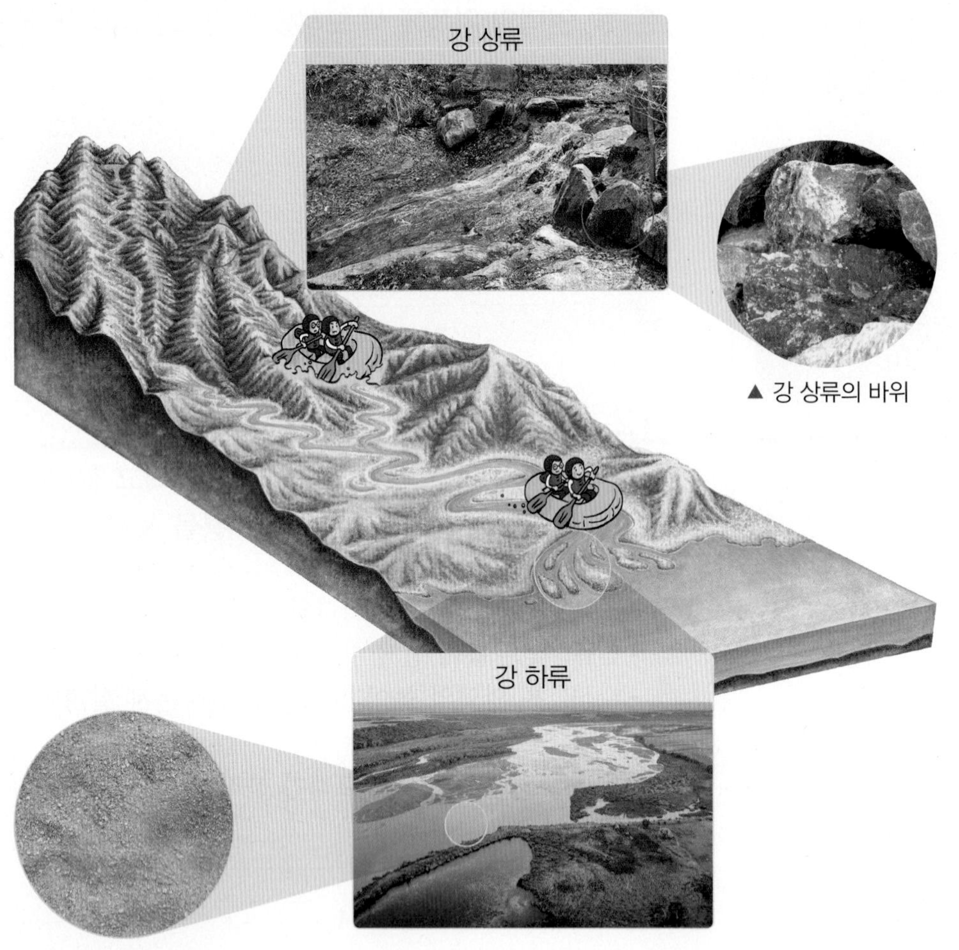

▲ 강 상류의 바위

▲ 강 하류의 모래

2 강 주변의 특징

(1) 강 상류의 특징

① 강 상류에는 큰 바위가 많습니다.

② 강폭이 좁고 강의 경사가 급하여 물이 빠르게 흐릅니다.

③ 강물이 바위를 깎는 침식 작용이 활발하게 일어납니다. —• 지표가 깎여요.

④ 강 상류에서 침식된 물질은 강물을 따라 하류로 운반됩니다.

(2) 강 하류의 특징

① 강 하류에는 모래나 진흙이 많습니다.

② 강폭이 넓고 강의 경사가 완만해져 물이 천천히 흐릅니다.

③ 침식과 운반을 거쳐 이동한 모래와 흙이 쌓이는 퇴적 작용이 활발하게 일어납니다. —• 모래나 흙이 넓게 쌓여요.

➡ 강물은 오랜 시간에 걸쳐 강 주변의 모습을 서서히 변화시킵니다.

(3) 강 상류에서 하류로 갈수록 둥근 모양의 돌이 많이 나타나는 까닭: 강 상류의 큰 바위나 돌이 침식되어 강 하류로 운반되면서 모난 부분이 깎였기 때문입니다.

강 상류와 하류의 강폭과 경사

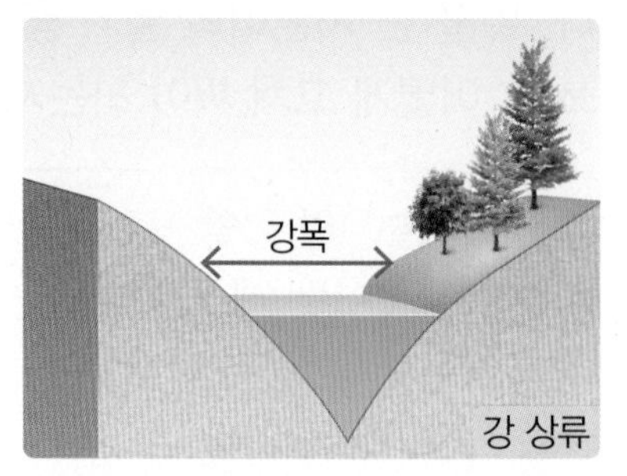

강 상류는 강폭이 좁고 경사가 급합니다.

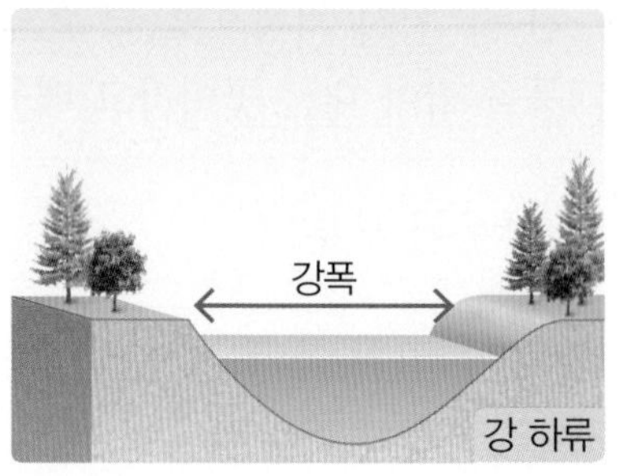

강 하류는 강폭이 넓고 경사가 완만합니다.

강 중류

- 강 상류에서 하류로 가는 중간 부분인 중류는 물의 흐름이 강 상류보다는 느리지만, 흐르는 물의 양이 많아집니다.
- 강 중류에서는 물질을 이동시키는 운반 작용이 주로 일어납니다.

용어 사전

- **강폭** 강을 가로질러 잰 길이. 강의 너비를 이름.
- **완만** 비스듬히 기울어진 정도가 급하지 않은.
- **모난** 사물의 모습에 삐죽하게 튀어나와 있는.

3 바닷가 주변의 모습

계속 변하는 바닷가의 지형

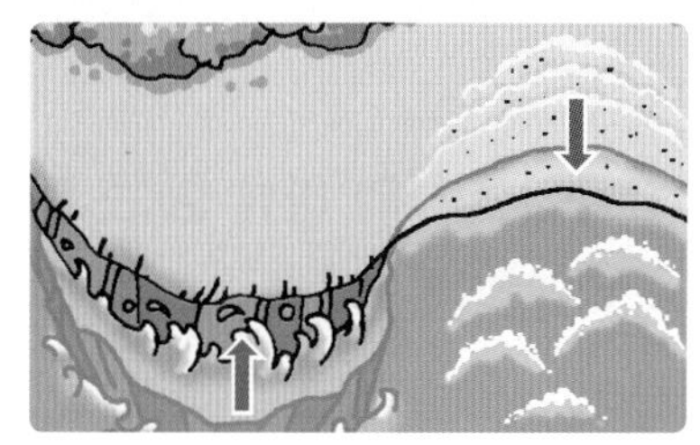

바다 쪽으로 튀어나온 곳은 파도에 의한 침식 작용으로 지표가 계속 깎이고, 육지 쪽으로 들어간 곳에서는 흙이 쌓이는 퇴적 작용이 활발하기 때문에 바닷가의 지형이 오랜 시간에 걸쳐 계속 변합니다.

4 바닷가 주변의 지형

(1) **바다 쪽으로 튀어나온 곳:** 바위의 구멍이나 가파른 절벽은 파도의 침식 작용으로 깎여 만들어집니다. — 바닷물이 바위의 약한 부분을 깎아 만들어져요.

구멍 뚫린 바위

절벽

기둥처럼 생긴 바위

해식 동굴

바닷물의 침식 작용으로 인해 만들어진 지형입니다.

(2) **육지 쪽으로 들어간 곳:** 침식 작용으로 깎인 모래나 고운 흙이 바닷물에 의해 운반되고 퇴적 작용으로 쌓여 모래사장(모래 해변)이나 갯벌이 됩니다.

모래사장

갯벌

(3) **바닷가에서 볼 수 있는 다양한 지형:** 바닷물의 침식 · 운반 · 퇴적 작용으로 만들어지며, 바닷가의 지형이 생기기까지는 오랜 시간이 걸립니다.

(4) **파도에 의한 바닷가 지형의 변화 알아보기**

한쪽 벽면에 흙을 비스듬하게 쌓고 수조에 물을 반쯤 채운 후, 책받침으로 흙더미 쪽으로 물결 만들기 ➡ 흙더미가 깎여 다른 쪽에 쌓임.

① 흙더미는 바닷가 절벽, 책받침으로 만든 물결은 파도를 의미하고, 흙더미가 깎여 나가 다른 쪽에 쌓이는 것은 파도에 의해 절벽이 깎이는 침식 작용입니다.

② 깎인 흙더미를 파도가 운반하고 쌓아 모래사장, 갯벌을 만드는 것은 퇴적 작용입니다.

용어사전

- **육지** 강이나 바다와 같이 물이 있는 곳을 제외한 지구의 겉면.
- **가파른** 산이나 길이 몹시 기울어져 있는.
- **해식** '해안 침식'을 줄여 이르는 말.

4 강과 바닷가 주변의 모습

기본 개념 문제

1

강의 상류와 하류 중 큰 바위보다 모래와 흙이 많은 곳은 (　　　　　)입니다.

2

강의 상류와 하류 중 강폭이 좁고 강의 경사가 급한 곳은 (　　　　　)입니다.

3

강의 하류에서는 강물이 바위를 깎는 (　　　　　) 작용보다 모래와 흙이 쌓이는 (　　　　　) 작용이 활발합니다.

4

바닷가 지형에서 볼 수 있는 바위의 구멍이나 가파른 절벽은 파도의 (　　　　　) 작용으로 깎여 만들어집니다.

5

모래사장과 절벽 중 파도가 세지 않고 물살이 느린 곳의 지형은 (　　　　　　　　　)입니다.

6 7종 공통

흐르는 물에 의한 작용과 각각의 작용이 더 활발하게 일어나는 강의 위치에 알맞은 것끼리 선으로 이으시오.

(1) 퇴적 작용 •　　　　• ㉠ 강의 하류

(2) 침식 작용 •　　　　• ㉡ 강의 상류

7 7종 공통

강의 하류에서 주로 볼 수 있는 돌의 모습으로 옳은 것의 기호를 쓰시오.

㉠ 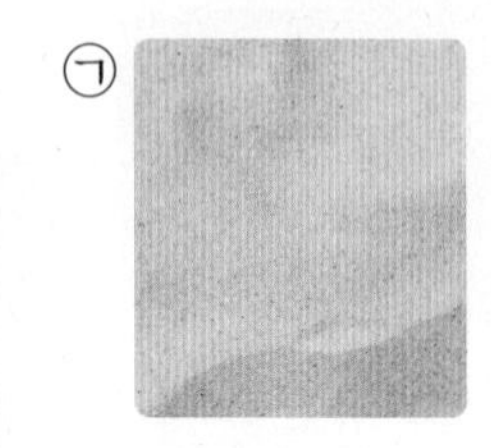
㉡ 
㉢ 

(　　　　　　　　)

8 7종 공통

강 상류의 특징에 대해 옳게 말한 사람의 이름을 쓰시오.

- 윤서: 강폭이 좁아.
- 지후: 강의 경사가 완만해.
- 현준: 물이 흐르는 속도가 느려.

(　　　　　　　　)

9 동아, 금성

다음은 고무보트를 타고 강을 여행하는 모습입니다. 각각 강 상류와 강 하류 중 어디에 가까운 모습인지 쓰시오.

(1)

(2)

( ) ( )

10 7종 공통

다음 ( ) 안에 들어갈 알맞은 말을 쓰시오.

바닷가 주변의 지형 중 바다 쪽으로 튀어나온 부분에서는 파도가 세게 쳐 (㉠) 작용이 활발하고, 파도가 세지 않고 물살이 느린 육지 쪽으로 들어간 부분은 (㉡) 작용이 활발하다.

㉠ ( ), ㉡ ( )

11 서술형 7종 공통

다음과 같은 바닷가의 지형은 어떻게 만들어진 것인지 바닷물의 작용과 관련지어 쓰시오.

12 동아, 김영사, 아이스크림

바닷가에서 볼 수 있는 가운데에 구멍 뚫린 바위는 오랜 시간이 지나면 모습이 어떻게 변할지에 대해 옳게 말한 사람의 이름을 쓰시오.

- 민아: 가운데의 구멍이 바위로 막힐 거야.
- 서윤: 모래가 퇴적되어 구멍의 크기가 작아질 거야.
- 재이: 절벽이 깎여 윗부분이 무너지면서 기둥만 남게 될 거야.

( )

13 7종 공통

오른쪽은 바닷가의 모습을 나타낸 것입니다. ㈎ 지역에서 볼 수 있는 지형에 ○표 하시오.

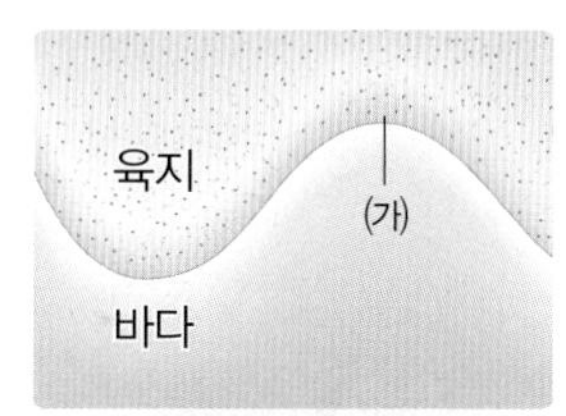

(1)

(2)

( ) ( )

14 7종 공통

다음 ( ) 안에 들어갈 수 있는 세 가지를 모두 쓰시오.

바닷가에서 볼 수 있는 다양한 지형은 바닷물의 ( ) 작용으로 만들어진다.

( ), ( ), ( )

3 지표의 변화

★ 주변의 다양한 흙

▲ 밭 ▲ 논
▲ 갯벌 ▲ 모래사장

★ 운동장 흙과 화단 흙의 물에 뜬 물질

운동장 흙 화단 흙

1. 운동장 흙과 화단 흙 비교하기

구분	운동장 흙	화단 흙
모습		
색깔	밝은 갈색(연한 노란색)	어두운 갈색(진한 황토색)
알갱이의 크기	화단 흙보다 큰 편임.	대부분 운동장 흙보다 작음.
만졌을 때의 느낌	거칠고, 말라 있음.	약간 부드럽고, 축축함.
물 빠짐	물이 잘 빠짐.	물이 잘 빠지지 않음.

① 흙의 알갱이 크기가 클수록 물이 빠져나갈 수 있는 공간이 많아 물이 더 빠르게 빠집니다.

② ❶ [　　　] 흙은 부식물의 양이 적어서 비교적 식물이 잘 자라지 않고, ❷ [　　　] 흙은 부식물의 양이 많아 식물이 잘 자랍니다.

2. 흙이 만들어지는 과정

(1) **자연에서 흙이 만들어지는 과정:** 바위나 돌이 오랜 시간에 걸쳐 서서히 작게 부서진 알갱이와 나무뿌리, 낙엽, 생물이 썩어 생긴 물질 등이 섞여서 ❸ [　　　] 이 됩니다.

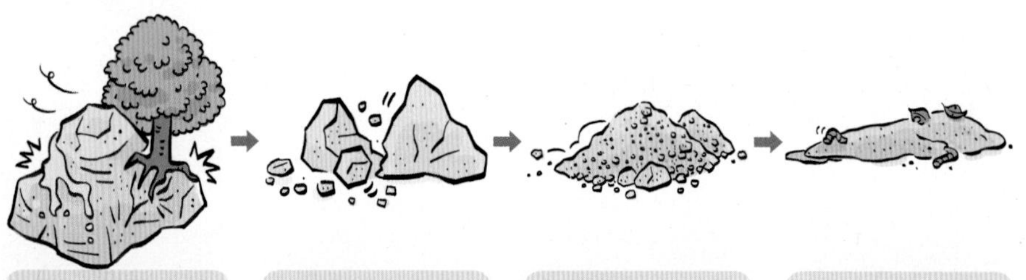

바위틈에서 물이 얼었다 녹았다를 반복하거나, 나무 뿌리가 자랍니다.	바위가 작은 돌로 부서집니다.	작은 돌은 다시 더 작은 돌 알갱이로 부서집니다.	작은 돌 알갱이와 부식물이 섞여 흙이 됩니다.

★ 물에 의해 바위가 부서지는 과정

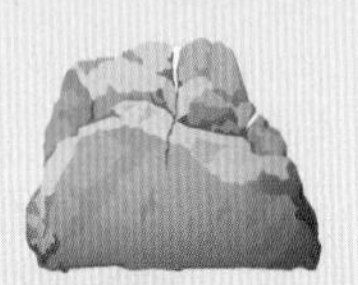
바위틈으로 들어간 물이 얼면서 바위에 힘을 작용합니다.

↓

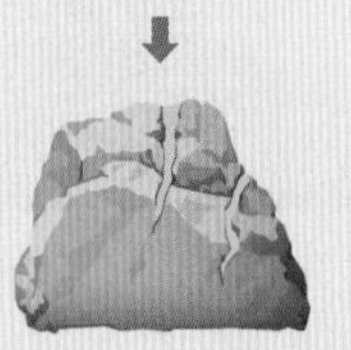
바위틈이 더 벌어지면서 그 사이로 물이 더 많이 들어갑니다.

↓

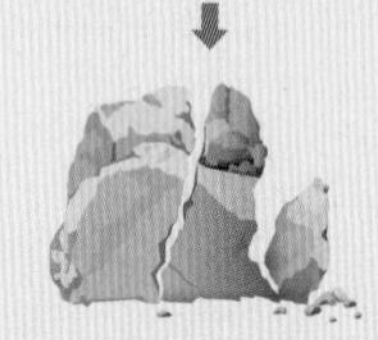
오랜 시간 동안 반복되면서 바위가 부서집니다.

(2) **자연에서 바위나 돌을 부서지게 하는 것**

❹ [　　　]	바위틈에서 얼었다 녹았다를 반복하면서 오랜 시간 동안 바위에 힘을 작용하여 바위가 부서짐.
나무뿌리	바위틈에서 씨가 싹 터 자라면서 뿌리가 바위틈으로 들어가고, 나무가 자랄수록 바위틈이 벌어져서 바위가 부서짐.
바람과 비	강한 바람과 비 때문에 바위나 돌이 깎이고 부서짐.
기온 변화	차가워지거나 따뜻해지는 기온 변화가 반복되면서 바위나 돌이 부서짐.
사람들의 개발	필요로 인해 땅을 개발하면서 바위나 돌이 부서짐.

3. 흐르는 물에 의한 땅의 모습 변화

(1) 흐르는 물이 하는 일

① 높은 곳에서 낮은 곳으로 흐르는 물은 땅의 표면인 지표를 깎아 돌과 흙 등을 낮은 곳으로 옮겨 쌓이게 합니다.

② 흐르는 물은 침식 작용, 운반 작용, 퇴적 작용을 하여 지표의 모습을 변화시킵니다.

③ 오랜 시간 계속 흐르는 물은 지표의 모습을 서서히 변화시킵니다.

(2) 흐르는 물에 의한 작용

❺	흐르는 물이 바위, 돌, 흙 등을 깎아 내는 것
❻	침식된 돌, 모래, 흙 등이 흐르는 물에 의해 이동하는 것
❼	운반된 돌, 모래, 흙 등이 쌓이는 것

★ 흙 언덕 위쪽에서 물을 흘려 보냈을 때의 변화

4. 강 주변의 특징

강 상류	• 큰 바위가 많음. • 강폭이 좁고 강의 경사가 급하여 물이 빠르게 흐름. • 강물이 바위를 깎는 침식 작용이 활발하게 일어남.
강 하류	• 모래나 진흙이 많음. • 강폭이 넓고 강의 경사가 완만해져 물이 천천히 흐름. • 침식과 운반을 거쳐 이동한 모래와 흙이 쌓이는 퇴적 작용이 활발하게 일어남.

★ 강 주변의 모습

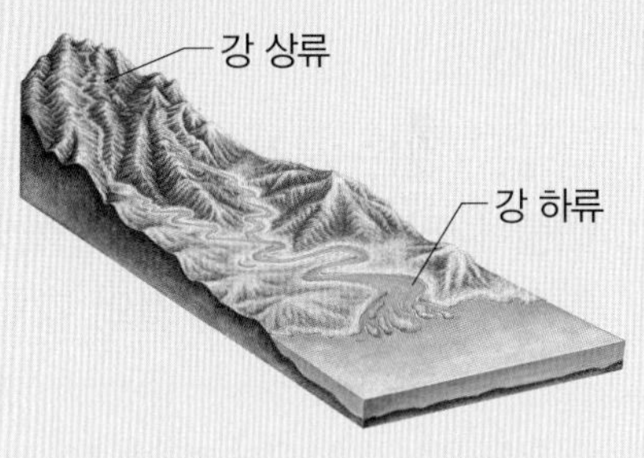

3 단원

5. 바닷가 주변 지형의 특징

(1) 바다 쪽으로 튀어나온 곳: 바위의 구멍이나 가파른 절벽은 파도의 침식 작용으로 깎여 만들어집니다.

▲ 구멍 뚫린 바위 (코끼리 바위)

▲ 절벽

▲ 기둥처럼 생긴 바위 (촛대바위)

(2) 육지 쪽으로 들어간 곳: 침식 작용으로 깎인 모래나 고운 흙이 바닷물에 의해 운반되고 퇴적 작용으로 쌓여 모래사장이나 갯벌이 됩니다.

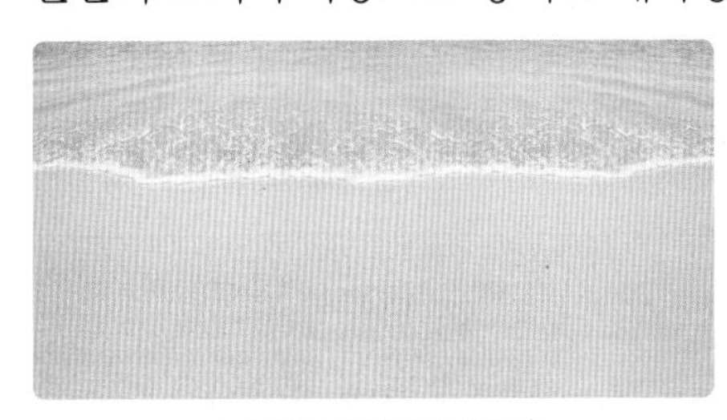
▲ 모래사장(모래 해변)

▲ 갯벌

★ 바닷가 주변의 모습

3. 지표의 변화

[1-2] 다음은 두 종류의 흙을 물 빠짐 장치의 플라스틱 통에 각각 절반 정도 채운 뒤, 같은 양의 물을 비슷한 빠르기로 동시에 붓는 모습입니다. 물음에 답하시오.

1 ⊕ 7종 공통

다음은 같은 시간 동안 아래쪽 비커로 빠진 물의 높이를 나타낸 것입니다. 위 (가)와 (나) 중 물 빠짐이 더 좋은 흙이 들어 있는 것의 기호를 쓰시오.

구분	(가)	(나)
물의 높이	약 2 cm	약 1 cm

( )

2 ⊕ 7종 공통

위 1번 답을 보고, (가)와 (나) 플라스틱 통에 담긴 흙은 다음의 ㉠과 ㉡ 중 각각 어느 곳에서 가져온 흙인지 기호를 쓰시오.

(가) ( ), (나) ( )

[3-4] 오른쪽과 같이 각설탕을 투명 용기에 넣고 흔들어 보았습니다. 물음에 답하시오.

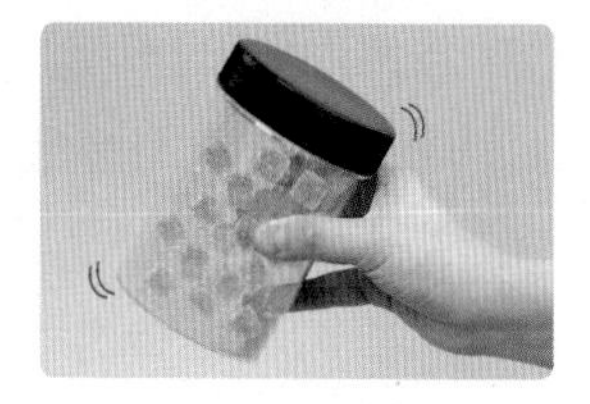

3 천재

위 실험에서 각설탕의 크기는 어떻게 됩니까? ( )

① 처음보다 크기가 커진다.
② 처음보다 크기가 작아진다.
③ 처음의 크기에서 변화가 없다.
④ 크기가 커졌다가 다시 작아진다.
⑤ 크기가 작아졌다가 다시 커진다.

4 서술형 ⊕ 7종 공통

위 실험 결과를 바탕으로 시간이 지나면서 다음과 같이 바위나 돌이 흙이 되는 까닭을 쓰시오.

→

5 ⊕ 7종 공통

자연에서 오랜 시간 바위나 돌을 작게 부서지게 하는 것을 보기 에서 두 가지 골라 기호를 쓰시오.

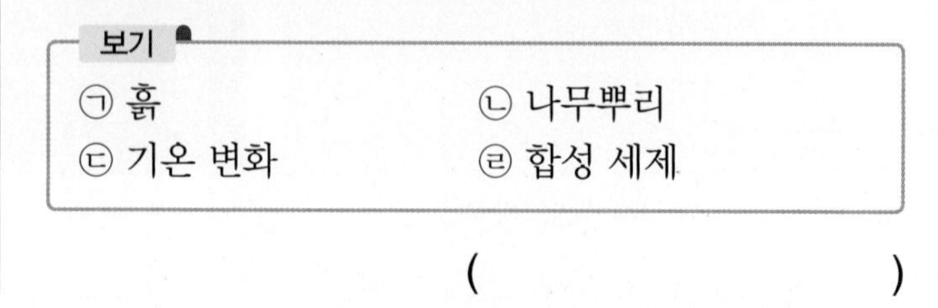

( )

6 7종 공통

다음과 같이 바위틈에 들어가 얼었다 녹았다를 반복하면서 바위를 부서지게 하는 것은 무엇입니까?
( )

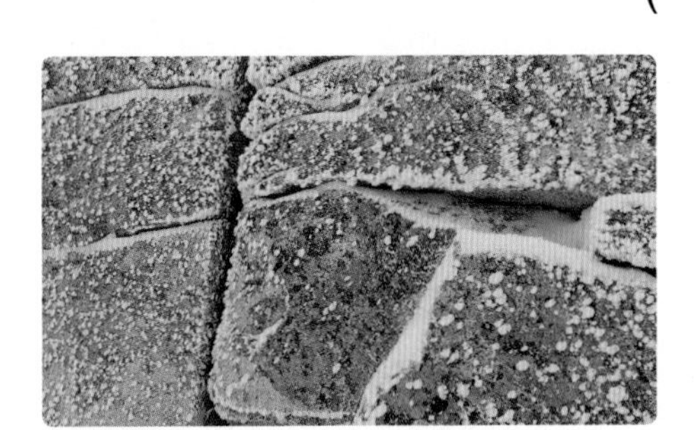

① 물 ② 흙
③ 공기 ④ 바람
⑤ 나무줄기

7 서술형 동아, 비상, 지학사, 천재

다음 글을 읽고, 흙에 대한 결론을 한 가지 쓰시오.

- 식물은 흙에 뿌리를 두고 자라며, 사람들은 이렇게 자란 식물을 먹거나 생활에 이용한다.
- 소나 염소 등의 동물은 흙에서 자란 다양한 식물을 먹고 자란다.
- 사람들은 흙을 이용하여 벽돌을 만들고, 집을 짓기도 한다.

8 동아, 금성, 김영사, 비상, 지학사, 천재

비가 온 후 운동장의 모습으로 옳지 않은 것은 어느 것입니까? ( )

① 땅이 편평하다.
② 흙이 깎인 곳이 있다.
③ 흙이 쌓인 곳이 있다.
④ 빗물이 흐른 자국이 있다.
⑤ 흙이 파여 물이 고인 곳이 있다.

9 7종 공통

다음 밑줄 친 부분은 흐르는 물에 의한 어떤 작용에 대한 설명입니까? ( )

흐르는 물에 의하여 깎이거나 잘게 부서진 알갱이들이 다른 곳으로 운반된 후 <u>물살이 느린 곳에 쌓이는 것</u>이다.

① 운반 작용 ② 침식 작용
③ 퇴적 작용 ④ 퇴화 작용
⑤ 개화 작용

3 단원

10 7종 공통

다음과 같이 쟁반에 흙 언덕을 쌓고 흙 언덕의 위쪽에 색 모래를 뿌린 후, 흙 언덕 위쪽에서 천천히 물을 흘려보내려고 합니다. 이 실험의 결과에 대한 설명으로 옳은 것은 어느 것입니까? ( )

① 색 모래가 물에 녹는다.
② 물이 모두 증발하여 없어진다.
③ 색 모래의 색깔이 노란색으로 변한다.
④ 위쪽의 흙이 물이 흐르는 방향으로 움직인다.
⑤ 아래쪽의 흙이 물이 흐르는 반대 방향으로 움직인다.

[11-13] 다음은 강 주변의 모습입니다. 물음에 답하시오.

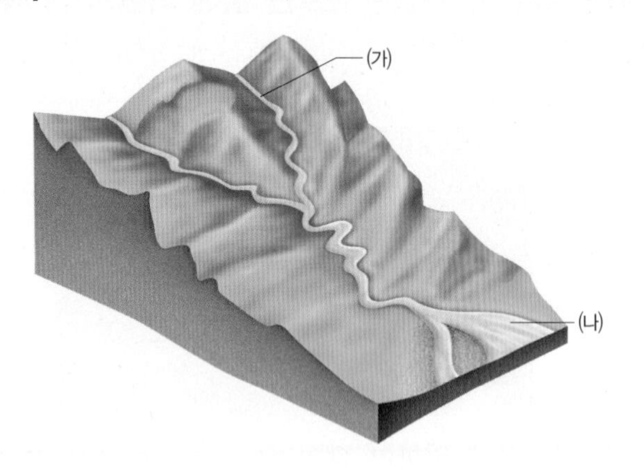

11 7종 공통

위 (가)와 (나) 지역 중 침식 작용이 가장 활발하고, 큰 바위나 돌이 많은 곳의 기호를 쓰시오.

( )

12 7종 공통

다음 ㉠~㉢ 중 위 (나) 지역에서 주로 볼 수 있는 모습의 기호를 쓰시오.

( )

13 7종 공통

다음 보기 중 위 (가)와 (나) 지역에 해당하는 특징을 각각 골라 기호를 쓰시오.

보기
- ㉠ 퇴적 작용이 활발하다.
- ㉡ 침식 작용만 일어난다.
- ㉢ 고운 흙이나 가는 모래가 많다.
- ㉣ 강의 폭이 좁고 경사가 급하다.

(가) ( ), (나) ( )

[14-15] 다음은 바닷가에서 볼 수 있는 여러 지형입니다. 물음에 답하시오.

▲ 갯벌 ▲ 모래사장 ▲ 해식 절벽 ▲ 해식 동굴

14 7종 공통

위 (가)~(라) 중 침식 작용에 의하여 만들어진 지형을 두 가지 골라 기호를 쓰시오.

( )

15 서술형 7종 공통

위 (나)와 같은 지형은 ㉠과 ㉡ 중 바닷가의 어떤 곳에서 주로 볼 수 있는지 기호를 쓰고, 바닷물의 어떤 작용에 의해 만들어지는지 쓰시오.

(1) 바닷가의 지형

㉠	육지 쪽으로 들어간 곳
㉡	바다 쪽으로 튀어나온 곳

( )

(2) 바닷물의 작용: ______________________

____

3. 지표의 변화

[1-2] 다음은 운동장 흙과 화단 흙을 넣은 각각의 유리컵에 같은 양의 물을 넣고 유리 막대로 저은 뒤 그대로 둔 모습입니다. 물음에 답하시오.

1 7종 공통

위 (가)와 (나) 중 화단 흙을 넣은 것의 기호를 쓰시오.

( )

2 서술형 7종 공통

다음 ㉠과 ㉡은 위 (가)와 (나)의 물에 뜬 물질을 핀셋으로 건져서 거름종이 위에 올려놓은 것입니다. 각각 어느 유리컵에서 건진 것인지 기호를 쓰고, 어느 컵에 담긴 흙에서 식물이 더 잘 자랄지 그 까닭과 함께 쓰시오.

(1) 물에 뜬 물질을 건진 것

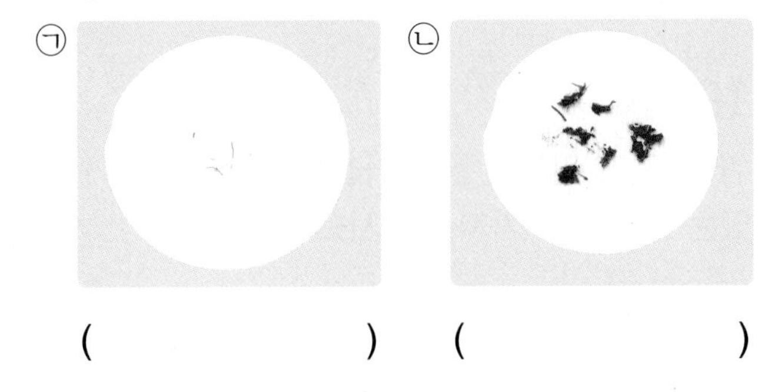

( ) ( )

(2) 식물이 잘 자라는 흙: ______________________

____

3 7종 공통

다음은 자연에서 흙이 만들어지는 과정을 나타낸 것입니다. ➡ 과정에 대한 설명으로 옳지 않은 것을 보기 에서 골라 기호를 쓰시오.

보기
㉠ 바람에 의해 발생하기도 한다.
㉡ 아주 짧은 시간 동안 일어난다.
㉢ 바위틈에 들어간 씨가 싹 터서 자라는 과정의 영향을 받기도 한다.

( )

4 7종 공통

오른쪽과 같이 바위틈에 들어간 물이 얼었다 녹는 과정을 오랜 시간 동안 반복했을 때에 대한 설명으로 옳은 것은 어느 것입니까? ( )

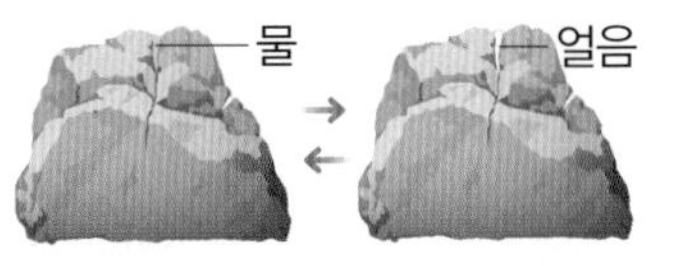

① 바위가 더 단단해진다.
② 바위틈이 점점 좁아진다.
③ 바위의 모서리가 뾰족해진다.
④ 바위틈이 커지다가 바위가 부서진다.
⑤ 물과 바위는 아무런 관련이 없어 변하지 않는다.

5 동아, 김영사, 아이스크림

과자를 담은 후 투명 용기를 흔들어 과자가 가루로 부서졌을 때 투명 용기를 흔드는 것은 실제 자연에서 무엇에 해당하는지 알맞은 것에 모두 ○표 하시오.

(1) 물이 돌을 부수는 작용 ( )
(2) 바람에 의해 모래가 옮겨지는 작용 ( )
(3) 나무뿌리가 바위틈에서 바위를 부수는 작용 ( )

6 동아, 금성, 김영사, 비상, 지학사, 천재

다음과 같이 모래로 덮여 있는 운동장에 비가 온 후의 모습으로 옳지 않은 것은 어느 것입니까? (　　　)

① 물길이 생긴다.
② 물이 고인 웅덩이가 생긴다.
③ 굵은 물길과 가는 물길을 볼 수 있다.
④ 빗물이 운동장의 흙을 깎아 옮겨 놓는다.
⑤ 빗물이 바로 모래 속으로 스며들어 운동장의 모습이 변하지 않는다.

7 동아, 금성

다음과 같은 폭포에서 흐르는 물에 대한 설명으로 옳은 것을 보기 에서 골라 기호를 쓰시오.

보기
㉠ 폭포에서 흐르는 물은 흙을 운반하지 않는다.
㉡ 폭포의 위에서 아래로 떨어지는 물이 지표를 깎는다.
㉢ 흐르는 물의 반대로 폭포의 아래에서 위로 모래가 움직인다.

(　　　　　　　　　)

[8-10] 흙 언덕을 만들고 색 모래를 흙 언덕의 위쪽에 뿌린 후, 물을 흘려보내려고 합니다. 물음에 답하시오.

8 7종 공통

위 흙 언덕의 ㉠ 부분에 색 모래를 뿌리는 까닭을 옳게 말한 사람의 이름을 쓰시오.

- 하민: 물이 흘러내리지 않게 하기 위해서야.
- 채원: 흙이 많이 흘러내리게 하기 위해서야.
- 시훈: 흙 언덕의 변화 모습을 쉽게 살펴볼 수 있기 때문이야.

(　　　　　　　　　)

9 서술형 7종 공통

위와 같이 흙 언덕의 위쪽에서 물을 흘려보냈을 때 ㉡에서 주로 일어나는 변화를 실제 자연에서 흐르는 물에 의한 작용과 관련지어 쓰시오.

10 천재

위 흙 언덕 위쪽의 흙을 아래쪽에 많이 쌓이게 할 수 있는 방법을 두 가지 고르시오. (　　　)

① 물을 천천히 조금씩 붓는다.
② 물을 더 오랫동안 흘려보낸다.
③ 흙 언덕의 높이를 낮게 만든다.
④ 한꺼번에 많은 양의 물을 붓는다.
⑤ 흙 언덕 위쪽에 색 모래를 많이 뿌린다.

[11-13] 다음은 강 주변의 모습을 나타낸 것입니다. 물음에 답하시오.

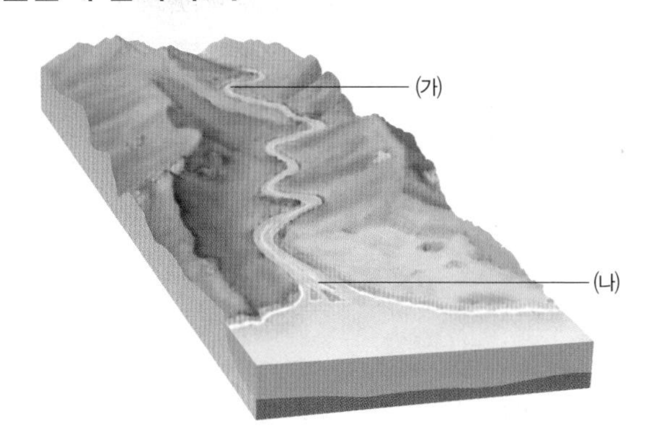

11 동아, 금성

오른쪽과 같은 래프팅은 흐르는 물에서 고무보트를 타는 레포츠입니다. 빠른 물살에서 즐기고 싶을 때는 위와 같은 강의 (가)와 (나) 중 어느 곳이 알맞은지 기호를 쓰시오.

(　　　　　　　　　)

12 7종 공통

다음의 돌은 위 (가)와 (나) 중 각각 어느 지역에서 주로 볼 수 있는지 기호를 쓰시오.

(1) 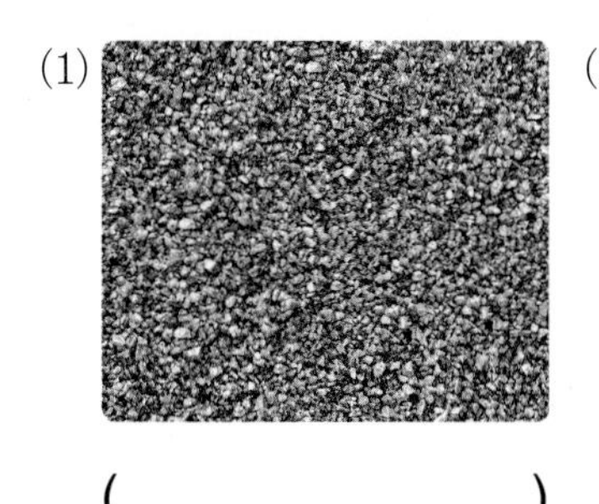 (2) 

(1) (　　　　　　　　　) (2) (　　　　　　　　　)

13 서술형 7종 공통

위 (가) 지역에서 (나) 지역으로 갈수록 강폭과 강의 경사는 어떻게 되는지 쓰시오.

____

____

14 7종 공통

다음은 바닷가에서 볼 수 있는 지형입니다. 두 지형이 만들어지는 과정에 대해 옳게 비교한 사람의 이름을 쓰시오.

㉠  ㉡ 

- 예원: ㉠은 작은 바위가 뭉쳐져서 만들어졌고, ㉡은 큰 바위가 부서져서 만들어졌어.
- 주아: ㉠은 큰 바위가 이동하여 만들어졌고, ㉡은 작은 모래가 이동하여 만들어졌어.
- 민찬: ㉠은 바닷물에 의해 바위가 깎여서 만들어졌고, ㉡은 모래가 쌓여서 만들어졌어.

(　　　　　　　　　)

15 7종 공통

다음은 바닷가의 지형을 나타낸 것입니다. 보기 의 내용을 (가)와 (나)에 해당하는 내용으로 각각 분류하여 기호를 쓰시오.

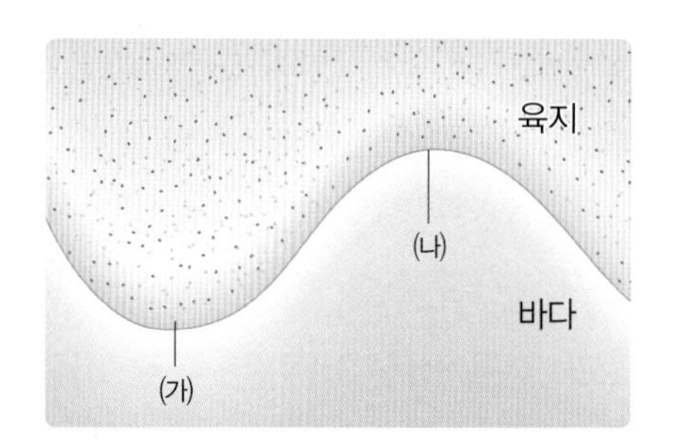

보기

㉠ 갯벌을 볼 수 있다.
㉡ 침식 작용이 활발하다.
㉢ 주로 퇴적 작용이 일어난다.
㉣ 가운데에 구멍 뚫린 바위를 볼 수 있다.

(가) (　　　　　　　　　), (나) (　　　　　　　　　)

1회

3. 지표의 변화

● 정답과 풀이 10쪽

평가 주제	흙이 만들어지는 과정 이해하기
평가 목표	흙이 만들어지는 과정을 모형실험으로 설명할 수 있다.

1 과자를 투명한 용기의 $\frac{1}{3}$ 정도 채워 넣고 뚜껑을 닫은 후, 투명 용기를 흔들었습니다. 과자를 투명 용기에 넣고 흔들기 전과 흔든 후의 모습을 접시 위에 그림으로 그리고, 특징을 각각 쓰시오.

구분	과자를 투명 용기에 넣고 흔들기 전	과자를 투명 용기에 넣고 흔든 후
그림으로 나타내기	㉠	㉡
특징	㉢	㉣

도움 과자가 부서져 가루가 되는 것처럼 바위나 돌이 작게 부서져서 작은 알갱이가 됩니다.

2 오른쪽과 같은 버섯 바위는 주로 바람이 세게 부는 곳에서 볼 수 있습니다. 이러한 바위가 생기는 까닭을 위 **1**번의 모형실험과 관련지어 쓰시오.

도움 바람에 날리는 암석 부스러기나 모래알이 다른 암석의 표면을 깎습니다.

2회

3. 지표의 변화

정답과 풀이 10쪽

평가 주제	흐르는 물에 의한 강 상류와 강 하류의 차이점 이해하기
평가 목표	강 상류와 강 하류의 강폭과 경사를 보고, 흐르는 물의 작용과 관련지어 설명할 수 있다.

[1-2] 다음은 강 상류와 강 하류의 강폭과 주변 경사를 나타낸 것입니다. 물음에 답하시오.

(가)

(나)

1 다음 ㉠~㉥을 위 (가)와 (나)의 주변에서 볼 수 있는 모습으로 분류하여 기호를 쓰시오.

㉠

㉡

㉢

㉣

㉤

㉥

(가)에서 볼 수 있는 모습	(나)에서 볼 수 있는 모습
(1)	(2)

도움 강 상류 주변에서는 높은 산이 보이고, 강 하류 주변에서는 넓은 평지가 보입니다.

2 위 (가), (나)와 같이 강 상류와 강 하류의 모습이 다른 까닭을 강물과 관련지어 쓰시오.

도움 강 상류는 강폭이 좁고, 강 하류로 갈수록 강폭이 넓어집니다.

3 단원

미로를 따라 길을 찾아보세요.

정답 10쪽

4 물질의 상태

학습 내용과 교과서별 해당 쪽수를 확인해 보세요.

학습 내용	백점 쪽수	교과서별 쪽수				
		동아출판	비상교과서	아이스크림 미디어	지학사	천재교과서
1 고체의 성질	70~73	68~71	68~69	72~75	72~75	82~83
2 액체의 성질	74~77	72~73	70~71	76~77	76~77	84~85
3 공간을 차지하는 기체의 성질	78~81	74~75	72~73	78~79	78~79	86~89
4 이동하는 기체의 성질	82~85	76~77	74~75	80~81	80~81	90~91
5 무게가 있는 기체의 성질, 물질의 분류	86~89	78~81	76~79	82~85	82~85	92~95

★ 김영사, 동아출판, 지학사, 천재교과서의 「4. 물질의 상태」 단원에 해당합니다.
★ 금성출판사, 비상교과서, 아이스크림미디어의 「3. 물질의 상태」 단원에 해당합니다.

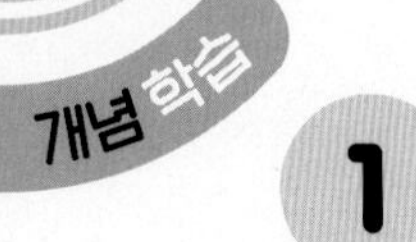

1 고체의 성질

1 우리 주변 물질의 상태

(1) 물질의 상태

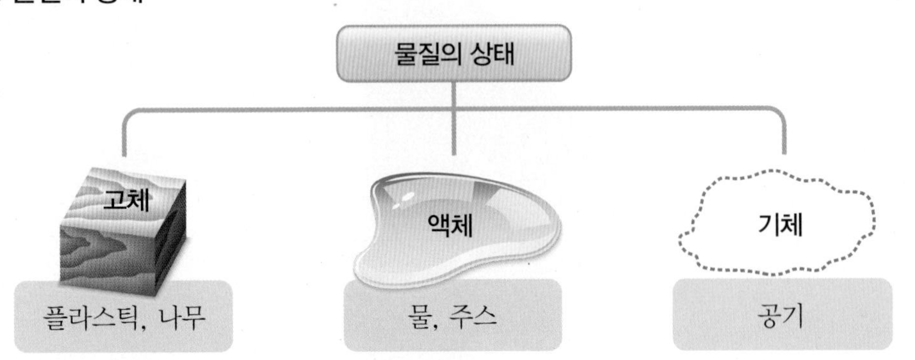

① 우리 주변에 있는 물질은 서로 다른 상태로 존재하며, 대부분 고체, 액체, 기체 중 한 가지 상태로 존재합니다.

② 물질의 상태에는 고체, 액체, 기체의 세 가지 상태가 있습니다.

나뭇조각 전달하기	물 전달하기	공기 전달하기
	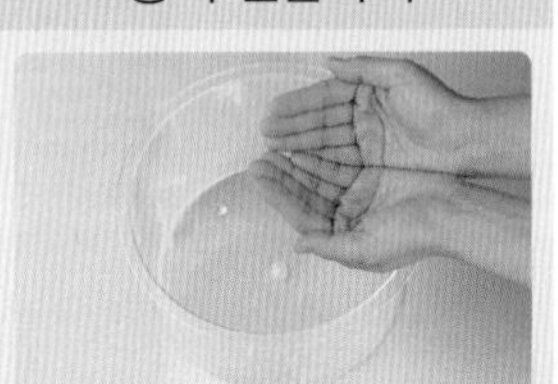	
손으로 잡아서 전달할 수 있고, 그릇에 넣어도 모양이 변하지 않음.	모양이 계속 변하고 흘러내려 전달하기 어려움.	눈에 보이지 않고 느낌이 없어서 전달한 것인지 알 수 없음.

2 고체의 성질

(1) 고체

① 고체는 담는 그릇이 바뀌어도 모양과 부피가 일정한 성질을 가지고 있는 물질의 상태입니다.

② 우리 주변에서 볼 수 있는 고체인 물체 예

▲ 책상 ▲ 연필 ▲ 가방 ▲ 책 ▲ 의자

(2) 가루 물질의 상태

① 가루 물질은 소금, 설탕, 모래 등과 같이 작은 알갱이들이 모여 있는 것입니다.

② 가루 물질을 모양이 다른 그릇에 옮겨 담으면 가루 전체의 모양은 변하지만 알갱이 하나하나의 모양은 변하지 않습니다. ➡ 가루 물질은 고체입니다.

소금을 다른 그릇에 옮겨 담았을 때

➕ 어항 속 물질의 상태

➕ 공 안에 들어가 물 위를 걸을 수 있는 놀이 기구

공 안에 공기가 들어 있기 때문에 공 안에서도 숨을 쉴 수 있고 움직일 수 있습니다.

용어 사전

- **상태** 어떤 때에 사물이 보여 주는 모양이나 놓여 있는 형편.
- **부피** 입체가 차지하는 공간의 크기.

교과서 통합 대표 실험

실험 TIP !

실험 1 물질의 상태 알아보기
동아출판, 김영사, 비상교과서, 아이스크림미디어, 지학사, 천재교과서

❶ 플라스틱 막대, 나무 막대, 물, 주스, 지퍼 백에 든 공기 중 눈으로 직접 볼 수 있는 것이 무엇인지 관찰해 봅시다.

❷ 플라스틱 막대, 나무 막대, 물, 주스, 지퍼 백에 든 공기 중 손으로 잡을 수 있는 것이 무엇인지 관찰해 봅시다.

납작한 지퍼 백을 벌려 흔들면서 공기를 모아 부풀린 지퍼 백과 납작한 지퍼 백의 차이를 관찰하며 공기의 존재를 생각해요.

실험 결과

- 플라스틱 막대, 나무 막대, 물, 주스는 눈으로 볼 수 있고, 지퍼 백에 든 공기는 눈으로 볼 수 없습니다.
- 플라스틱 막대, 나무 막대는 손으로 잡을 수 있습니다.
- 물, 주스, 지퍼 백에 든 공기는 손으로 잡을 수 없습니다.

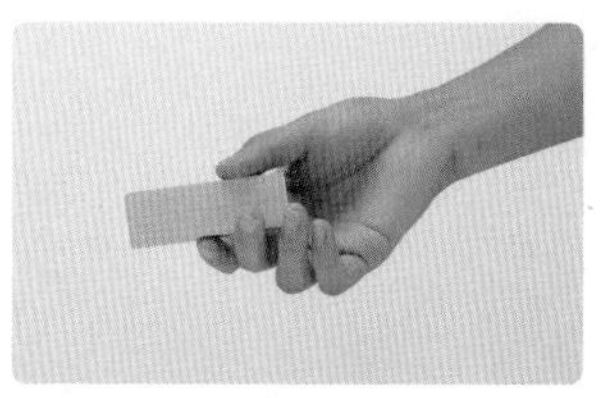
▲ 나무 막대

▲ 물

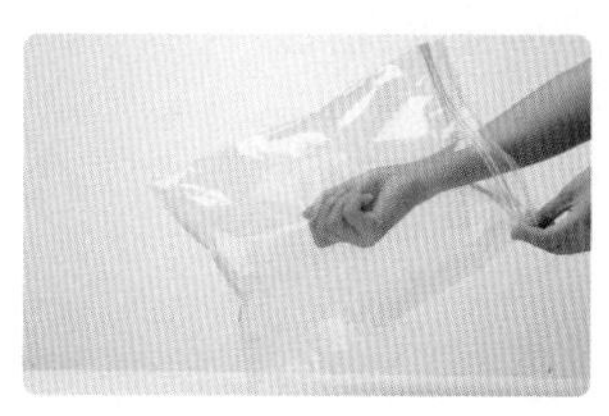
▲ 지퍼 백에 든 공기

실험 2 고체의 성질 알아보기
7종 공통

실험동영상

❶ 플라스틱 막대와 나무 막대를 관찰해 봅시다.

❷ 플라스틱 막대를 여러 가지 모양의 투명한 그릇에 넣어 보면서 플라스틱 막대의 모양과 부피 변화를 관찰해 봅시다.

❸ 나무 막대를 여러 가지 모양의 투명한 그릇에 넣어 보면서 나무 막대의 모양과 부피 변화를 관찰해 봅시다.

❹ 플라스틱 막대와 나무 막대의 공통점을 정리해 봅시다.

실험 결과

① 플라스틱 막대와 나무 막대 관찰 결과
- 플라스틱 막대와 나무 막대는 단단하고, 손으로 잡을 수 있습니다.
- 플라스틱 막대와 나무 막대는 모양과 부피가 변하지 않습니다.

② 플라스틱 막대와 나무 막대를 여러 가지 모양의 투명한 그릇에 넣어 보기

- 담는 그릇이 달라져도 플라스틱 막대와 나무 막대의 모양이 변하지 않습니다.
- 고체는 담는 그릇이 바뀌어도 모양과 부피가 항상 일정합니다.

고체는 모양이 변하지 않기 때문에 입구의 크기보다 큰 물체는 그릇에 넣을 수 없어요.

기본 개념 문제

1

우리 주변 대부분의 물질은 고체, (　　　　　), 기체 중 한 가지 상태로 존재합니다.

2

나뭇조각, 물, 공기 중 손으로 잡아서 전달할 수 있는 것은 (　　　　　)입니다.

3

나뭇조각, 물, 공기 중 모양이 계속 변하고 흘러내리는 것은 (　　　　　)입니다.

4

담는 그릇이 바뀌어도 모양과 부피가 일정한 성질을 가지고 있는 물질의 상태는 (　　　　　)입니다.

5

작은 알갱이들이 모여 있는 소금, 설탕, 모래와 같은 가루 물질의 상태는 (　　　　　)입니다.

[6-8] 다음은 우리 주변의 여러 가지 물질입니다. 물음에 답하시오.

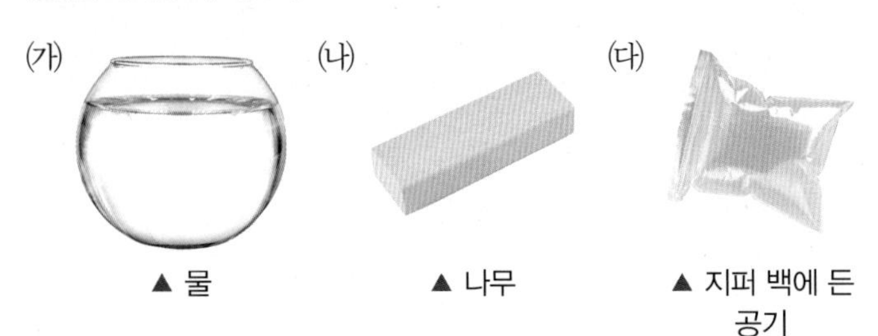
(가) ▲ 물　(나) ▲ 나무　(다) ▲ 지퍼 백에 든 공기

6 동아, 김영사, 비상, 아이스크림, 지학사, 천재

위 (가)~(다) 중 손으로 잡을 수 있는 것의 기호를 쓰시오.

(　　　　　)

7 동아

위 (가)~(다)를 다음의 분류 기준에 맞게 분류하였을 때 ㉠과 ㉡에 알맞은 기호를 쓰시오.

[분류 기준] 눈으로 볼 수 있나요?

㉠ 예.	㉡ 아니요.

8 동아, 김영사, 비상, 아이스크림, 지학사, 천재

위 (가)~(다)의 물질의 상태는 각각 무엇인지 쓰시오.

(가) (　　　　　), (나) (　　　　　)
(다) (　　　　　)

9 7종 공통

다음은 어떤 물질의 특징을 나타낸 것인지 보기 에서 골라 기호를 쓰시오.

눈으로 직접 볼 수 있지만, 손으로 잡기 어렵다.

보기

㉠ 물 ㉡ 나무
㉢ 공기 ㉣ 금속

( )

10 7종 공통

다음은 공룡 인형을 다른 모양의 그릇에 옮겨 담았을 때의 모습입니다. 공룡 인형을 이루고 있는 물질의 상태를 쓰시오.

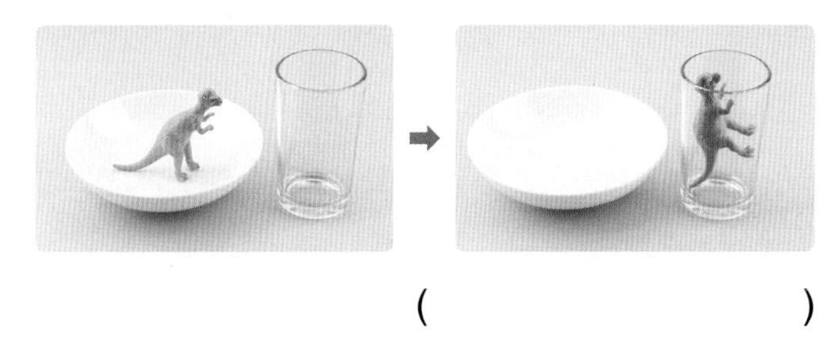

( )

11 서술형 7종 공통

오른쪽과 같이 필통에 담긴 연필과 지우개는 우리 주변에서 볼 수 있는 고체입니다. 고체란 어떤 성질이 있는지 쓰시오.

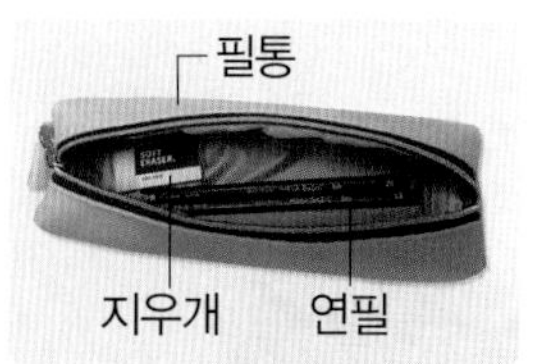

12 7종 공통

다음과 같이 나무 막대를 여러 가지 모양의 투명한 그릇에 넣어 보았을 때 모양과 부피의 변화에 대해 옳게 말한 사람의 이름을 쓰시오.

- 보나: 막대의 모양이 변해.
- 새론: 막대의 모양과 부피가 모두 변하지 않아.
- 다인: 막대의 모양은 변하지 않지만, 부피는 변해.

( )

13 7종 공통

위 12번의 여러 가지 모양의 투명한 그릇에 넣었을 때 나무 막대와 결과가 같은 것을 보기 에서 모두 골라 기호를 쓰시오.

보기

㉠ 물 ㉡ 돌 ㉢ 우유
㉣ 공기 ㉤ 철 못 ㉥ 플라스틱 막대

( )

14 김영사, 비상, 아이스크림, 천재

다음은 소금을 모양이 다른 그릇에 옮겨 담았을 때의 모습입니다. 소금의 상태에 대한 설명으로 옳은 것에 ○표 하시오.

(1) 담는 그릇에 따라 모양이 변하므로 고체가 아니다. ( )

(2) 소금 알갱이 하나하나의 모양이 변하지 않으므로 고체이다. ( )

2 액체의 성질

개념 강의  

1 액체의 성질

(1) 액체

① 액체는 담는 그릇에 따라 모양은 변하지만 부피가 일정한 성질을 가지고 있는 물질의 상태입니다.

② 우리 주변에서 볼 수 있는 액체 예

욕실에 있는 액체	주방에 있는 액체

샴푸, 욕실용 세제, 구강 청정제	간장, 식초, 참기름, 주방 세제

냉장고에 있는 액체	자연에서 볼 수 있는 액체

물, 우유, 주스, 음료수, 물약	빗물, 바닷물, 호숫물, 강물

액체인 꿀

끈끈한 성질이 있는 꿀도 담는 그릇에 따라 모양은 변하지만 부피는 변하지 않으므로 액체입니다.

2 물과 주스 관찰하기

(1) **물과 주스의 특징**: 물과 주스는 담는 그릇에 따라 모양이 변하지만 부피는 변하지 않습니다.

물	주스
• 투명하고 냄새가 없음. • 흐르는 성질이 있음. • 눈으로 볼 수 있음. • 손으로 잡기 어려움.	• 노란색이고, 단맛과 신맛이 남. • 흐르는 성질이 있음. • 눈으로 볼 수 있음. • 손으로 잡기 어려움.

(2) **빨대를 통과하는 음료수의 모양**

① 컵에 담긴 음료수가 빨대로 이동하면서 모양이 변합니다.

② 컵 모양과 같았던 음료수의 모양은 빨대를 통과하면서 빨대와 같은 모양으로 변합니다.

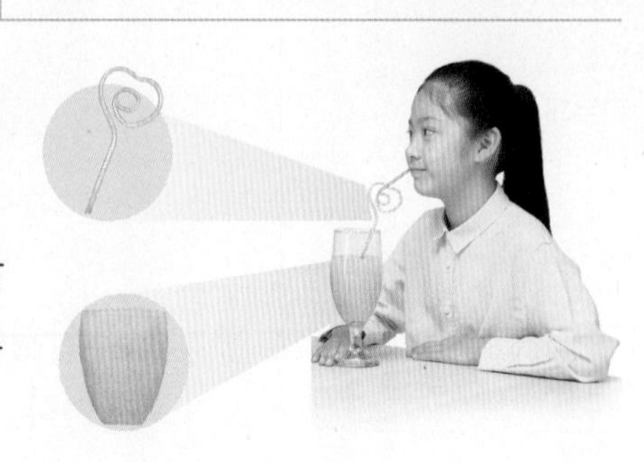

일상생활에서 볼 수 있는 액체의 모양 변화

▲ 물약

▲ 기름

• 약병에 들어 있는 물약을 약컵에 부었더니 물약의 모양이 컵 모양으로 변했습니다.
• 병에 담긴 기름을 프라이팬에 부었을 때 기름의 모양이 변했습니다.

용어 사전

• **구강 청정제** 입 냄새를 없애기 위하여 사용하는 약품.
• **끈끈한** 끈기가 많아 끈적끈적한.

교과서 통합 대표 실험

실험 액체의 성질 알아보기 📖 7종 공통

❶ 투명한 그릇 한 개에 물을 넣은 뒤 유성 펜으로 물의 높이를 표시하고, 그릇에 담긴 물의 모양을 관찰해 봅시다.

❷ 물을 다른 모양의 그릇에 옮겨 담은 뒤 물의 모양을 관찰해 봅시다.

❸ 물을 또 다른 모양의 그릇에 옮겨 담은 뒤 물의 모양을 관찰해 봅시다.

❹ 처음에 사용한 그릇에 물을 다시 옮겨 담고 처음 표시한 물의 높이와 비교해 봅시다.

❺ 주스도 여러 가지 모양의 투명한 그릇에 옮겨 담으면서 그릇에 담긴 주스의 모양과 부피 변화를 관찰해 봅시다.

실험 결과

① 물의 모양과 부피 관찰하기

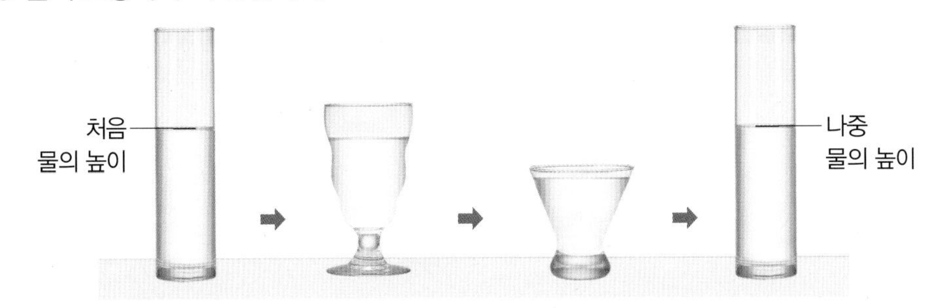

- 담는 그릇에 따라 물의 모양은 변하지만, 부피는 변하지 않습니다.
- 처음에 사용한 그릇으로 옮겨 담으면 물의 높이가 처음과 같습니다.

② 주스의 모양과 부피 관찰하기

- 담는 그릇에 따라 주스의 모양은 변하지만, 부피는 변하지 않습니다.
- 처음에 사용한 그릇으로 옮겨 담으면 주스의 높이가 처음과 같습니다.

실험 TIP !

실험동영상

물을 옮겨 담을 때에는 물을 흘리거나 남기지 않아요.

그릇에 담긴 액체의 높이를 표시할 때에는 그릇에 들어 있는 액체의 높이와 눈높이를 같게 해요.

2 액체의 성질

기본 개념 문제

1

담는 그릇에 따라 모양은 변하지만 부피가 일정한 성질을 가지고 있는 물질의 상태는 (　　　　) 입니다.

2

빵, 공기, 주방 세제 중 물약과 물질의 상태가 같은 것은 (　　　　　　　)입니다.

3

물을 모양이 다른 그릇에 옮겨 담으면 담는 그릇의 모양에 따라 물의 모양이 (　　　　　　).

4

물을 모양이 다른 그릇에 옮겨 담으면 담는 그릇에 따라 물의 부피가 (　　　　　　　　).

5

컵에 담긴 주스가 빨대로 이동하면 주스의 모양이 (　　　　) 모양으로 변합니다.

6 7종 공통

오른쪽은 주방에서 많이 사용하는 간장, 식초, 참기름의 모습입니다. 이 물질들의 특징으로 옳은 것을 보기 에서 골라 기호를 쓰시오.

보기
㉠ 담는 그릇에 따라 맛이 변한다.
㉡ 담는 그릇에 따라 모양이 변한다.
㉢ 담는 그릇에 따라 색깔이 변한다.

(　　　　　　　　)

7 7종 공통

다음의 물질을 각각 다른 모양의 그릇에 옮겨 담았을 때 다른 결과가 나오는 한 가지의 기호를 쓰시오.

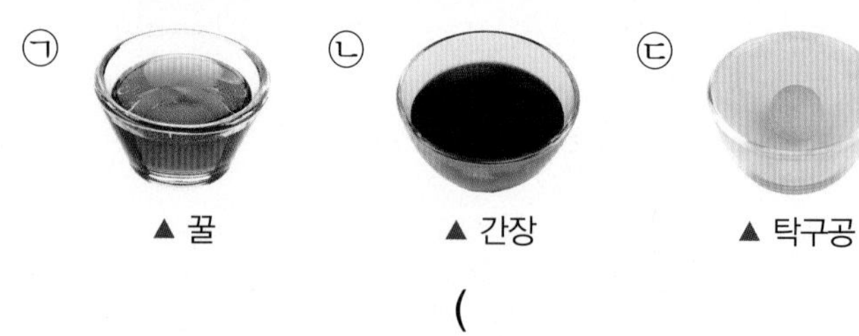

㉠ ▲ 꿀　㉡ ▲ 간장　㉢ ▲ 탁구공

(　　　　　　　　)

8 7종 공통

다음은 지아가 물질의 상태에 대해 퀴즈를 내고 있는 모습입니다. 지아가 설명하는 물질의 상태에 해당하는 것을 보기 에서 모두 골라 ○표 하시오.

보기
꽃, 빗물, 유리컵, 샴푸, 셀로판테이프

9 7종 공통

다음은 보라의 관찰 일기 일부분입니다. 보라가 관찰한 ㉮에 알맞은 것은 어느 것입니까? (　　　)

㉮를 손에 부었더니 흘러내려서 손으로 잡을 수 없었다. ㉮를 유리컵에 넣고 높이를 표시한 후, ㉮를 둥근 모양의 그릇에 옮겼다가 다시 유리컵에 부었더니 높이는 처음과 같았다.

① 소금　② 연필
③ 우유　④ 종이컵
⑤ 농구공

10 서술형 동아

컵에 담은 주스를 동그라미와 하트 모양의 빨대로 마시고 있습니다. 컵에서 빨대로 이동하는 주스의 모양은 어떻게 변할지 쓰시오.

11 7종 공통

물과 주스의 특징을 비교한 것으로 옳지 않은 것은 어느 것입니까? (　　　)

① 물과 주스는 눈으로 볼 수 있다.
② 물과 주스는 손으로 잡기 어렵다.
③ 물은 투명하고, 주스는 노란색이다.
④ 물은 냄새가 없고, 주스는 단맛이 난다.
⑤ 물은 흐르는 성질이 있고, 주스는 흐르는 성질이 없다.

[12-14] 다음 실험 과정을 보고, 물음에 답하시오.

㈎ 투명한 그릇에 물을 넣고, 유성 펜으로 물의 높이를 표시한다.
㈏ 물을 다른 모양의 그릇에 차례대로 옮겨 담는다.
㈐ 처음에 사용한 그릇에 물을 다시 옮겨 담고 처음 표시한 물의 높이와 비교한다.

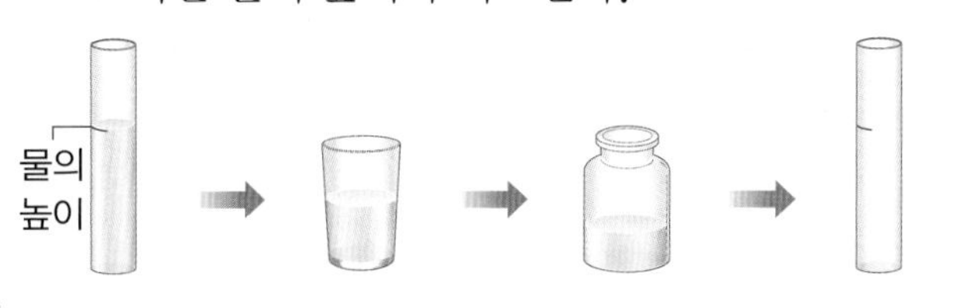

12 7종 공통

위 ㈏ 과정에서 관찰한 결과로 옳은 것에 ○표 하시오.

(1) 물의 맛이 계속 달라진다. (　　)
(2) 물의 색깔이 컵의 종류에 따라 달라진다. (　　)
(3) 물의 모양이 컵의 모양에 따라 달라진다. (　　)

13 7종 공통

위 ㈐ 과정 후 물의 높이로 옳은 것의 기호를 쓰시오.

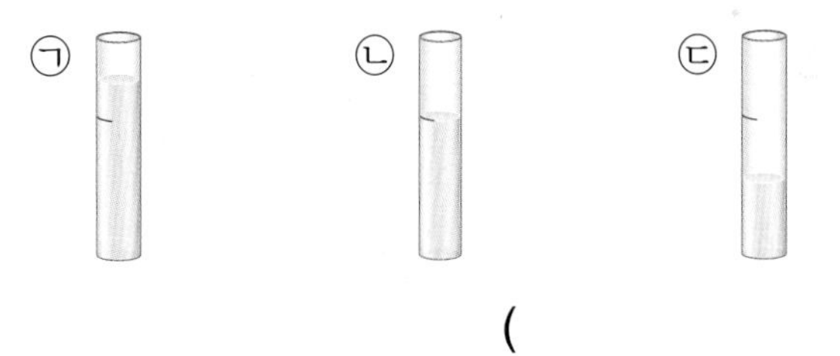

(　　　　　　　)

14 7종 공통

위 결과로 알 수 있는 사실로 (　　) 안에 들어가기에 알맞지 않은 것을 보기 에서 골라 기호를 쓰시오.

물은 담는 그릇에 따라 (　　　　　　).

보기
㉠ 색깔이 변한다.
㉡ 모양이 변한다.
㉢ 부피가 변하지 않는다.

(　　　　　　　)

4 단원

3 공간을 차지하는 기체의 성질

1 우리 주변의 공기

(1) 우리 주변에 공기가 있다는 것을 알 수 있는 방법 예

▲ 공기가 들어 있는 튜브

▲ 바람에 흔들리는 나뭇가지

(2) 공기 느껴보기

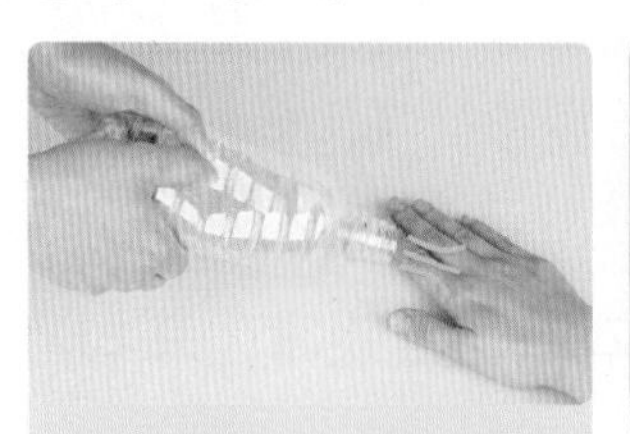

빈 페트병의 입구를 손등에 가까이 가져가 페트병을 누르면 바람이 느껴집니다.

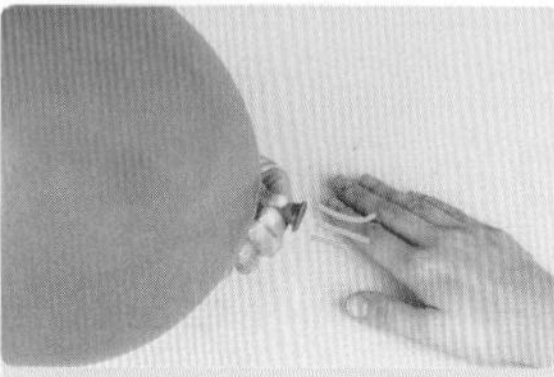

손등 가까이에서 부풀린 풍선의 입구를 쥐었던 손을 살짝 놓으면 바람이 느껴집니다.

선풍기에서 나오는 바람이 느껴지고, 머리카락이 바람에 날립니다.

풍선을 채우고 있는 공기의 모양

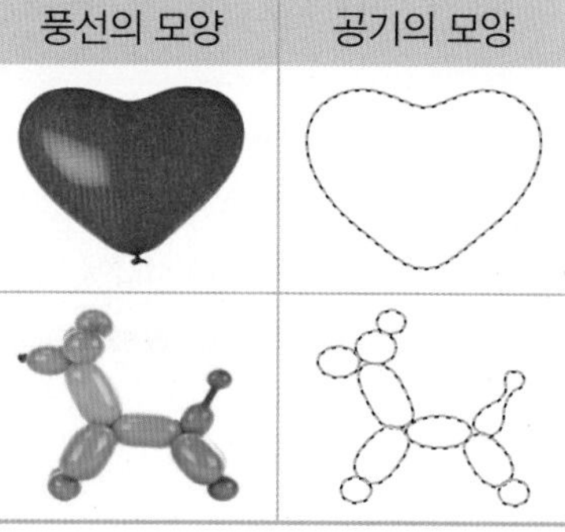

풍선의 모양	공기의 모양

풍선을 채우고 있는 공기의 모양은 풍선의 모양과 같습니다.

2 공간을 차지하는 기체(공기)의 성질

(1) 기체

① 기체는 담는 그릇에 따라 모양이 변하고, 담긴 그릇을 항상 가득 채우는 성질을 가지고 있는 물질의 상태입니다. → 공기는 일정한 모양을 가지고 있지 않아요.

② 기체는 눈에 보이지 않지만 고체, 액체 물질과 같이 공간을 차지합니다.

③ 공기가 차지하는 공간의 모양은 담는 그릇의 모양에 따라 달라집니다.

(2) 공간을 차지하는 기체(공기)의 성질을 이용하는 경우 예

▲ 풍선 놀이 틀(에어 바운스)

▲ 응원용 막대풍선

▲ 고무보트

▲ 자동차 에어 백

▲ 에어 캡(뽁뽁이)

공기를 빼내는 경우

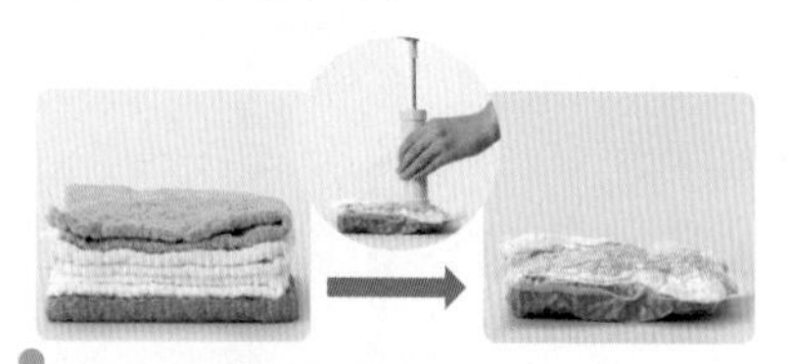

압축 팩에 넣어 공기를 뺀 후의 이불은 공기가 차지하는 공간을 줄이는 경우입니다.

용어사전

- **에어 캡** 기포가 들어간 필름. 두 장의 폴리에틸렌 필름 안에 공기의 거품을 가둔 것으로 물건에 충격을 줄여주거나 단열에 주로 사용함.
- **압축** 압력을 받아 부피가 작아지는 것.

교과서 통합 대표 실험

실험 1 우리 주변에 공기가 있는지 알아보기 김영사, 천재교과서

❶ 빈 페트병의 입구 부분을 물이 담긴 수조에 넣고 페트병을 손으로 누르면서 나타나는 변화를 관찰해 봅시다.

❷ 부풀린 풍선의 입구를 물이 담긴 수조에 넣고 물속에서 풍선 입구를 쥐었던 손을 살짝 놓으면서 나타나는 현상을 관찰해 봅시다.

실험 결과

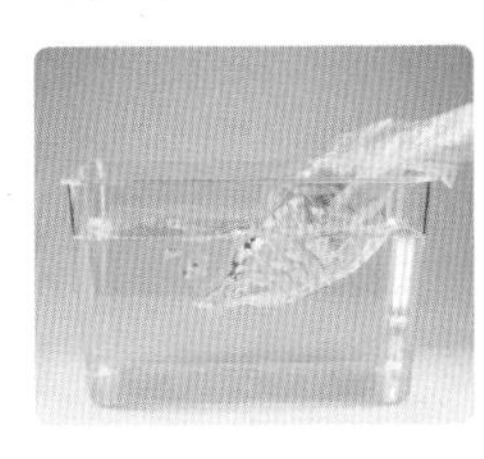

빈 페트병과 풍선의 입구에서 공기 방울이 생겨 위로 올라오면서 보글보글 소리가 납니다. ➡ 눈에 보이지 않지만 우리 주변에 공기가 있습니다.

실험 TIP !

실험동영상

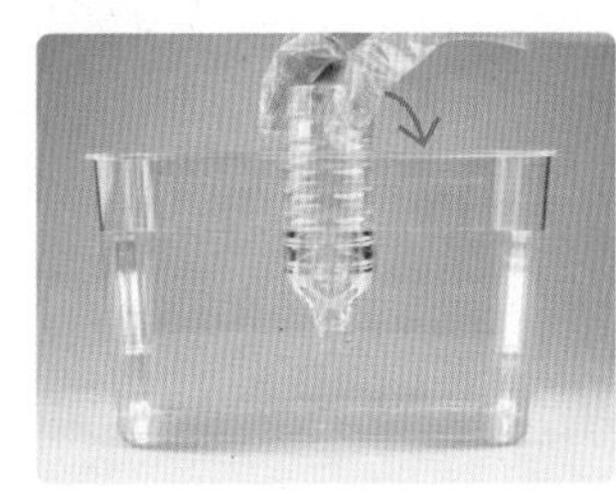

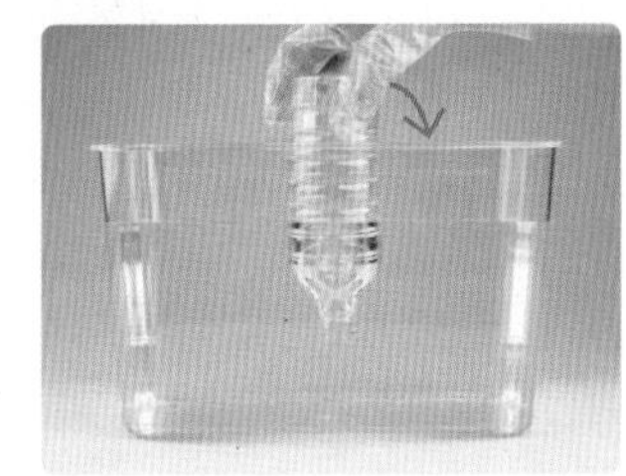

페트병을 물속에 넣을 때에는 수직으로 넣은 다음 기울여서 페트병을 눌러요.

실험 2 공기가 공간을 차지하는지 알아보기 동아출판, 금성출판사, 김영사, 아이스크림미디어, 천재교과서

❶ 수조에 담긴 물의 높이를 유성 펜으로 표시한 뒤 페트병 뚜껑을 물 위에 띄웁니다.

❷ 물 위에 바닥에 구멍이 뚫리지 않은 투명한 플라스틱 컵을 뒤집어 페트병 뚜껑을 덮은 뒤 수조 바닥까지 천천히 밀어 넣었다가 플라스틱 컵을 천천히 위로 올립니다.

❸ 바닥에 구멍이 뚫린 투명한 플라스틱 컵으로 ❷의 과정을 반복합니다.

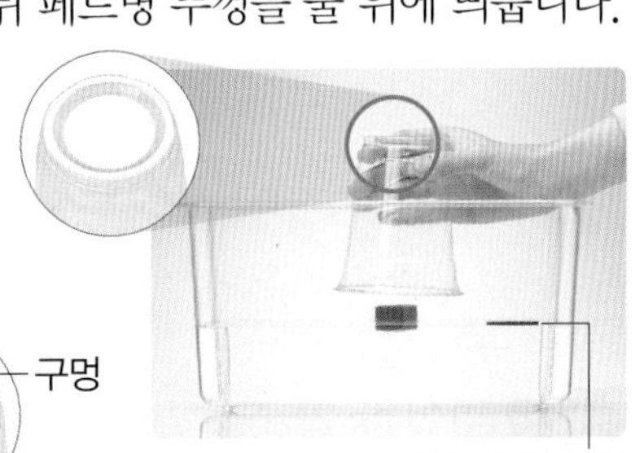

실험동영상

- 바닥에 구멍이 뚫리지 않은 플라스틱 컵을 물속으로 밀어 넣을 때 컵 안의 공기가 새지 않도록 아래쪽으로 천천히 밀어 넣어요.
- 페트병 뚜껑 대신에 스타이로폼 공을 띄워서 실험할 수도 있어요.

실험 결과

구분	바닥에 구멍이 뚫리지 않은 플라스틱 컵을 밀어 넣을 때	바닥에 구멍이 뚫린 플라스틱 컵을 밀어 넣을 때
모습		
페트병 뚜껑	페트병 뚜껑이 내려감.	그대로 물 위에 떠 있음.
수조 안 물의 높이	수조 안 물의 높이가 조금 높아짐.	수조 안 물의 높이에 변화가 없음.
차이점	컵 안의 공기가 공간을 차지하고 있어서 컵 안으로 물이 들어가지 못함.	컵 안에 있던 공기가 컵 바닥의 구멍으로 빠져나가기 때문에 컵 안으로 물이 들어감.
플라스틱 컵 올리기	• 페트병 뚜껑이 다시 위로 올라옴. • 높아졌던 수조 안 물의 높이가 원래대로 낮아짐.	• 페트병 뚜껑이 그대로 있음. • 수조 안 물의 높이에 변화가 없음.

➡ 공기는 눈에 보이지 않지만 공간을 차지합니다.

페트병 입구에 풍선을 끼워 풍선 불기

페트병 속 공기가 공간을 차지하고 있어서 풍선이 잘 부풀지 않으므로 페트병에 구멍을 뚫어 페트병 속 공기가 빠져나가게 합니다.

3 공간을 차지하는 기체의 성질

기본 개념 문제

1

풍선에서 나오는 바람, 선풍기 바람 등으로 우리 주변에 (　　　　　)이/가 있다는 것을 느낄 수 있습니다.

2

담는 그릇에 따라 모양이 변하고, 담긴 그릇을 항상 가득 채우는 성질을 가지고 있는 물질의 상태를 (　　　　)(이)라고 합니다.

3

풍선 속 공기의 모양은 (　　　　　)의 모양과 같습니다.

4

빈 페트병을 물속에서 살짝 누르면 생기는 (　　　　) 방울을 보고 눈에 보이지는 않지만 우리 주변에 (　　　　)이/가 있다는 것을 알 수 있습니다.

5

고무보트는 공기가 (　　　　　)을/를 차지하는 성질을 이용합니다.

6 7종 공통

다음은 공통적으로 무엇을 이용하고 있는 것인지 쓰시오.

▲ 연날리기　　▲ 풍선 부풀리기

(　　　　　　　　　　)

7 7종 공통

기체에 대한 설명으로 옳은 것은 어느 것입니까? (　　)

① 우리 주변에는 기체가 없다.
② 기체의 양은 항상 일정하다.
③ 기체는 항상 담는 그릇의 반만 채운다.
④ 눈에 보이지 않는 것은 기체가 아니다.
⑤ 기체의 모양은 담는 그릇의 모양에 따라 달라진다.

8 천재

물이 든 수조에 공기를 넣은 풍선을 넣고 물속에서 풍선 입구를 쥐었던 손을 살짝 놓을 때 나타나는 현상으로 옳은 것에 모두 ○표 하시오.

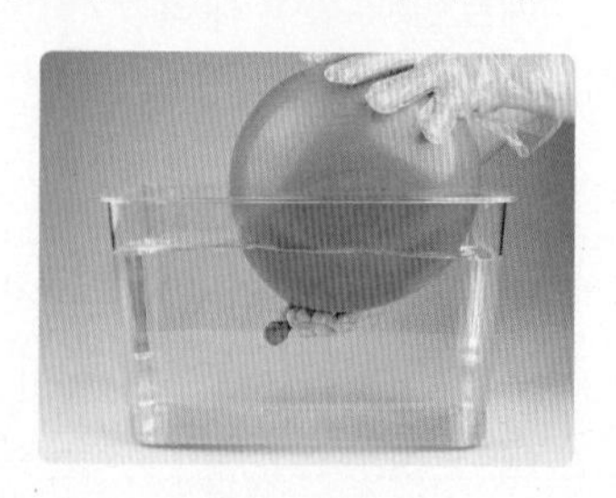

(1) 풍선의 크기가 그대로 유지된다. (　　)
(2) 풍선 입구에서 보글보글 소리가 난다. (　　)
(3) 풍선 입구에서 공기 방울이 생겨 위로 올라온다. (　　)

[9-11] 바닥에 구멍이 뚫린 플라스틱 컵과 구멍이 뚫리지 않은 플라스틱 컵으로 수조 안 물에 띄운 페트병 뚜껑을 덮어 수조 바닥까지 밀어 넣으려고 합니다. 물음에 답하시오.

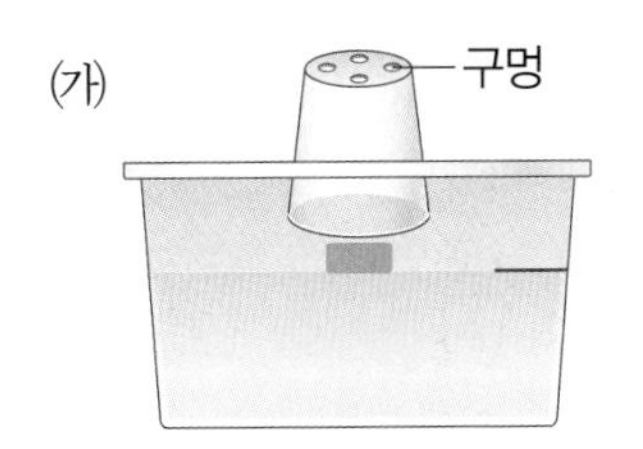

9 동아, 금성, 김영사, 아이스크림, 천재

위 (가)와 (나) 중 플라스틱 컵을 수조 바닥까지 밀어 넣을 때 물이 컵 안으로 들어가는 것의 기호를 쓰시오.

( )

10 동아, 금성, 김영사, 아이스크림, 천재

위 (가)와 (나) 중 플라스틱 컵을 수조 바닥까지 밀어 넣을 때 수조 안 물의 높이가 조금 높아지는 것의 기호를 쓰시오.

( )

11 서술형 동아, 금성, 김영사, 아이스크림, 천재

위 실험 결과를 통해 알 수 있는 사실을 공기의 성질과 관련지어 쓰시오.

12 동아, 비상

긴 모양의 풍선 ㉠을 비틀거나 묶어서 ㉡의 동물 모양을 만들었습니다. 공기의 모양에 대해 옳게 말한 사람의 이름을 쓰시오.

㉠ 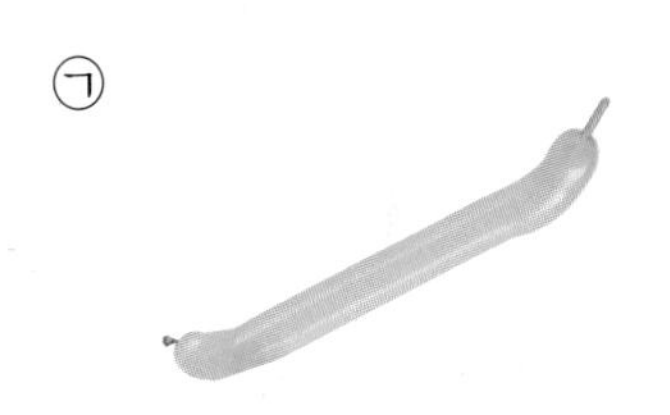

㉡ 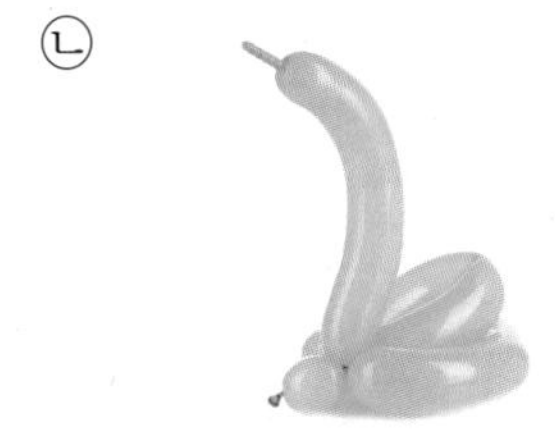

- 승민: ㉠과 ㉡ 풍선 속 공기의 모양이 같아.
- 도경: ㉠ 풍선 속 공기의 모양은 ㉠ 풍선의 모양과 같아.
- 지율: ㉠ 풍선 속 공기는 풍선의 모양과 같지만, ㉡ 풍선 속 공기는 풍선의 모양과 달라.

( )

13 7종 공통

공기가 공간을 차지하는 성질을 이용하는 경우가 아닌 것의 기호를 쓰시오.

㉠  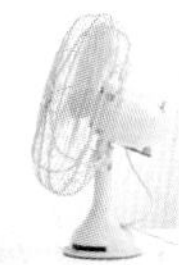

▲ 선풍기

㉡ 

▲ 에어 백

㉢ 

▲ 풍선 놀이 틀

( )

14 7종 공통

액체와 기체의 공통점이 아닌 것을 보기 에서 골라 기호를 쓰시오.

보기
㉠ 손으로 잡을 수 없다.
㉡ 담는 그릇을 항상 가득 채운다.
㉢ 담는 그릇에 따라 모양이 변한다.

( )

4 이동하는 기체의 성질

1 다른 곳으로 이동하는 공기의 성질

(1) 이동하는 공기의 성질

① 나무나 물과 같이 공기도 물질이므로 다른 곳으로 이동할 수 있습니다.

② 이동한 공간에서도 공기는 항상 공간을 가득 채웁니다.

(2) 공기의 이동 느껴보기: 플라스틱 관의 양쪽에 셀로판테이프로 비닐장갑과 공기를 채운 비닐봉지를 연결한 후, 비닐봉지를 누르면 비닐장갑이 팽팽해지는 것은 비닐봉지에서 비닐장갑으로 공기가 이동하기 때문입니다.

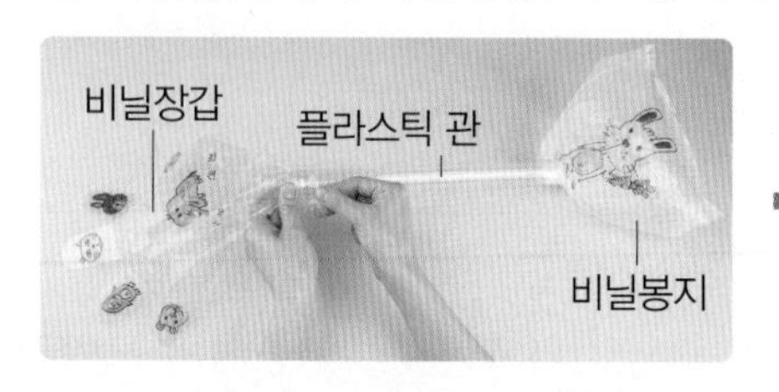

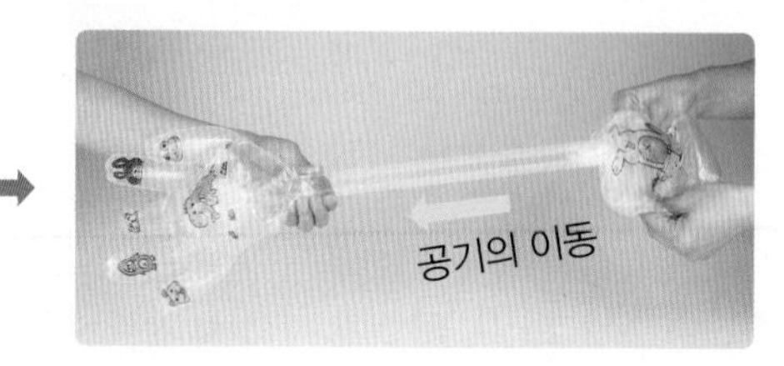

(3) 공기가 이동하는 성질을 이용한 경우 예

① 부채와 선풍기는 공기의 이동으로 바람을 일으킵니다.

② 환풍기는 실내의 오염된 공기를 밖으로 이동시킵니다.

③ 풍력 발전기는 바람을 이용하여 전기를 만듭니다.

④ 수족관의 공기 공급 장치로 물 밖의 공기를 물속으로 이동시킵니다.

▲ 선풍기

▲ 풍력 발전기

▲ 수족관의 공기 공급 장치

주사기에 연결한 비닐관의 끝을 손등에 향하게 한 뒤 피스톤을 누르기

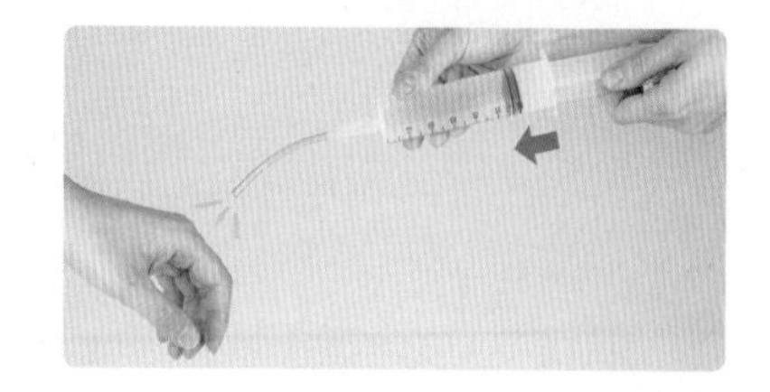

무엇인가 손등으로 지나가는 느낌이 드는 것은 공기가 이동하기 때문입니다.

2 공기가 공간을 차지하고 이동하는 성질 이용하기

공기 주입기로 풍선 부풀리기	공기 펌프로 자전거 타이어에 공기 넣기	비눗방울 불기

풍선 밖에서 풍선 안으로 공기가 이동함.	타이어 밖에서 타이어 안으로 공기가 이동함.	비눗방울 안으로 공기가 들어감.

움직이는 바람 인형	코끼리 나팔 불기	튜브에 공기 넣기
풍선 밖에서 풍선 안으로 공기가 이동함.	입구에 공기를 불어 넣으면 나팔이 길게 늘어남.	펌프를 누르면 공기가 튜브 안으로 이동함.

고무장갑 안으로 들어간 손가락 빼내기

고무장갑에 손가락이 들어갔을 때 고무장갑에 공기를 넣고 입구를 막은 후 고무장갑의 입구를 누르면 손가락 쪽으로 공기가 이동하면서 안으로 들어간 손가락이 펴집니다.

용어 사전

- **공급** 요구나 필요에 따라 물품 따위를 제공함.
- **펌프** 압력을 통하여 액체, 기체를 빨아올리거나 이동시키는 기계.

학습

교과서 통합 대표 실험

실험 1 공기(기체)가 이동하는지 알아보기(페트병 누르기) 동아출판

❶ 페트병 입구에 풍선을 끼웁니다.
❷ ❶의 페트병을 양손으로 힘껏 누르면서 풍선의 모양을 관찰해 봅시다.
❸ 페트병을 눌렀다 폈다 반복하면서 풍선의 모양을 관찰해 봅시다.

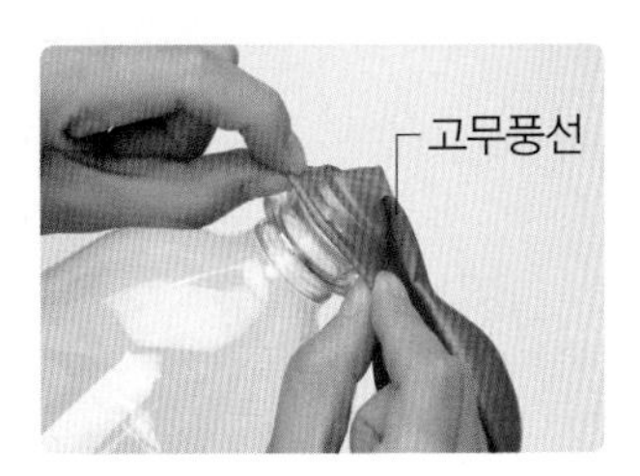

실험 결과

▲ 풍선을 끼운 페트병을 양손으로 힘껏 눌렀을 때

▲ 페트병을 누르던 손을 놓았을 때

- 페트병을 누르면 납작하게 접혀 있던 풍선에 공기가 채워지면서 풍선이 부풀어 오릅니다.
- 페트병을 누르던 손을 놓으면 풍선이 다시 납작해지면서 꺾입니다.

➡ 공기는 다른 곳으로 이동할 수 있습니다.

실험 2 공기(기체)가 이동하는지 알아보기(주사기 밀기) 비상교과서, 아이스크림미디어, 지학사, 천재교과서

❶ 주사기 한 개는 피스톤을 밀어 놓고 다른 한 개는 피스톤을 당겨 놓습니다.
❷ 각 주사기의 입구를 비닐관의 양쪽에 끼웁니다.
❸ 당겨 놓은 주사기의 피스톤을 밀거나 당길 때 어떤 변화가 나타나는지 관찰해 봅시다.

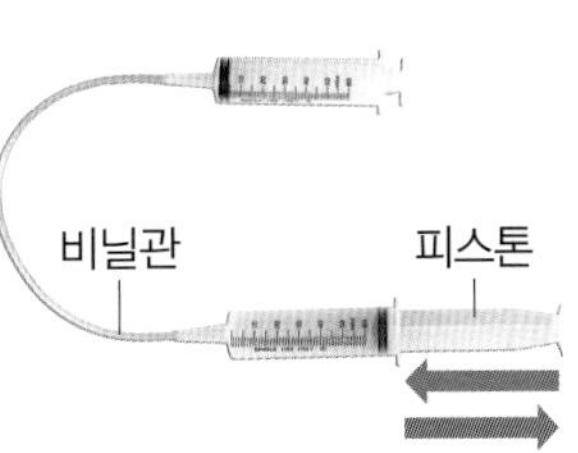

실험 결과

구분	주사기의 피스톤을 밀 때	주사기의 피스톤을 당길 때
모습	피스톤 밀기	피스톤 당기기
다른 주사기 피스톤의 변화	당겨 놓지 않은 주사기의 피스톤이 뒤로 밀려남.	밀려났던 주사기의 피스톤이 제자리로 돌아옴.

- 피스톤을 당겨 놓은 주사기 속의 공기가 피스톤을 당겨 놓지 않은 주사기 속으로 이동합니다.

➡ 공기는 다른 곳으로 이동할 수 있습니다.

실험 TIP !

실험동영상

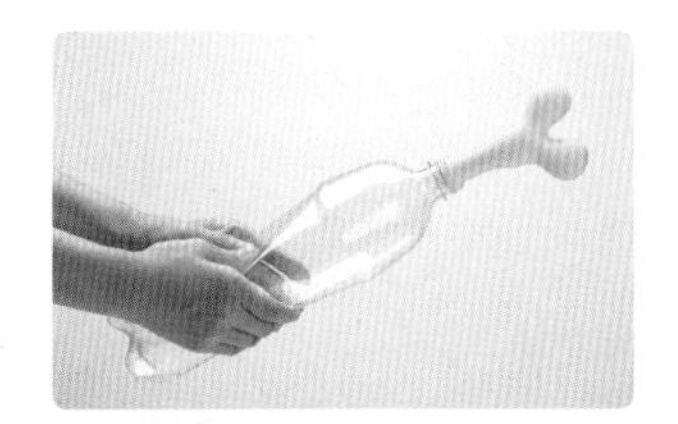

페트병에 끼운 풍선의 모양에 따라 풍선에 들어 있는 공기의 모양이 달라져요.

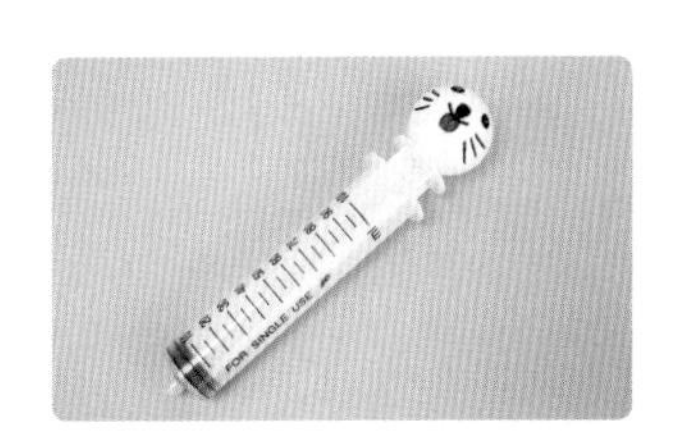

스타이로폼 공에 유성 펜으로 동물의 모습을 그려 주사기의 피스톤 끝에 양면테이프로 붙여 꾸밀 수 있어요.

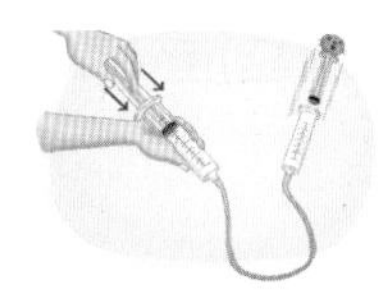

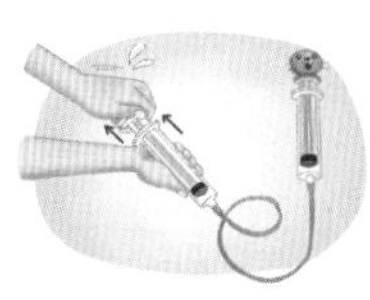

- 주사기의 피스톤이 모두 당겨져 있으면 피스톤을 눌렀을 때 다른 쪽 주사기의 피스톤이 튀어나갈 수 있어요.
- 두 개의 주사기의 피스톤이 모두 들어가 있으면 피스톤이 당겨지지 않아요.

4 단원

4 이동하는 기체의 성질

기본 개념 문제

1

선풍기 바람은 공기가 (　　　　　)하는 성질을 이용합니다.

2

공기 펌프로 자전거 타이어에 공기를 넣는 것은 공기가 다른 곳으로 (　　　　　)하고, 타이어 안에서 (　　　　　)을/를 차지하는 성질을 이용합니다.

3

풍력 발전기는 (　　　　　)의 이동인 바람으로 전기를 만듭니다.

4

움직이는 바람 인형은 풍선 (　　　　　)에서 풍선 (　　　　　)(으)로 공기가 이동합니다.

5

당겨 놓은 주사기의 피스톤을 누르면 주사기 안의 공기가 (　　　　　)합니다.

6 김영사

비닐장갑과 공기를 채운 비닐봉지를 플라스틱 관으로 연결한 후 비닐봉지 부분을 눌렀을 때의 결과로 옳은 것을 두 가지 고르시오. (　　　　　)

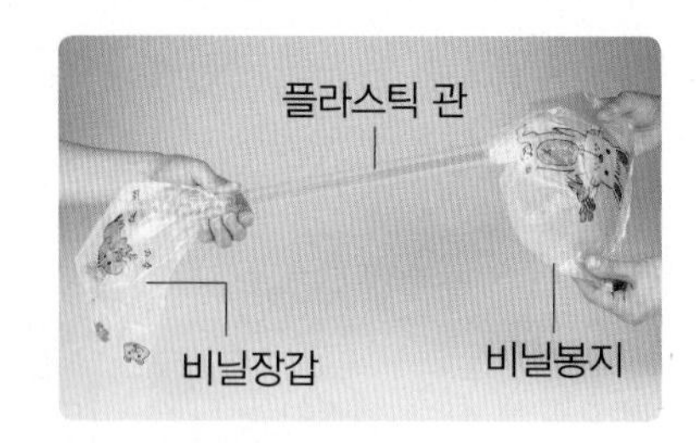

① 비닐장갑이 팽팽해진다.
② 비닐봉지가 더 팽팽해진다.
③ 공기가 비닐장갑으로 이동한다.
④ 비닐장갑의 손가락이 납작해진다.
⑤ 비닐장갑과 비닐봉지가 모두 납작해진다.

7 동아, 금성, 비상, 천재

다음과 같이 공기 주입기로 풍선에 공기를 넣을 때 공기가 이동하는 방향으로 알맞은 것의 기호를 쓰시오.

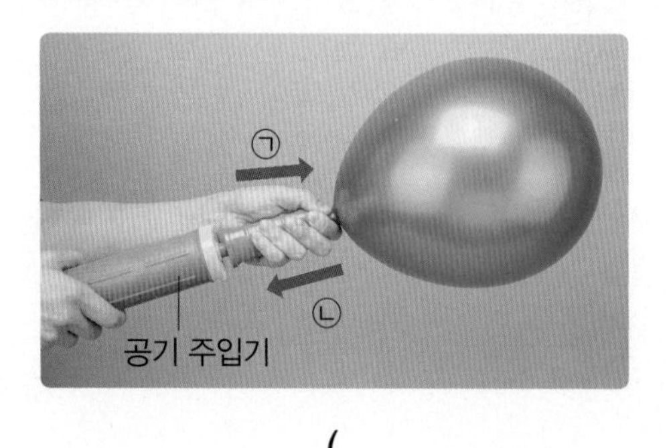

(　　　　　　　　　)

8 7종 공통

위 7번 답과 같이 이동한 공기에 대한 설명으로 옳은 것에 ○표 하시오.

(1) 이동한 후 공기가 사라진다. (　　)
(2) 이동한 곳에서 공간을 가득 채운다. (　　)
(3) 이동한 후 바로 원래의 위치로 다시 이동한다. (　　)

9 서술형 아이스크림

주사기에 연결한 비닐관의 끝을 손등에 향하게 한 뒤 피스톤을 누르면 무엇인가 손등으로 지나가는 느낌이 드는 까닭을 공기의 성질과 관련지어 쓰시오.

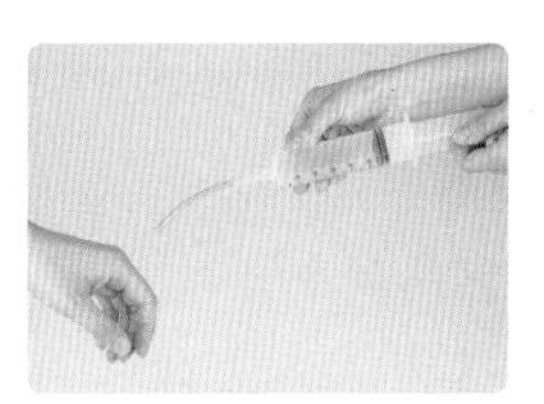

____

____

10 7종 공통

오른쪽은 움직이는 바람 풍선에 공기를 넣는 모습입니다. 이때 이용한 공기의 성질로 옳은 것을 보기 에서 두 가지 골라 기호를 쓰시오.

보기
㉠ 공기가 무거운 성질
㉡ 공기가 이동하는 성질
㉢ 공기가 냄새가 없는 성질
㉣ 공기가 공간을 차지하는 성질

( )

11 7종 공통

공기의 성질을 이용한 경우가 아닌 것의 기호를 쓰시오.

㉠

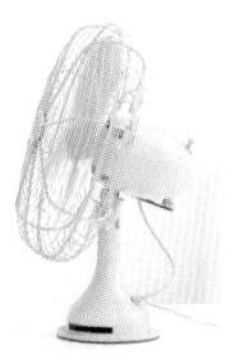
▲ 선풍기

㉡

▲ 비눗방울

㉢

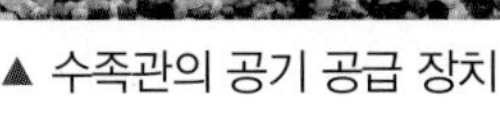
▲ 수족관의 공기 공급 장치

㉣

▲ 주전자의 물 끓이기

( )

12 동아

입구에 풍선을 끼운 페트병을 양손으로 힘껏 누르면 풍선의 모양이 어떻게 되는지 옳게 말한 사람의 이름을 쓰시오.

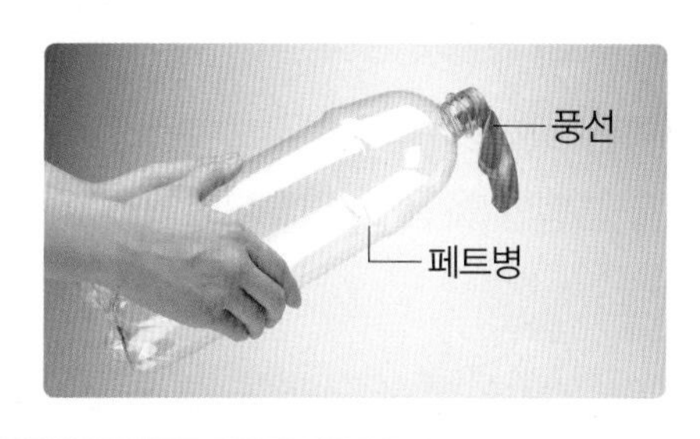

- 승우: 풍선이 부풀어 올라.
- 지안: 풍선이 더 납작하게 변해.
- 민재: 풍선의 모양이 그대로 유지돼.

( )

13 비상, 아이스크림, 지학사, 천재

다음과 같이 두 개의 주사기를 비닐관으로 연결한 뒤 당겨 놓은 주사기의 피스톤을 눌렀습니다. 이때 공기의 이동 방향을 ( ) 안에 화살표로 나타내시오.

( )

14 비상, 아이스크림, 지학사, 천재

위 13번 답과 같이 공기가 이동한 후의 두 주사기의 모습으로 옳은 것의 기호를 쓰시오.

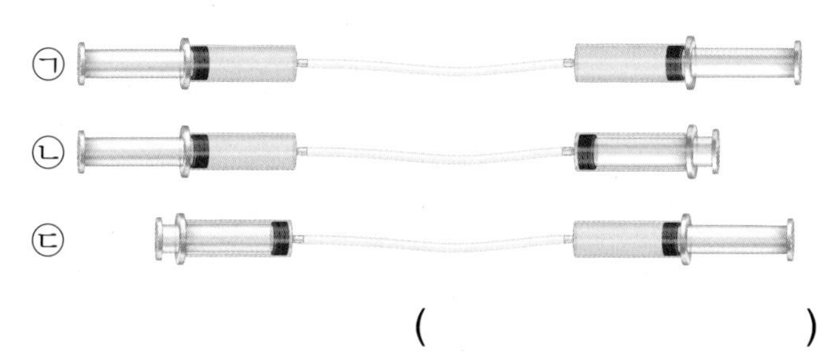

( )

5 무게가 있는 기체의 성질, 물질의 분류

개념 강의 

1 기체의 무게

(1) **기체의 무게**: 공기와 같은 대부분의 기체는 눈에 보이지 않지만 고체나 액체와 같이 공기(기체)도 무게가 있습니다.

(2) **공기에 무게가 있음을 알 수 있는 방법** 예

① 공기가 들어 있지 않은 공기 침대는 한 사람이 들 수 있지만, 공기를 가득 채운 공기 침대는 채워진 공기의 무게만큼 공기 침대가 무거워지기 때문에 여러 사람이 함께 들어야 옮길 수 있습니다.

② 찌그러진 축구공에 공기를 넣으면 공기를 넣기 전보다 무게가 늘어납니다.

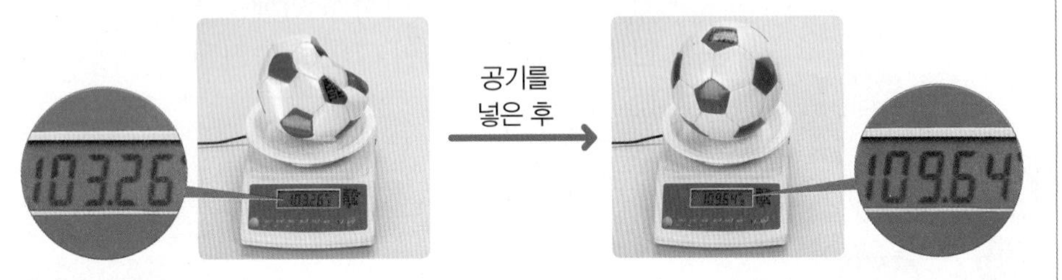

(3) **공기의 실제 무게**

▲ 학교 체육관 안 공기의 무게: 약 5,000 kg

▲ 버스 안 공기의 무게: 약 100~120 kg

우리가 공기의 무게를 느끼지 못하는 까닭

우리 주변을 둘러싸고 있는 공기는 무게가 있지만 공기가 누르는 힘만큼 우리 몸의 내부에서도 밖으로 밀어내기 때문에 우리는 공기의 무게를 느끼지 못합니다.

공기의 무게

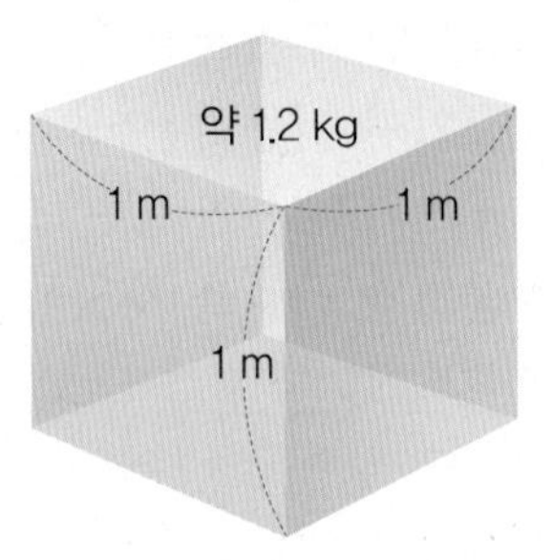

가로, 세로, 높이가 모두 1 m인 공간에 들어 있는 공기의 무게는 약 1.2 kg입니다.

2 물질의 상태에 따른 분류

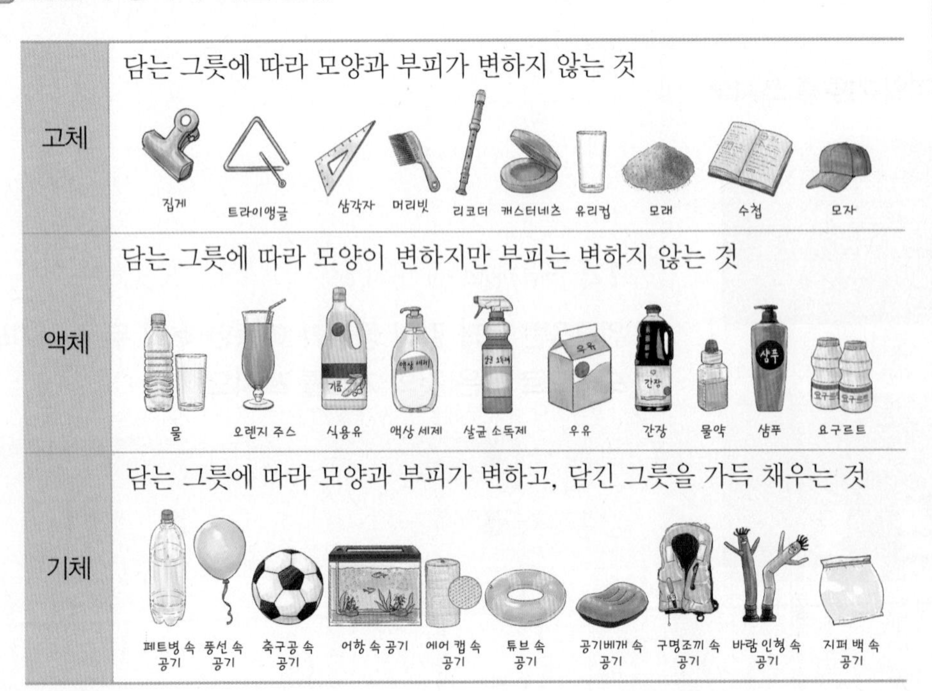

상태	설명 및 예
고체	담는 그릇에 따라 모양과 부피가 변하지 않는 것 집게, 트라이앵글, 삼각자, 머리빗, 리코더, 캐스터네츠, 유리컵, 모래, 수첩, 모자
액체	담는 그릇에 따라 모양이 변하지만 부피는 변하지 않는 것 물, 오렌지 주스, 식용유, 액상 세제, 살균 소독제, 우유, 간장, 물약, 샴푸, 요구르트
기체	담는 그릇에 따라 모양과 부피가 변하고, 담긴 그릇을 가득 채우는 것 페트병 속 공기, 풍선 속 공기, 축구공 속 공기, 어항 속 공기, 에어 캡 속 공기, 튜브 속 공기, 공기베개 속 공기, 구명조끼 속 공기, 바람 인형 속 공기, 지퍼 백 속 공기

용어 사전

● **내부** 안쪽의 부분.

교과서 통합 대표 실험

실험 1 기체(공기)가 무게가 있는지 알아보기

동아출판, 금성출판사, 김영사, 비상교과서, 아이스크림미디어, 천재교과서

❶ 페트병 입구에 공기 주입 마개를 끼웁니다.
❷ 공기 주입 마개를 끼운 페트병의 무게를 전자저울로 측정합니다.
❸ 공기 주입 마개를 여러 번 눌러 페트병이 팽팽해질 때까지 공기를 채웁니다.
❹ 공기를 채운 페트병의 무게를 전자저울로 측정해 보고, 공기 주입 마개를 누르기 전과 누른 후의 무게를 비교해 봅시다.

실험 결과

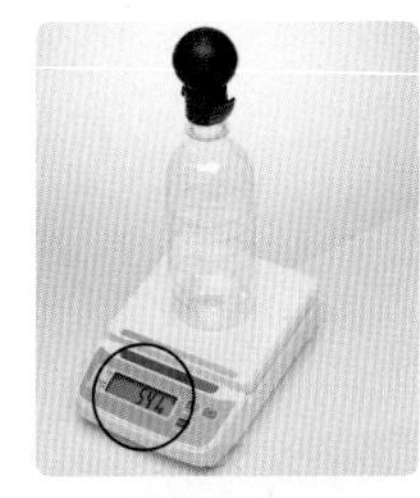

▲ 공기 주입 마개를 누르기 전의 무게

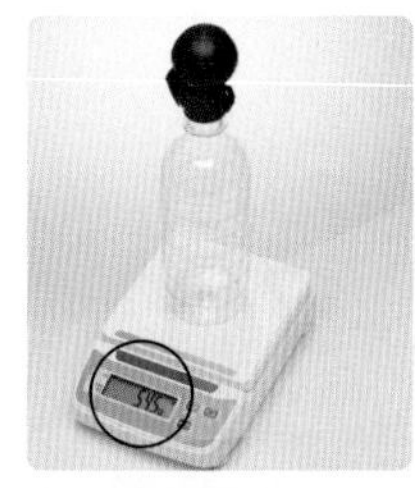

▲ 공기 주입 마개를 누른 후의 무게

누르기 전	열 번 눌렀을 때	스무 번 눌렀을 때	서른 번 눌렀을 때
54.1g	54.3g	54.5g	54.7g

- 공기 주입 마개를 누른 후에 페트병 안은 눈에 보이는 변화는 없지만, 페트병은 더 팽팽해집니다.
- 공기 주입 마개를 누르면 페트병 안으로 공기가 들어가므로 누르기 전보다 무게가 늘어납니다.
- 공기 주입 마개를 누르는 횟수가 늘어날수록 무게도 늘어납니다.

실험 2 공기 주입 용기로 공기의 무게 재기

지학사

❶ 전자저울을 이용하여 공기 주입 용기의 무게를 측정합니다.
❷ 공기 주입 용기 아래쪽에 있는 막대를 20번 당기고 밀면서 공기 주입 용기에 공기를 넣은 후 공기 주입 용기의 무게를 측정합니다.

실험 결과

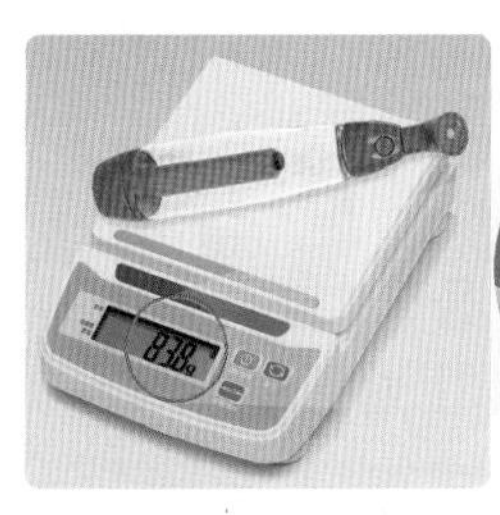

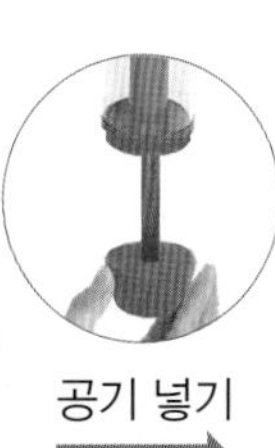

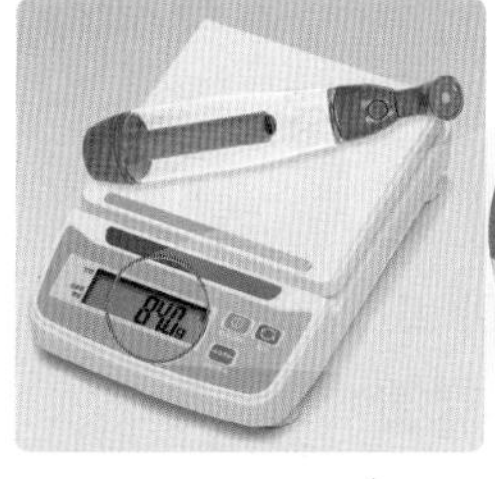

- 공기 주입 용기에 공기를 넣고 무게를 재면 처음보다 무게가 늘어납니다.
- 공기 주입 용기에 넣었던 공기를 빼면 빠진 공기의 무게만큼 줄어듭니다.

실험 TIP !

실험동영상

- 페트병 입구에 공기 주입 마개를 끼울 때 공기가 새지 않도록 꽉 조여요.
- 공기 주입 마개는 공기 압축 마개라고도 불러요.

전자저울 사용법

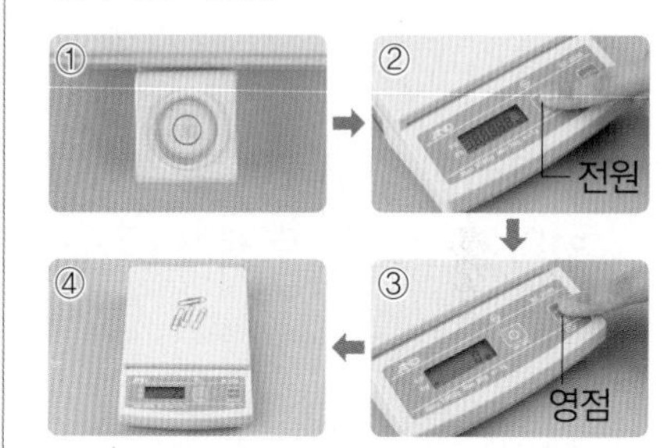

① 공기 방울이 붉은색 원 안의 한가운데에 오도록 하여 저울의 수평 맞추기
② 전원 단추를 눌러 전자저울을 작동시키기
③ 영점 단추를 눌러 영점 맞추기
④ 전자저울에 측정하려는 물체를 올려놓고 무게 측정하기

공기 주입 용기의 무게를 처음 잴 때는 공기를 빼는 버튼을 눌러 공기를 뺀 후 측정해요.

5 무게가 있는 기체의 성질, 물질의 분류

기본 개념 문제

1

공기가 들어 있지 않은 공기 침대는 한 사람이 들 수 있지만, 공기를 가득 채운 공기 침대는 여러 사람이 옮겨야 하는 것은 공기가 (　　　　)이/가 있기 때문입니다.

2

찌그러진 축구공에 공기를 넣으면 공기를 넣기 전보다 축구공의 무게가 (　　　　).

3

페트병의 입구에 끼운 공기 주입 마개를 여러 번 누를수록 페트병의 무게가 (　　　　).

4

버스 안 공기의 (　　　　)은/는 약 100~120 kg입니다.

5

삼각자, 식용유, 어항 속 공기를 물질의 상태에 따라 분류할 때 모래와 같은 물질의 상태로 분류할 수 있는 것은 (　　　　)입니다.

6 동아, 비상

똑같은 두 개의 축구공 중 ㉠은 공기가 빠졌고 ㉡은 공기가 가득 차 있습니다. 더 무거운 것의 기호를 쓰시오.

(　　　　)

7 7종 공통

물놀이할 때 사용하는 고무보트를 사용하지 않을 때에는 접어서 운반하면 좋은 점을 보기 에서 골라 기호를 쓰시오.

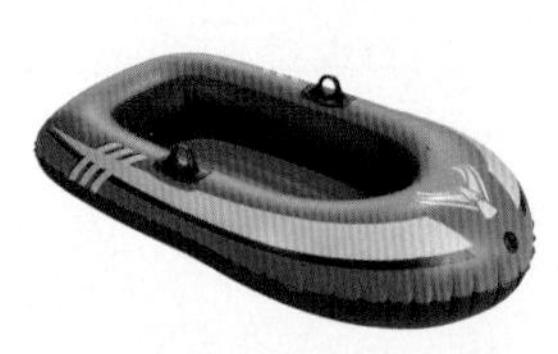

보기
㉠ 고무보트가 더 부드러워진다.
㉡ 고무보트의 무게가 가벼워진다.
㉢ 고무보트를 더 크게 만들 수 있다.

(　　　　)

8 천재

오른쪽과 같은 체육관을 가득 채우고 있는 이 물질에 대해 옳게 말한 사람의 이름을 쓰시오.

- 채이: 이 물질은 무게가 있어.
- 지우: 이 물질은 풍선 안에 있는 물질보다 가벼워.
- 혜솔: 이 물질은 눈에 보이지 않기 때문에 무게가 있다고 할 수 없어.

(　　　　)

[9-11] 다음은 공기 주입 마개를 끼운 페트병의 무게를 전자저울로 측정하는 모습입니다. 물음에 답하시오.

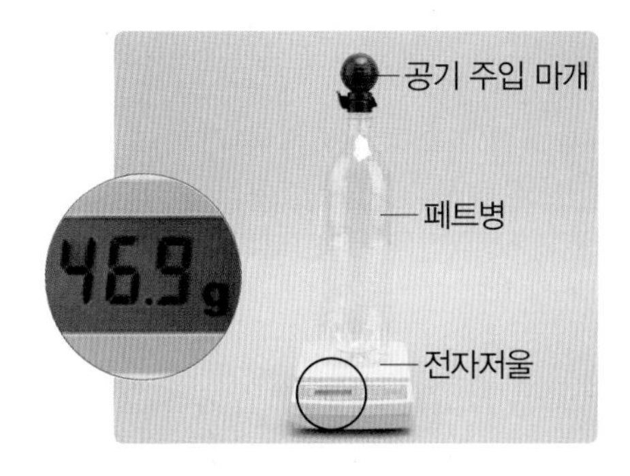

9 동아, 금성, 김영사, 비상, 아이스크림, 천재

위 페트병이 팽팽해질 때까지 공기 주입 마개를 눌러 공기를 채운 후 무게를 측정한 경우의 기호를 쓰시오.

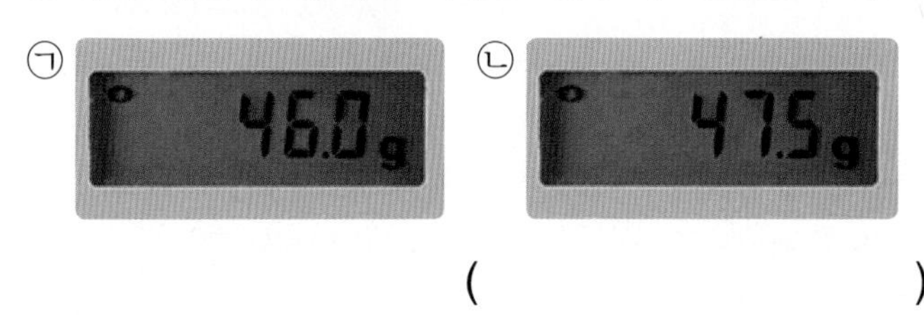

(   )

10 동아, 금성, 김영사, 비상, 아이스크림, 천재

위 9번 답으로 알 수 있는 공기 주입 마개를 누르기 전과 누른 후의 무게를 ◯ 안에 >, =, <로 나타내시오.

공기 주입 마개를 누르기 전	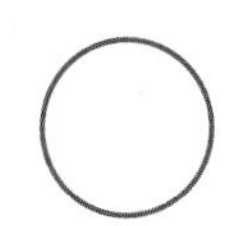	공기 주입 마개를 누른 후

11 7종 공통

다음은 위 탐구 결과로 알 수 있는 사실입니다. (   ) 안에 들어갈 알맞은 말을 쓰시오.

> 공기는 (   )이/가 있다.

(   )

12 지학사

같은 공기 주입 용기에서 아래쪽에 있는 막대를 당겨 공기를 넣은 경우와 공기를 빼는 버튼을 눌러 공기를 뺀 경우 중 전자저울로 무게를 측정했을 때 더 무거운 것의 기호를 쓰시오.

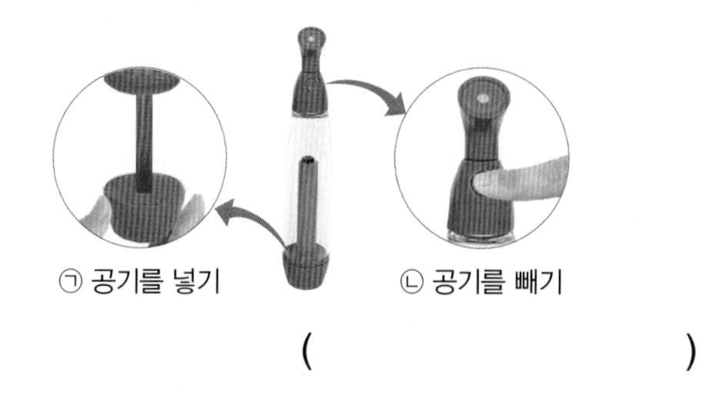

(   )

13 아이스크림

잠수부가 바닷속에서 사진기를 들고 물고기의 모습을 찍고 있습니다. 찾을 수 있는 고체, 액체, 기체를 각각 쓰시오.

(1) 고체: (   )

(2) 액체: (   )

(3) 기체: (   )

14 서술형 7종 공통

여러 가지 물질을 물질의 상태에 따라 분류한 것 중 잘못된 것을 찾아 쓰고, 그렇게 생각한 까닭을 물질의 상태의 특징과 관련지어 쓰시오.

고체	액체	기체
돌멩이, 운동화, 우유, 가위	주스, 식초, 분수대의 물	공 안의 공기, 비눗방울 안의 공기

(1) 잘못된 것: (   )

(2) 까닭: ____________________

____

4 단원

4 물질의 상태

★ 물질 전달하기

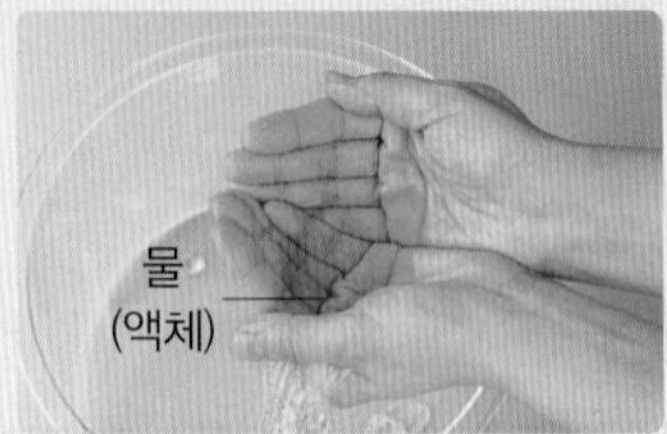

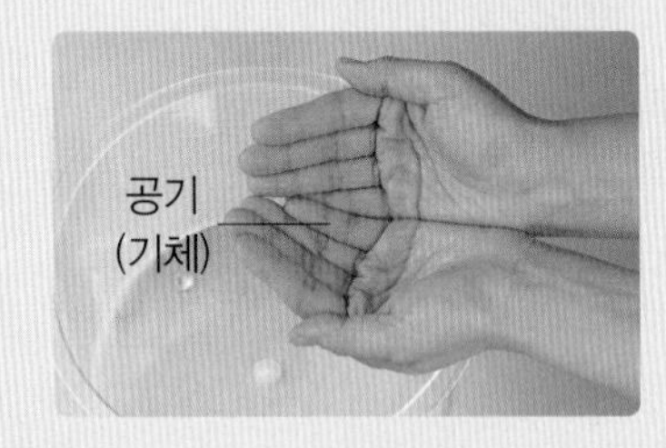

1. 우리 주변 물질의 상태

(1) **물질의 상태:** 고체, 액체, 기체의 세 가지 상태가 있습니다.

(2) **물질 전달하기**

나뭇조각	손으로 잡아서 전달할 수 있고, 그릇에 넣어도 모양이 변하지 않음.
물	모양이 계속 변하고 흘러내려 전달하기 어려움.
공기	눈에 보이지 않고 느낌이 없어서 전달한 것인지 알 수 없음.

2. 고체의 성질

(1) ❶ [ ]: 담는 그릇이 바뀌어도 모양과 부피가 일정한 성질을 가지고 있는 물질의 상태입니다. 예 책상, 연필, 가방, 의자

(2) **가루 물질의 상태:** 모양이 다른 그릇에 옮겨 담으면 가루 전체의 모양은 변하지만 알갱이 하나하나의 모양은 변하지 않으므로 가루 물질은 고체입니다.
예 소금, 설탕, 모래

3. 액체의 성질

(1) ❷ [ ]: 담는 그릇에 따라 모양은 변하지만 부피가 일정한 성질을 가지고 있는 물질의 상태입니다. 예 물, 주스, 간장, 주방 세제, 샴푸, 꿀

(2) **여러 가지 모양의 투명한 그릇에 물 옮겨 담기:** 담는 그릇에 따라 물의 모양은 변하지만, 부피는 변하지 않기 때문에 처음에 사용한 그릇으로 옮겨 담으면 물의 높이가 처음과 같습니다.

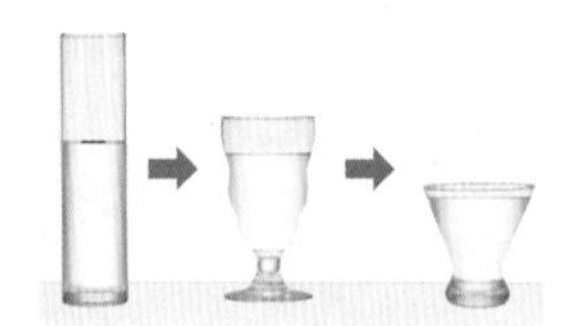

4. 공간을 차지하는 기체(공기)의 성질

(1) ❸ [ ]

① 담는 그릇에 따라 모양이 변하고, 담긴 그릇을 항상 가득 채우는 성질을 가지고 있는 물질의 상태입니다. 예 지퍼 백 속의 공기

② 공기가 차지하는 공간의 모양은 담는 그릇의 모양에 따라 달라집니다.

(2) **공기가 공간을 차지하는지 알아보기**

바닥에 구멍이 뚫리지 않은 플라스틱 컵을 밀어 넣을 때	바닥에 구멍이 뚫린 플라스틱 컵을 밀어 넣을 때
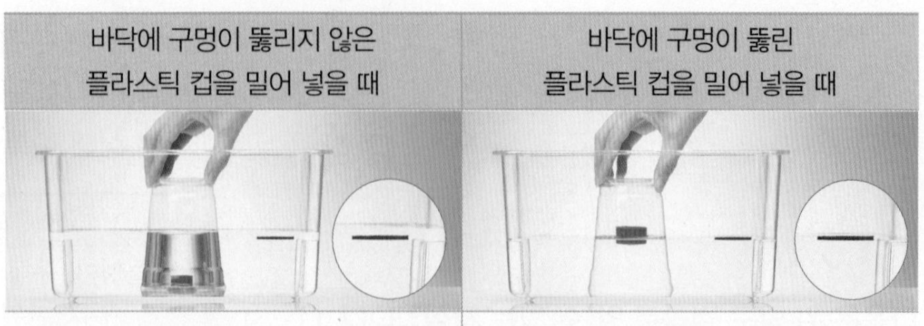	
• 페트병 뚜껑이 내려감. • 수조 안 물의 높이가 조금 높아짐. • 컵 안의 공기가 공간을 차지하고 있어서 컵 안으로 물이 들어가지 못함.	• 페트병 뚜껑이 그대로 물 위에 떠 있음. • 수조 안 물의 높이에 변화가 없음. • 컵 안 공기가 바닥의 구멍으로 빠져나가기 때문에 컵 안으로 물이 들어감.

★ 공간을 차지하는 공기의 성질 이용

▲ 풍선 놀이 틀

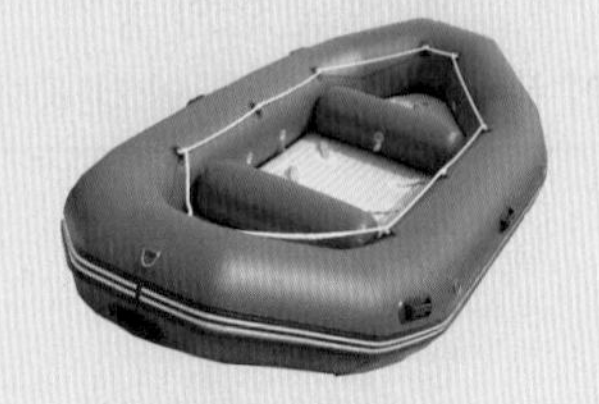
▲ 고무보트

5. 다른 곳으로 이동하는 공기의 성질

(1) **이동하는 공기의 성질:** 공기도 물질이므로 다른 곳으로 이동할 수 있고, 이동한 공간에서도 공기는 항상 공간을 가득 채웁니다.

(2) **페트병을 눌러 공기(기체)가 이동하는지 알아보기:** 입구에 풍선을 끼운 페트병을 양손으로 힘껏 누르면 페트병의 공기가 ❹ ________ 하여 풍선이 부풀어 오르고, 페트병을 누르던 손을 놓으면 풍선이 다시 납작해지면서 꺾입니다.

(3) **주사기의 피스톤을 눌러 공기(기체)가 이동하는지 알아보기**

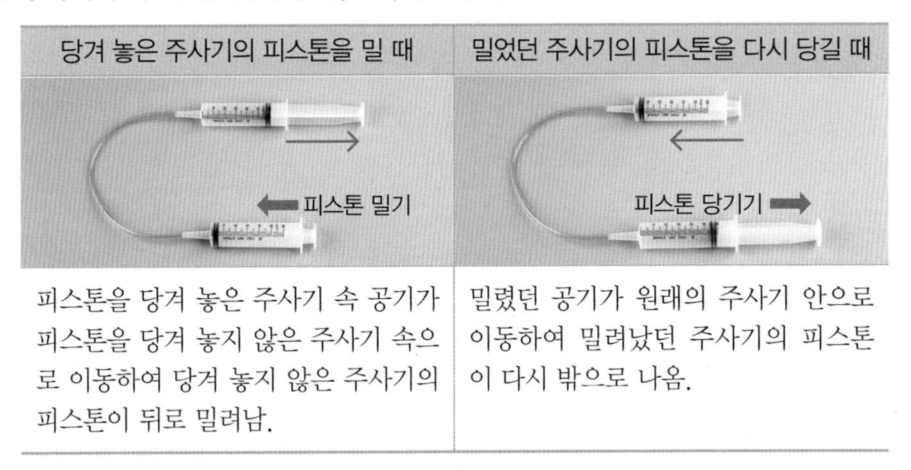

당겨 놓은 주사기의 피스톤을 밀 때	밀었던 주사기의 피스톤을 다시 당길 때
피스톤을 당겨 놓은 주사기 속 공기가 피스톤을 당겨 놓지 않은 주사기 속으로 이동하여 당겨 놓지 않은 주사기의 피스톤이 뒤로 밀려남.	밀렸던 공기가 원래의 주사기 안으로 이동하여 밀려났던 주사기의 피스톤이 다시 밖으로 나옴.

(4) **공기가 공간을 차지하고 이동하는 성질 이용 ㊀:** 공기 주입기로 풍선 부풀리기, 공기 펌프로 타이어에 공기 넣기, 비눗방울 불기 등이 있습니다.

6. 무게가 있는 기체의 성질

(1) **기체의 무게:** 공기와 같은 대부분의 기체는 눈에 보이지 않지만 고체나 액체와 같이 공기(기체)도 무게가 있습니다.

(2) **공기에 무게가 있음을 알 수 있는 방법 ㊀**

① 공기가 들어 있지 않은 공기 침대는 한 사람이 들 수 있지만, 공기를 가득 채운 공기 침대는 채워진 공기의 ❺ ________ 만큼 공기 침대가 무거워지기 때문에 여러 사람이 함께 들어야 옮길 수 있습니다.

② 페트병 입구에 끼운 공기 주입 마개를 누르는 횟수가 늘어날수록 페트병의 무게도 늘어납니다.

㊀ 공기 주입 마개를 누르는 횟수를 늘렸을 때 무게의 변화

누르기 전	열 번 눌렀을 때	스무 번 눌렀을 때	서른 번 눌렀을 때
54.1g	54.3g	54.5g	54.7g

★ 풍선을 끼운 페트병 누르기

▲ 풍선을 끼운 페트병을 양손으로 힘껏 눌렀을 때

▲ 페트병을 누르던 손을 놓았을 때

★ 공기의 무게

▲ 공기 주입 마개를 누르기 전

▲ 공기 주입 마개를 누른 후

4 단원

4. 물질의 상태

1 동아

플라스틱, 나무, 물, 주스, 공기를 다음의 분류 기준으로 분류하려고 합니다. 각각에 들어갈 알맞은 물질을 쓰시오.

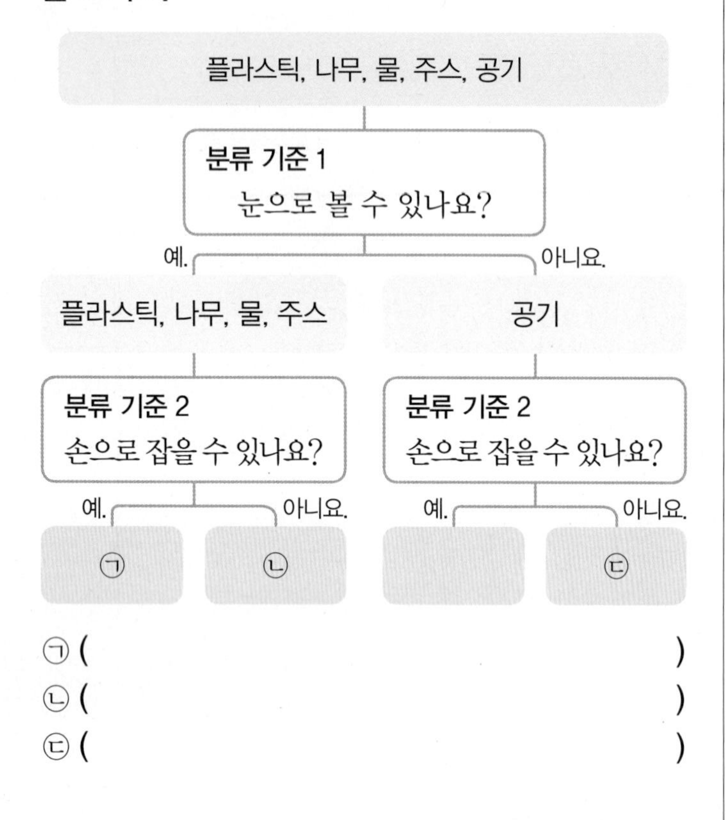

㉠ (　　　　　　　　　　)
㉡ (　　　　　　　　　　)
㉢ (　　　　　　　　　　)

2 서술형 7종 공통

다음의 물체들이 고체인 까닭을 쓰시오.

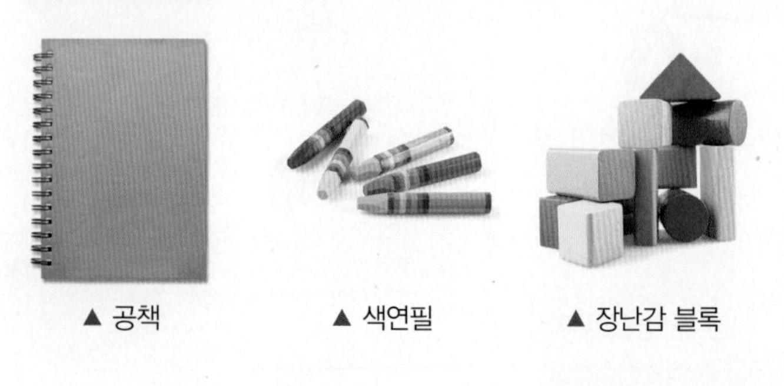

▲ 공책　▲ 색연필　▲ 장난감 블록

3 7종 공통

다음과 같은 특징이 있는 것을 보기 에서 두 가지 골라 기호를 쓰시오.

- 담는 그릇에 따라 모양이 변한다.
- 눈에 보이지만 손으로 잡을 수 없다.
- 담는 그릇에 따라 부피가 변하지 않는다.

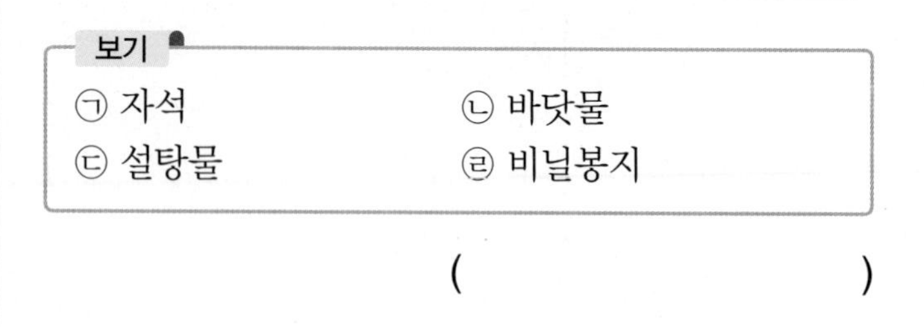

(　　　　　　　　　　)

4 7종 공통

오른쪽과 같이 컵에 담긴 나무 막대와 주스를 모양이 다른 그릇에 각각 옮겨 담았을 때의 결과로 옳은 것을 두 가지 고르시오. (　　　　)

① 나무 막대와 주스의 부피가 변한다.
② 주스의 모양이 변하지만, 부피는 변하지 않는다.
③ 나무 막대의 모양과 크기가 모두 변하지 않는다.
④ 나무 막대는 모양이 변하고, 주스는 부피가 변한다.
⑤ 나무 막대와 주스 모두 담는 그릇에 따라 모양이 변한다.

5 7종 공통

물을 다른 모양의 그릇에 차례대로 옮겨 담으면서 관찰한 결과를 잘못 말한 사람의 이름을 쓰시오.

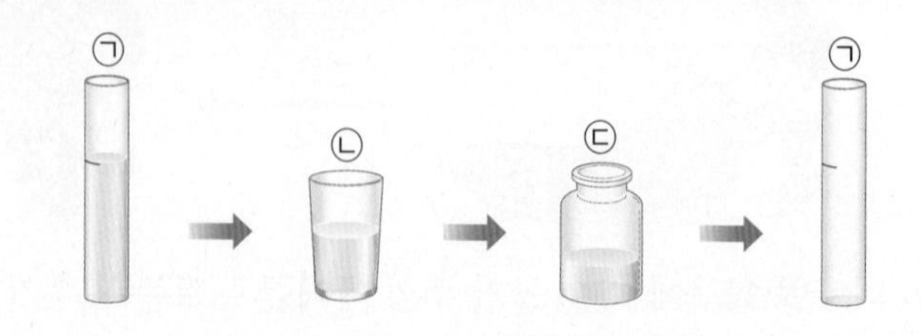

- 세아: ㉡보다 ㉢에서 물의 부피가 더 커.
- 준호: ㉢의 물은 ㉠과 ㉡의 물과 모양이 달라.
- 라나: 처음 ㉠과 마지막에 다시 담은 ㉠의 물의 높이는 같아.

(　　　　　　　　　　)

6 김영사, 천재

다음은 빈 페트병을 물속에 넣고 누르는 모습입니다. (　　) 안에 공통으로 들어갈 알맞은 말을 쓰시오.

빈 페트병의 입구에서 (　　　) 방울이 생겨 위로 올라와 사라지는 것을 보고 우리 주변에 (　　　)이/가 있다는 것을 알 수 있다.

(　　　　　　　　)

7 동아, 비상

풍선을 이용하여 여러 가지 모양을 만들 수 있는 것은 기체의 어떤 성질을 이용한 것입니까? (　　　)

① 눈에 보이지 않는다.
② 손으로 잡을 수 없다.
③ 투명하고 흘러내린다.
④ 일정한 모양을 가지고 있다.
⑤ 담는 그릇에 따라 모양이 변한다.

8 7종 공통

다음 설명이 액체에만 해당하면 '액', 기체에만 해당하면 '기', 액체와 기체에 모두 해당하면 '공통'이라고 쓰시오.

(1) 눈으로 볼 수 있다. (　　　)
(2) 담는 그릇을 항상 가득 채운다. (　　　)
(3) 담는 그릇에 따라 모양이 변한다. (　　　)
(4) 손으로 만질 수 있지만 잡을 수는 없다. (　　　)

[9-10] 다음과 같이 물이 담긴 수조에 스타이로폼 공을 띄운 다음, 바닥에 구멍이 뚫린 컵으로 스타이로폼 공을 덮어 수조의 바닥까지 천천히 밀어 넣으려고 합니다. 물음에 답하시오.

9 동아, 금성, 김영사, 아이스크림, 천재

위 플라스틱 컵이 수조의 바닥에 닿았을 때 스타이로폼 공의 위치로 옳은 것의 기호를 쓰시오.

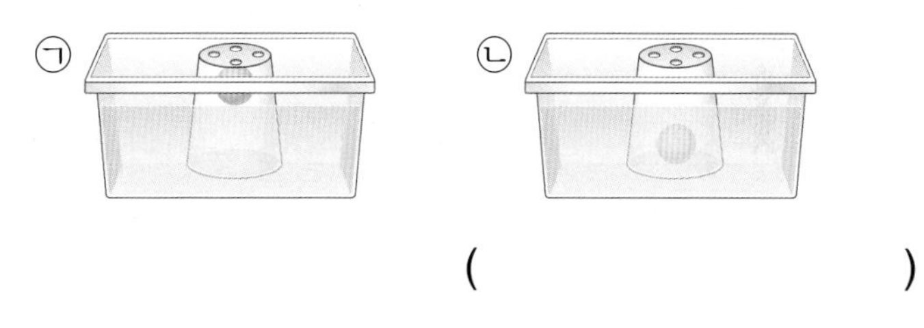

(　　　　　　　　)

10 서술형 동아, 금성, 김영사, 아이스크림, 천재

위 플라스틱 컵을 수조 바닥까지 밀어 넣었을 때 ㉠~㉢ 중 수조 안 물의 높이로 알맞은 것의 기호를 쓰고, 그 까닭을 공기와 관련지어 쓰시오. (단, —은 처음 물의 높이)

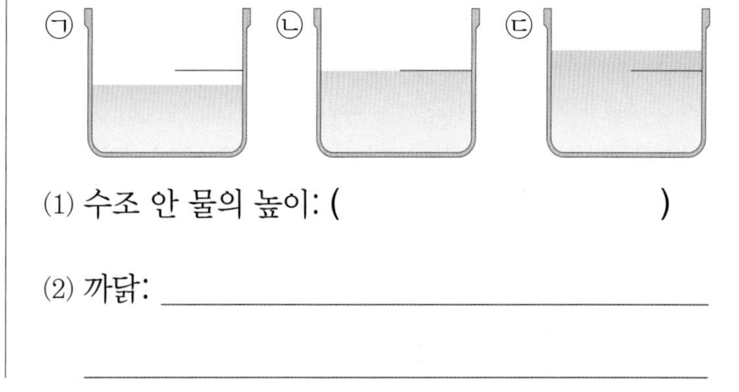

(1) 수조 안 물의 높이: (　　　　　　)

(2) 까닭: ______________________

11 7종 공통

오른쪽과 같이 손가락이 안쪽으로 들어간 고무장갑에 공기를 넣고 입구를 막은 후 입구를 눌러 손가락을 빼냈습니다. 공기의 성질을 이용한 방법을 가장 알맞게 말한 사람의 이름을 쓰시오.

- 윤솔: 손가락 쪽으로 공기가 이동한 거야.
- 건우: 고무장갑에서 공기가 모두 빠져나간 거야.
- 태이: 공기를 고무장갑 입구 쪽에 뭉치게 한 거야.

( )

12 서술형 동아

페트병 입구에 풍선을 끼우고 페트병을 눌렀더니 납작했던 풍선이 팽팽하게 부풀어 올랐습니다. 풍선이 부풀어 오른 까닭을 쓰시오.

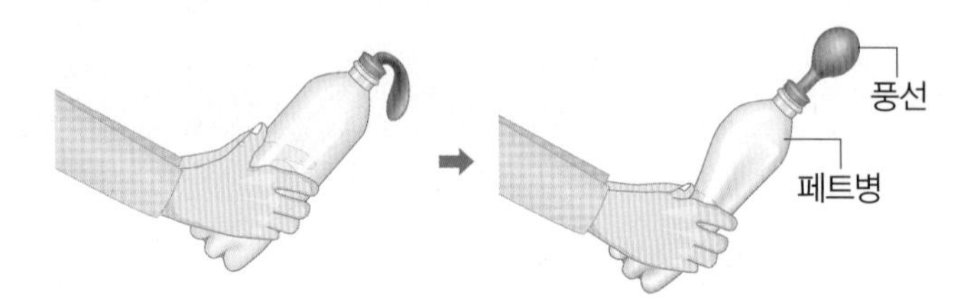

____

____

13 비상, 아이스크림, 지학사, 천재

오른쪽과 같이 피스톤을 당겨 놓은 주사기와 피스톤을 밀어 놓은 주사기의 입구를 비닐관의 양쪽에 끼웠습니다. ㉠ 주사기의 피스톤을 밀었을 때 ㉡ 주사기의 모습으로 알맞은 것에 ○표 하시오.

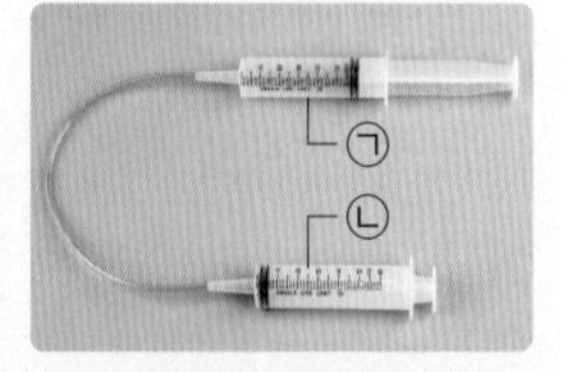

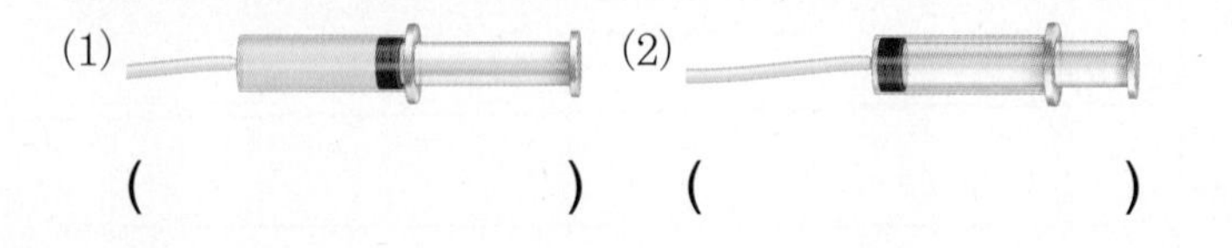

(1) ( ) (2) ( )

[14-15] 다음은 공기 주입 마개를 끼운 페트병의 무게를 전자저울로 측정하는 모습입니다. 물음에 답하시오.

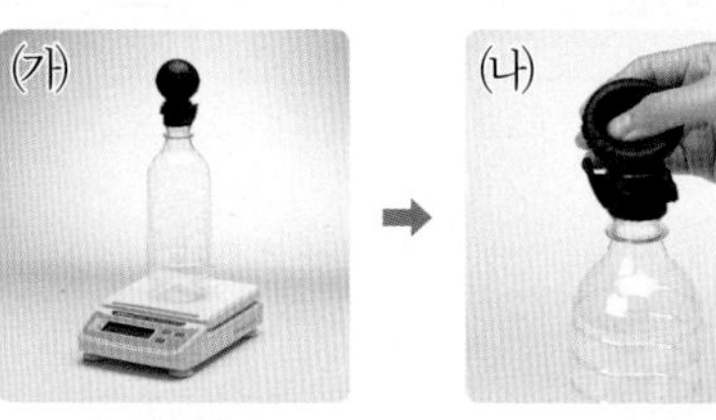
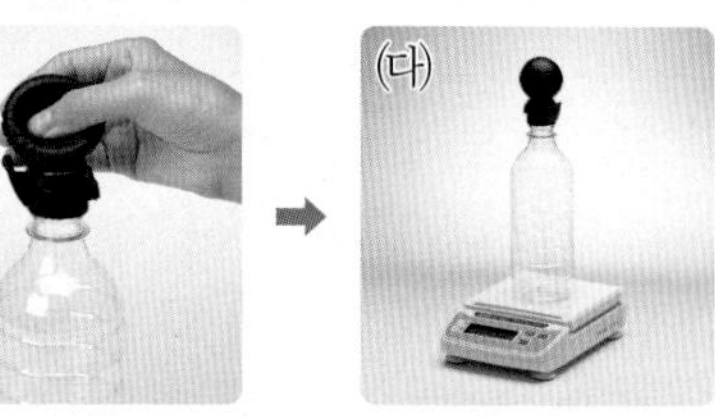

(가) 공기 주입 마개를 누르기 전 → (나) 공기 주입 마개 누르기 → (다) 공기 주입 마개를 누른 후

14 동아, 금성, 김영사, 비상, 아이스크림, 천재

위 과정은 무엇을 알아보기 위한 것입니까? ( )

① 공기는 무게가 있는지 알아보기
② 공기는 색깔이 있는지 알아보기
③ 공기는 냄새가 있는지 알아보기
④ 공기를 눈으로 볼 수 있는지 알아보기
⑤ 공기는 어떤 종류가 섞여 있는지 알아보기

15 동아, 금성, 김영사, 비상, 아이스크림, 천재

위 (나) 과정 이전의 (가)와 이후의 (다)의 페트병의 무게에 대한 설명으로 옳은 것을 보기 에서 골라 기호를 쓰시오.

보기
㉠ (가)와 (다) 페트병의 무게는 같다.
㉡ (가)보다 (다) 페트병의 무게가 더 무겁다.
㉢ (가)보다 (다) 페트병의 무게가 더 가볍다.

( )

4. 물질의 상태

1 동아

다음 (가)~(다)에 해당하는 것을 보기 에서 각각 골라 기호를 쓰시오.

(가)는 눈에 보이지 않는다.
(나)는 다른 그릇에 넣어도 모양이 변하지 않는다.
(다)는 다른 그릇에 넣으면 부피는 변하지 않지만, 모양이 변한다.

보기
㉠ 지우개 ㉡ 식용유 ㉢ 공 안의 공기

(가) ( ), (나) ( )
(다) ( )

2 서술형 7종 공통

손으로 나뭇조각, 물, 공기 전달하기 놀이를 할 때 친구는 무엇을 전달하려는 것인지 쓰고, 그것을 전달할 수 있는지, 전달하기 어려운지 그 까닭과 함께 쓰시오.

"만질 수 있지만 흘러내려."

(1) 전달하려는 것: ( )

(2) 전달: ______________________

____

3 7종 공통

소금의 물질의 상태에 대한 설명으로 옳은 것을 보기 에서 골라 기호를 쓰시오.

보기
㉠ 손으로 잡기 어려우므로 기체이다.
㉡ 담은 그릇에 따라 소금의 전체 모양이 달라지기 때문에 액체이다.
㉢ 담은 그릇에 따라 소금 알갱이의 모양이 달라지지 않기 때문에 고체이다.

( )

[4-6] 다음 실험 과정을 보고, 물음에 답하시오.

투명한 ㉠ 유리컵에 주스를 넣고, 유성 펜으로 주스의 높이 표시하기 → 주스를 다른 모양의 ㉡과 ㉢ 유리컵에 차례대로 옮겨 담으면서 주스의 모양 관찰하기 → 처음에 사용한 ㉠ 유리컵에 주스를 다시 옮겨 담아 주스의 높이 비교하기

㉠ 유리컵

㉡ 유리컵

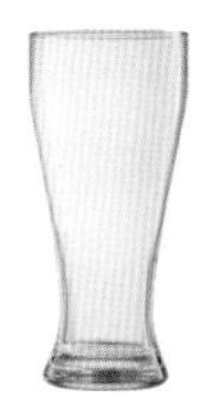
㉢ 유리컵

4 7종 공통

위 ㉠에서 ㉡과 ㉢ 유리컵으로 옮겨 담은 주스의 모양에 대한 설명으로 옳은 것에 ○표 하시오.

(1) ㉠, ㉡, ㉢ 유리컵의 주스의 모양이 모두 다르다. ( )
(2) ㉠과 ㉡ 유리컵의 주스의 모양은 같지만, ㉢ 유리컵의 주스는 모양이 다르다. ( )
(3) ㉠과 ㉢ 유리컵의 주스의 모양은 같지만, ㉡ 유리컵의 주스는 모양이 다르다. ( )

5 7종 공통

위 과정에서 주스의 부피에 대해 옳게 말한 사람의 이름을 쓰시오.

- 가람: ㉠ 유리컵에 담은 주스의 부피가 가장 커.
- 세이: 주스의 양이 계속 변해서 비교할 수 없어.
- 보람: ㉠, ㉡, ㉢ 유리컵에 담은 주스의 부피는 모두 같아.

( )

6 7종 공통

위 실험을 주스 대신에 했을 때 결과가 같은 것의 예를 한 가지 쓰시오.

( )

7 7종 공통

다음은 어떤 단어에 대한 국어사전의 내용입니다. [ ]에 해당하는 단어의 물질이 있어서 우리 주변에서 일어나는 일로 알맞은 것에 ○표 하시오.

> [ ] (空氣)
> 지구를 둘러싼 대기의 하층부를 구성하는 무색, 무취의 투명한 기체. 산소와 질소가 약 1 대 4의 비율로 혼합된 것을 주성분으로 하며, 그 밖에 소량의 아르곤·헬륨 따위의 불활성 가스와 이산화 탄소가 포함되어 있다. 동식물의 호흡, 소리의 전파 따위에 필수적이다.

(1) 

▲ 분수대의 물

( )

(2) 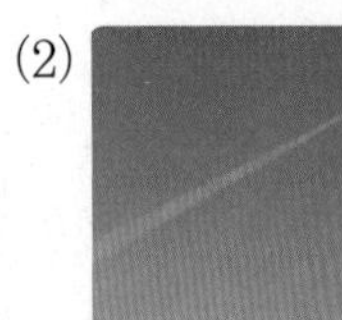

▲ 하늘을 날고 있는 연

( )

8 천재

빈 페트병의 입구를 손등에 가까이 가져가 페트병을 눌렀습니다. 손등에서의 느낌과 그런 느낌이 드는 까닭에 대해 옳게 말한 사람의 이름을 쓰시오.

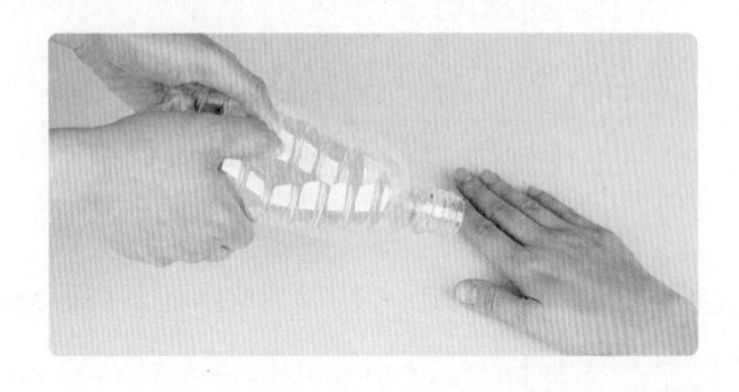

- 민찬: 공기가 손등을 지나가서 바람이 느껴져.
- 예나: 공기가 없기 때문에 아무런 느낌이 들지 않아.
- 도담: 공기가 손등에서 사라지기 때문에 시원한 느낌이 들어.

( )

9 7종 공통

오른쪽과 같은 모양의 풍선에 담긴 공기의 모양으로 알맞은 것의 기호를 쓰시오.

㉠ ㉡ 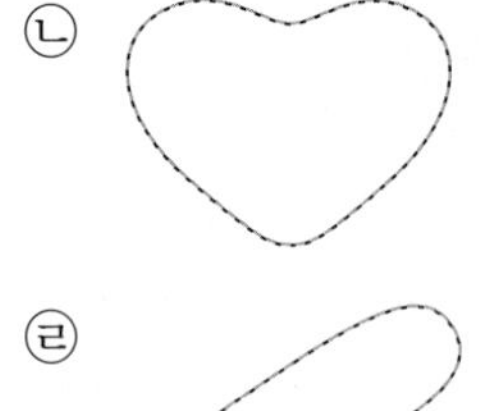

㉢  ㉣

( )

10 서술형 동아, 금성, 김영사, 아이스크림, 천재

다음은 물 위에 띄운 페트병 뚜껑을 바닥에 구멍이 뚫리지 않은 플라스틱 컵을 뒤집어 덮은 뒤 수조 바닥까지 밀어 넣은 모습입니다. 페트병 뚜껑이 수조 바닥까지 내려간 까닭을 쓰시오.

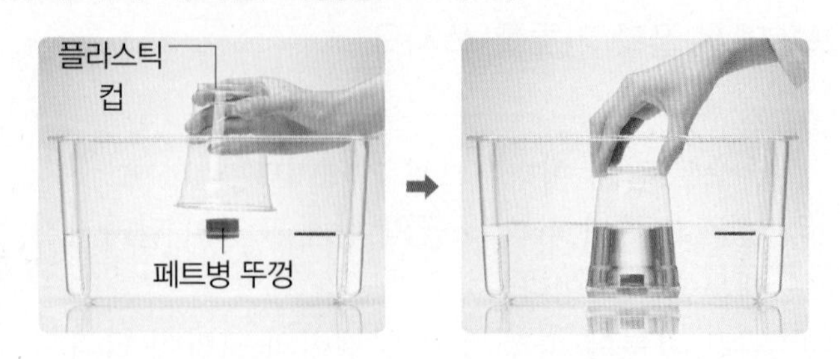

11 동아

다음과 같이 페트병 입구에 풍선을 끼우고 페트병을 양손으로 힘껏 눌렀다 폈다를 반복하였습니다. 공기가 이동하는 방향으로 알맞은 것을 각각 보기 에서 골라 기호를 쓰시오.

보기
㉠ 풍선 안 ➡ 페트병 안
㉡ 풍선 밖 ➡ 페트병 안
㉢ 페트병 안 ➡ 풍선 안
㉣ 페트병 밖 ➡ 페트병 안

(1)
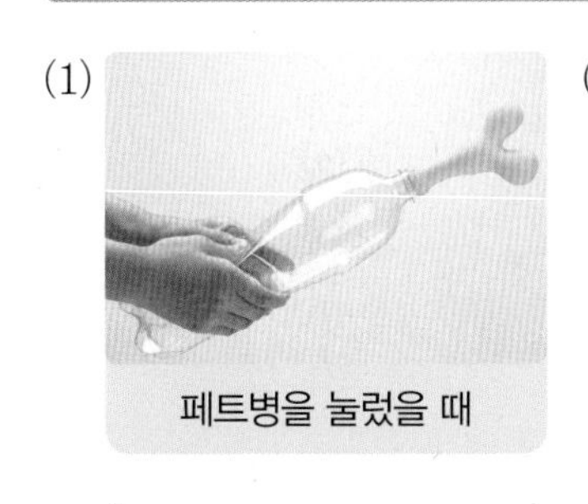
페트병을 눌렀을 때

( )

(2)

누르던 손을 놓았을 때

( )

12 비상, 아이스크림, 지학사, 천재

피스톤을 밀어 놓은 주사기와 피스톤을 당겨 놓은 주사기를 비닐관 양쪽에 끼웠습니다. (가)와 (나) 중 공기가 많이 든 주사기에서 다른 주사기로 공기를 이동시키는 방법으로 옳은 것을 보기 에서 골라 기호를 쓰시오.

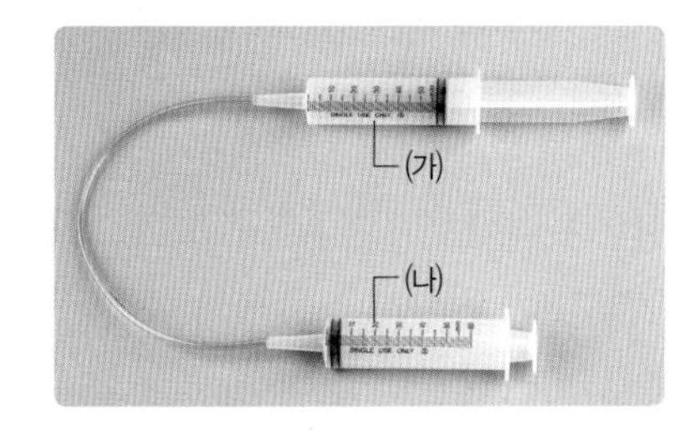

보기
㉠ (가)의 피스톤을 밀어 넣는다.
㉡ (나)의 피스톤을 더 밀어 넣는다.
㉢ (가)와 (나)의 피스톤을 동시에 잡아당긴다.

( )

13 동아

오른쪽은 공기를 가득 채운 공기 침대를 옮기는 모습입니다. 한 사람이 공기 침대를 옮길 수 있는 방법을 옳게 말한 사람의 이름을 쓰시오.

- 도현: 공기 침대에서 공기를 빼내어 가볍게 하면 돼.
- 아람: 공기 침대의 공기를 빼내었다가 다시 넣으면 가벼워져.
- 윤서: 공기 침대에 공기를 더 넣어서 팽팽하게 만들면 돼.

( )

14 동아, 비상

다음과 같이 찌그러진 축구공과 탱탱한 축구공의 무게를 측정하였습니다. 공기가 더 많이 들어 있는 것의 기호를 쓰시오.

㉠

㉡

( )

15 서술형 동아, 금성, 김영사, 비상, 아이스크림, 천재

공기 주입 마개를 끼운 페트병을 전자저울로 측정한 무게는 54.1 g입니다. 페트병이 팽팽해질 때까지 공기 주입 마개를 누른 후 측정한 무게는 어떻게 달라지는지 쓰시오.

▲ 공기 주입 마개를 누르기 전 무게 측정하기

➡

▲ 공기 주입 마개 누르기

1회

4. 물질의 상태

● 정답과 풀이 15쪽

평가 주제	공간을 차지하는 공기의 성질 이해하기
평가 목표	공기가 공간을 차지하는 성질을 설명할 수 있다.

[1-2] 다음과 같이 수조에 물을 담고 물에 띄운 페트병 뚜껑을 바닥에 구멍이 뚫리지 않은 플라스틱 컵과 구멍이 뚫린 플라스틱 컵으로 덮은 뒤 수조 바닥까지 밀어 넣으려고 합니다. 물음에 답하시오.

(가)

(나)

1 위 각각의 플라스틱 컵을 수조 바닥까지 밀어 넣을 때 페트병 뚜껑의 위치를 플라스틱 컵 안에 그림으로 그리시오.

(1)
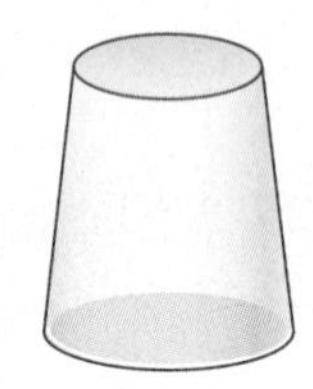
바닥에 구멍이 뚫리지 않은 플라스틱 컵

(2)
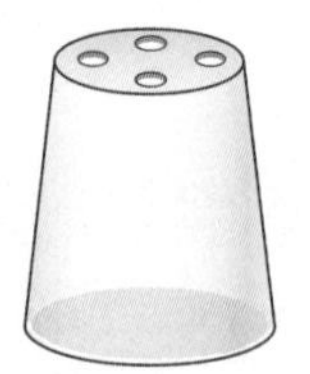
바닥에 구멍이 뚫린 플라스틱 컵

도움 플라스틱 컵 바닥의 구멍에 의해 공기가 어떻게 되는지 생각해 봅니다.

2 위 **1**번의 바닥에 구멍이 뚫리지 않은 플라스틱 컵 안의 페트병 뚜껑이 그 위치에 있는 까닭을 공기의 성질과 관련지어 쓰시오.

도움 공간을 차지하는 공기의 성질을 생각해 봅니다.

2회

4. 물질의 상태

● 정답과 풀이 15쪽

평가 주제 공기의 다양한 성질 이해하기

평가 목표 공기의 다양한 성질을 이해하고 설명할 수 있다.

1 캠핑에 가서 사용하는 야영용 공기 침대와 선풍기는 공기의 성질을 이용합니다. 각각 공기의 어떤 성질을 이용한 것인지 쓰시오.

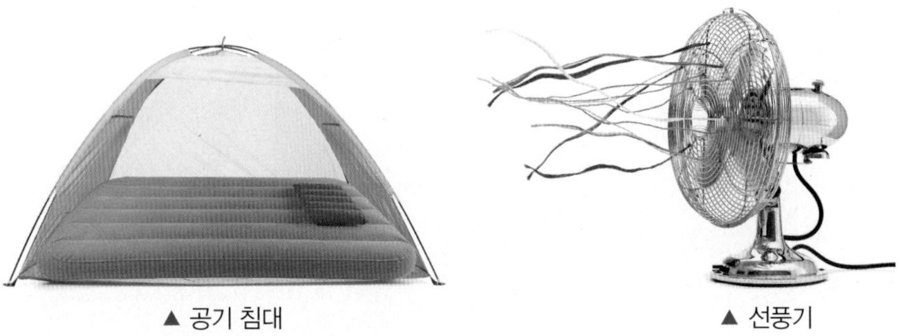

▲ 공기 침대 ▲ 선풍기

(1) 공기 침대: ______________________

(2) 선풍기: ______________________

도움 물체에서 공기가 어떤 역할을 하는지 생각해 봅니다.

2 공기 주입 마개를 끼운 페트병의 무게를 전자저울로 측정하고, 공기 주입 마개를 열 번 누른 후와 열다섯 번 누른 후의 무게를 각각 다시 측정하였습니다.

(1) 공기 주입 마개를 누르기 전, 공기 주입 마개를 열 번 누른 후, 공기 주입 마개를 열다섯 번 누른 후의 무게로 알맞은 것을 보기 에서 각각 골라 쓰시오.

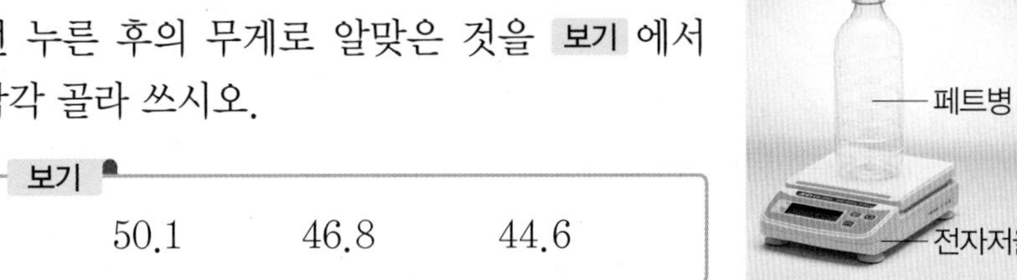

보기

50.1 46.8 44.6

구분	공기 주입 마개를 누르기 전	공기 주입 마개를 열 번 누른 후	공기 주입 마개를 열다섯 번 누른 후
무게(g)	㉠	㉡	㉢

(2) 페트병의 무게와 공기 주입 마개를 누른 횟수는 어떤 관계가 있는지 쓰시오.

____

____

도움 공기 주입 마개를 누르면 페트병에 어떤 변화가 나타나는지 관찰합니다.

4 단원

쉬어 가기

다른 그림을 찾아보세요.

정답 15쪽

다른 곳이 15군데 있어요.

5

소리의 성질

학습 내용과 교과서별 해당 쪽수를 확인해 보세요.

학습 내용	백점 쪽수	교과서별 쪽수				
		동아출판	비상교과서	아이스크림 미디어	지학사	천재교과서
1 소리가 나는 물체, 큰 소리와 작은 소리	102~105	92~95	92~95	98~101	96~99	106~109
2 높은 소리와 낮은 소리	106~109	96~97	96~97	102~103	100~101	110~111
3 소리의 전달	110~113	98~101	98~101	104~105	102~103	112~115
4 소리의 반사, 소음을 줄이는 방법	114~117	102~105	102~105	106~109	104~107	116~119

★ 김영사, 동아출판, 지학사, 천재교과서의 「5. 소리의 성질」 단원에 해당합니다.

★ 금성출판사, 비상교과서, 아이스크림미디어의 「4. 소리의 성질」 단원에 해당합니다.

1 소리가 나는 물체, 큰 소리와 작은 소리

1 물체에서 소리가 날 때의 공통점

(1) 소리가 나는 물체의 특징

① 물체에서 소리가 날 때는 물체가 떨립니다.

② 소리는 물체의 떨림으로 발생합니다.

종이 울릴 때	북을 칠 때	스피커에서 소리가 날 때

종이 떨리면서 소리가 남.	북면의 가죽이 떨리면서 소리가 남.	소리가 나는 부분에서 떨림이 느껴짐.

(2) 소리가 나는 소리굽쇠

소리가 나는 소리굽쇠를 물에 대 보면 물이 튑니다.

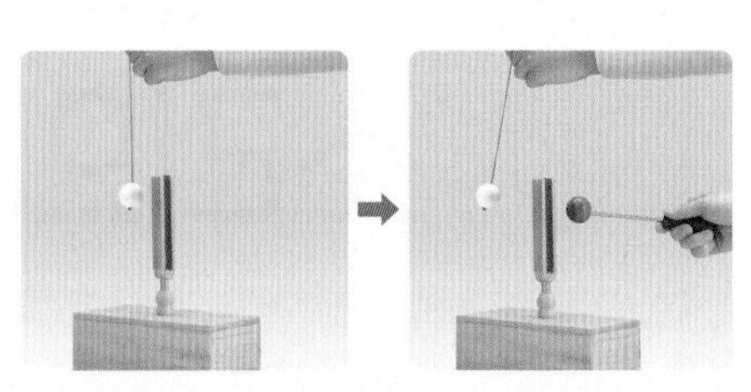

소리가 나는 소리굽쇠에 실에 매단 스타이로폼 공을 대 보면 스타이로폼 공이 튀어 오릅니다.

소리가 나는 까닭

모기가 날 때 '앵앵'거리는 소리와 벌이 날 때 '윙'하는 소리는 빠른 날갯짓의 떨림 때문에 나는 소리입니다.

기타 줄을 튕기면 기타 줄이 떨리면서 소리가 납니다.

2 큰 소리와 작은 소리

(1) 소리의 세기

① 소리의 크고 작은 정도를 소리의 세기라고 합니다.

② 큰 소리를 만들려면 물체가 크게 떨리도록 하고, 작은 소리를 만들려면 물체가 작게 떨리도록 해야 합니다.

소리가 나는 물체를 소리가 나지 않게 하는 방법

소리가 나는 물체의 떨림을 멈추게 하면 더 이상 소리가 나지 않습니다.

(2) 생활에서 큰 소리를 낼 때와 작은 소리를 낼 때

① 멀리 있는 친구를 부를 때, 선생님과 친구들에게 인사를 하거나 수업 시간에 발표를 할 때, 운동장에서 응원할 때에는 큰 소리를 냅니다.

② 도서관과 같은 공공장소에서 친구와 이야기할 때, 수업 시간에 친구에게 모르는 것을 물어보거나 모둠 활동을 할 때에는 작은 소리를 냅니다.

(3) 생활 속에서 들을 수 있는 큰 소리와 작은 소리 예

구분	예
큰 소리	망치질하는 소리, 자동차의 경적 소리, 위급한 상황에서 도움을 요청하는 소리, 경기장에서 응원하는 소리
작은 소리	시계 소리, 까치발을 하고 걷는 소리, 아기에게 자장가를 불러 주는 소리

용어 사전

- **북면** 장구나 북에서 손으로 치는 왼쪽 가죽면.
- **스피커** 소리를 크게 하여 멀리까지 들리게 하는 기구.
- **공공장소** 병원, 학교, 지하철역과 같이 사회의 여러 사람 또는 여러 단체에 공동으로 속하거나 이용되는 곳.
- **경적** 주의나 경계를 하도록 소리를 울리는 장치. 또는 그 소리. 주로 탈것에 장치함.

학습

교과서 통합 대표 실험

실험 1 소리가 나는 물체 관찰하기 📖 7종 공통

❶ 소리가 나지 않는 물체에 손을 대 보고, 손의 느낌을 이야기해 봅시다.
❷ 소리가 나는 물체에 손을 대 보고, 손의 느낌을 이야기해 봅시다.

실험 결과

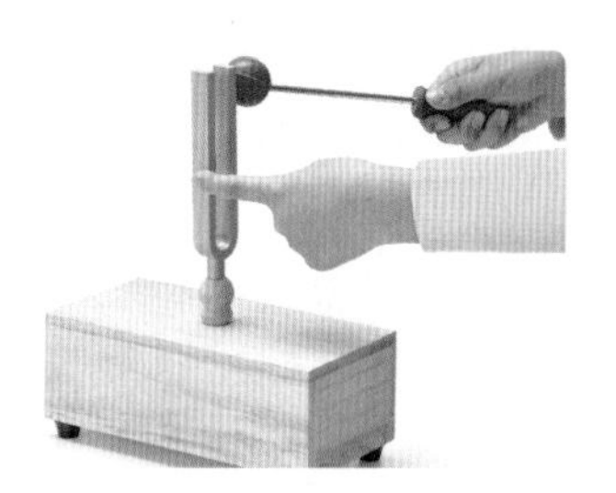

• 소리가 나지 않는 트라이앵글, 목, 소리굽쇠에 손을 대 보면 떨림이 느껴지지 않습니다.
• 소리가 나는 트라이앵글, 목, 소리굽쇠에 손을 대 보면 떨림이 느껴집니다.
➡ 소리가 나는 물체는 떨림이 있다는 것을 알 수 있습니다.

실험 2 큰 소리와 작은 소리 내기 📖 7종 공통

❶ 작은북을 북채로 세게 칠 때와 약하게 칠 때의 소리를 비교해 봅시다.
• 북 위에 좁쌀이나 팥 등을 올려놓고 북채로 칩니다.
❷ 캐스터네츠를 세게 부딪칠 때와 약하게 부딪칠 때의 소리를 비교해 봅시다.

실험 결과

• 작은북을 세게 칠 때와 약하게 칠 때

작은북을 세게 칠 때	작은북을 약하게 칠 때
좁쌀	
• 큰 소리가 남. • 북이 크게 떨리면서 좁쌀이 높게 튐.	• 작은 소리가 남. • 북이 작게 떨리면서 좁쌀이 낮게 튐.

• 캐스터네츠를 세게 부딪칠 때와 약하게 부딪칠 때

캐스터네츠를 세게 부딪칠 때	캐스터네츠를 약하게 부딪칠 때
큰 소리가 남.	작은 소리가 남.

➡ 물체가 떨리는 크기에 따라 소리의 크기가 달라지며, 물체의 떨림이 클수록 큰 소리가 납니다.

실험 TIP !

실험동영상

소리가 나지 않을 때와 소리가 날 때 각각 손을 대 보고 차이를 느껴요.

실험동영상

두 개의 작은북을 나란히 놓고 작은북을 치는 힘의 크기를 다르게 하면 좁쌀이 튀어 오르는 모습을 비교할 수 있어요.

📖 아이스크림

실험+ 손바닥 위에 올려놓은 금속 그릇을 고무망치로 쳐서 소리 듣기

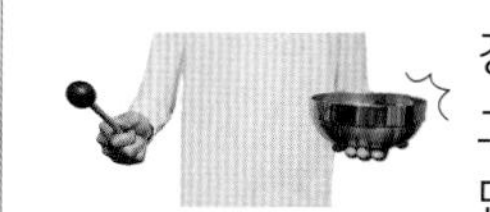

강하게 치면 금속 그릇이 크게 떨리면서 큰 소리가 들립니다.

약하게 치면 금속 그릇이 약하게 떨리면서 작은 소리가 들립니다.

5 단원

1 소리가 나는 물체, 큰 소리와 작은 소리

기본 개념 문제

1

소리가 나는 물체에 손을 대 보면 (   )이/가 느껴집니다.

2

소리는 물체의 (   )(으)로 발생합니다.

3

소리의 (   )은/는 소리의 크고 작은 정도입니다.

4

작은북을 북채로 세게 치면 (   ) 소리가 나고 약하게 치면 (   ) 소리가 납니다.

5

망치질하는 소리와 아기에게 자장가를 불러 주는 소리 중 큰 소리는 (   ) 소리입니다.

6 7종 공통

소리가 나는 물체에 대해 옳게 말한 사람의 이름을 쓰시오.

- 윤우: 소리가 나는 물체는 색깔이 변해.
- 혜진: 소리가 나는 물체에는 떨림이 있어.
- 준영: 소리가 나는 물체는 눈에 보이지 않아.

(   )

7 동아, 금성, 김영사, 천재

벌이 날 때 '윙~'하는 소리가 나는 까닭으로 옳은 것에 ○표 하시오.

(1) 입으로 소리를 내기 때문이다. (   )
(2) 빠른 날갯짓의 떨림 때문이다. (   )
(3) 다리를 빠르게 비비기 때문이다. (   )

8 동아, 김영사, 천재

다음은 트라이앵글에 손을 대 보는 모습입니다. 소리가 나는 트라이앵글은 어느 것인지 기호를 쓰시오.

㉠ 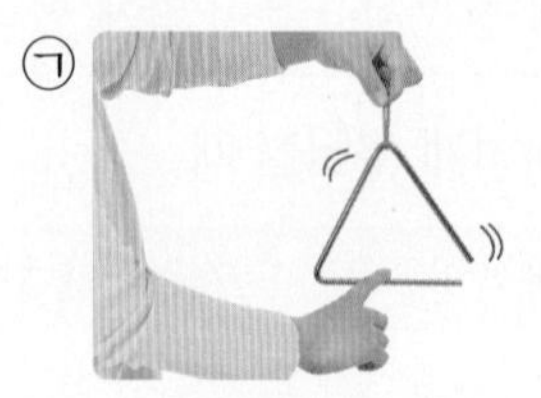
▲ 떨림이 느껴지는 트라이앵글

㉡ 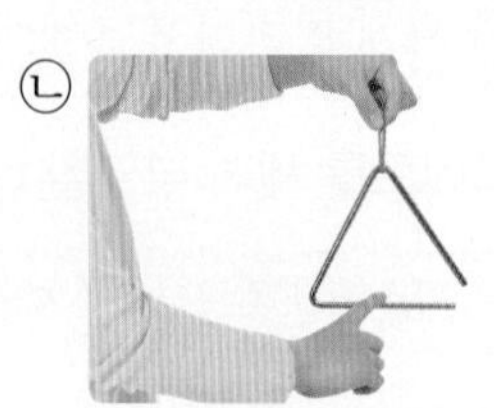
▲ 떨림이 느껴지지 않는 트라이앵글

(   )

9 금성, 비상, 천재

소리가 나는 소리굽쇠를 물 표면에 대 본 것의 기호를 쓰시오.

㉠  ㉡ 

( )

10 7종 공통

주변에서 들을 수 있는 작은 소리에는 '작', 큰 소리에는 '큰'이라고 쓰시오.

(1) 까치발을 하고 걷는 소리 ( )
(2) 야구장에서 응원하는 소리 ( )
(3) 시계 바늘이 움직이는 소리 ( )
(4) 멀리 있는 친구를 부르는 소리 ( )

11 서술형 7종 공통

다음과 같이 "아~" 소리를 내면서 목에 손을 대었습니다. 손에서 느껴지는 느낌을 쓰시오.

12 7종 공통

다음은 작은북에 좁쌀을 올려놓고 북채로 치는 모습입니다. 작은북을 점점 더 세게 치면 좁쌀이 어떻게 될지 알맞은 것에 ○표 하시오.

(1) 좁쌀이 점점 더 높게 튈 것이다. ( )
(2) 좁쌀이 거의 튀어 오르지 않을 것이다. ( )
(3) 처음 칠 때와 비슷하게 좁쌀이 튈 것이다. ( )

13 7종 공통

다음 ( ) 안에 들어갈 알맞은 말을 쓰시오.

> 소리의 크고 작은 정도를 소리의 (㉠)(이)라고 하며, 물체의 (㉡)이/가 클수록 큰 소리가 난다.

㉠ ( ), ㉡ ( )

14 7종 공통

작은 소리를 내야할 때로 가장 알맞은 것은 어느 것입니까? ( )

① 교실에서 발표를 할 때
② 멀리 있는 친구를 부를 때
③ 학예회에서 노래를 부를 때
④ 체육 대회에서 우리 팀을 응원할 때
⑤ 도서관에서 친구에게 이야기를 할 때

2 높은 소리와 낮은 소리

1 높은 소리와 낮은 소리

(1) **소리의 높낮이**

① 소리의 높고 낮은 정도를 소리의 높낮이라고 합니다.

② 물체가 빠르게 떨리면 높은 소리가 나고, 물체가 느리게 떨리면 낮은 소리가 납니다.

(2) **악기를 이용해 소리의 높낮이 비교하기:** 악기의 줄, 음판, 관의 길이가 길수록 낮은 소리가 나고, 짧을수록 높은 소리가 납니다.

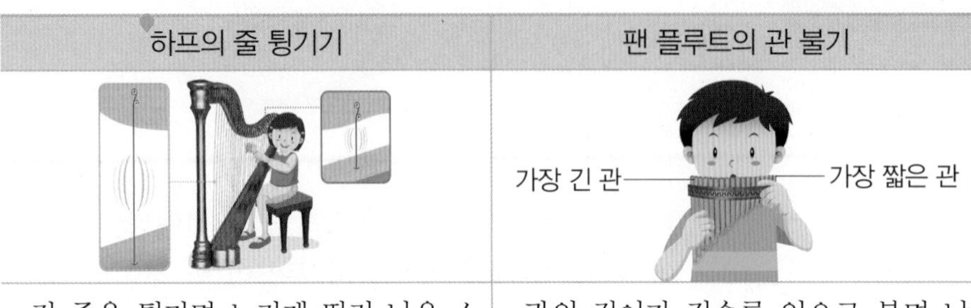

하프의 줄 튕기기	팬 플루트의 관 불기
• 긴 줄을 튕기면 느리게 떨려 낮은 소리가 남. • 짧은 줄을 튕기면 빠르게 떨려 높은 소리가 남.	• 관의 길이가 길수록 입으로 불면 낮은 소리가 남. • 관의 길이가 짧을수록 입으로 불면 높은 소리가 남.

같은 높이의 음을 내는 악기와 다른 높이의 음을 내는 악기

- 북, 트라이앵글, 장구 등은 같은 높이의 음을 내는 악기입니다.
- 피아노, 실로폰, 기타 등은 다른 높이의 음을 내는 악기입니다.

2 우리 주변에서 높낮이가 다른 소리를 내는 경우

높은 소리와 낮은 소리를 내면서 화음을 만들고 합창을 합니다.

여러 종류의 악기를 이용해서 높은 소리와 낮은 소리를 내면서 음악을 연주합니다.

뱃고동의 낮은 소리로 먼 곳까지 신호를 보냅니다.

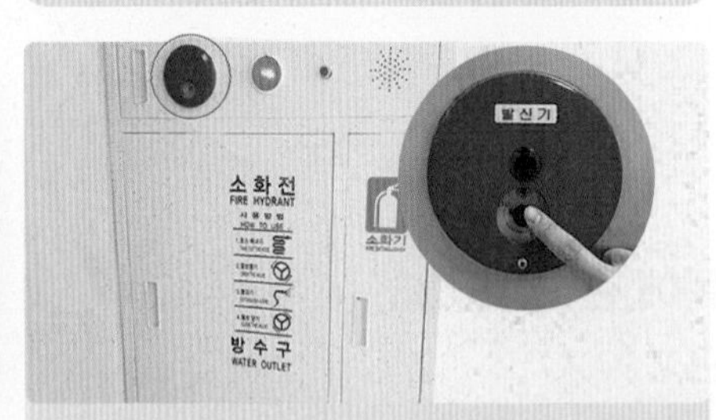

화재 비상벨(화재 경보기)의 높은 소리로 불이 난 것을 알립니다.

수영장에서 안전 요원이 호루라기의 높은 소리로 위험을 알립니다.

구급차나 경찰차의 경보음의 높낮이를 다르게 하여 위급한 상황을 알립니다.

생활에서 높은 소리를 이용하는 경우

소방차

소방차, 구급차, 경찰차, 화재 비상벨과 같이 주의를 집중하게 하고 위험을 알릴 때 높은 소리를 이용합니다.

용어 사전

- **음판** 떨어서 소리를 내는 쇠붙이나 나무들의 조각.
- **하프** 세모꼴의 틀에 47개의 현을 세로로 평행하게 걸고, 두 손으로 줄을 튕겨 연주하는 현악기.
- **뱃고동** 배에서 신호를 하기 위하여 내는 고동. '붕' 소리를 냄.

교과서 통합 대표 실험

실험 1 높은 소리와 낮은 소리 만들기

동아출판, 비상교과서, 아이스크림미디어, 지학사, 천재교과서

❶ 리코더를 불면서 높은 소리가 날 때와 낮은 소리가 날 때의 소리를 비교해 봅시다.
❷ 4 cm, 7 cm, 10 cm 길이로 자른 플라스틱 빨대의 한쪽 끝을 고무찰흙으로 막고 각각 불면서 높은 소리가 날 때와 낮은 소리가 날 때의 빨대 길이를 비교해 봅시다.
❸ 팬 플루트의 긴 관부터 짧은 관까지 차례대로 불면서 소리를 비교해 봅시다.

실험 결과

리코더	플라스틱 빨대	팬 플루트
	고무찰흙	
• 구멍을 하나씩 열면 점점 높은 소리가 남. • 구멍을 하나씩 닫으면 점점 낮은 소리가 남.	• 빨대가 짧을수록 높은 소리가 남. • 빨대가 길수록 낮은 소리가 남.	• 팬 플루트 관의 길이가 짧을수록 높은 소리가 남. • 팬 플루트 관의 길이가 길수록 낮은 소리가 남.

➡ 악기의 관의 길이가 짧을수록 높은 소리, 길수록 낮은 소리가 납니다.

실험 TIP !

실험동영상

입으로 악기를 불 때 같은 힘으로 불어야 세기가 아닌 높낮이를 비교할 수 있어요.

실험 2 높은 소리와 낮은 소리 비교하기

7종 공통

❶ 작은 금속 그릇과 큰 금속 그릇을 각각 손바닥 위에 올려놓고, 고무망치로 쳤을 때 들리는 소리를 들어 봅시다.
❷ 실로폰 채로 음판을 치면서 높은 소리가 날 때와 낮은 소리가 날 때의 음판 길이를 비교해 봅시다.
❸ 기타 줄의 길이를 짧게 잡거나 길게 잡고 줄을 뚱겨 소리를 들어 봅시다.

실험 결과

금속 그릇	실로폰	기타
		짧게 잡기
작은 금속 그릇을 칠 때 높은 소리가 남.	짧은 음판을 칠 때 높은 소리가 남.	기타 줄을 짧게 잡고 뚱기면 높은 소리가 남.
		길게 잡기
큰 금속 그릇을 칠 때 낮은 소리가 남.	긴 음판을 칠 때 낮은 소리가 남.	기타 줄을 길게 잡고 뚱기면 낮은 소리가 남.

➡ 소리가 나는 부분이 작거나 짧을수록 높은 소리, 크거나 길수록 낮은 소리가 납니다.

길이가 다른 관을 두드려서 소리를 내는 붐웨커를 치면서 높은 소리와 낮은 소리를 비교할 수도 있어요.

2 높은 소리와 낮은 소리

기본 개념 문제

1

소리의 높고 낮은 정도를 소리의 (　　　　　) (이)라고 합니다.

2

물체가 빠르게 떨리면 (　　　　　)은/는 소리가 나고, 물체가 느리게 떨리면 (　　　　　)은/는 소리가 납니다.

3

악기의 음판이나 관의 길이가 길수록 (　　　　　) 은/는 소리가 나고, 짧을수록 (　　　　　)은/는 소리가 납니다.

4

뱃고동 소리와 호루라기 소리 중 낮은 소리로 먼 곳까지 신호를 보내는 것은 (　　　　　) 소리입니다.

5

구급차의 경보음은 소리의 (　　　　　)을/를 다르게 하여 위급한 상황을 알립니다.

[6-8] 하프는 손으로 줄을 튕겨서 소리를 내는 악기입니다. 물음에 답하시오.

6 아이스크림

위 하프의 ㉠과 ㉡ 중 손으로 튕겼을 때 더 낮은 소리가 나는 줄의 기호를 쓰시오.

(　　　　　)

7 아이스크림

위 **6**번 답의 하프 줄에서 낮은 소리가 나는 까닭으로 옳은 것에 ○표 하시오.

(1) 하프 줄을 튕기면 떨리지 않기 때문이다. (　)
(2) 하프의 긴 줄을 튕기면 느리게 떨리기 때문이다. (　)
(3) 하프의 짧은 줄을 튕기면 빠르게 떨리기 때문이다. (　)

8 7종 공통

위 하프와 같이 소리의 높낮이를 이용하여 연주하는 악기의 기호를 쓰시오.

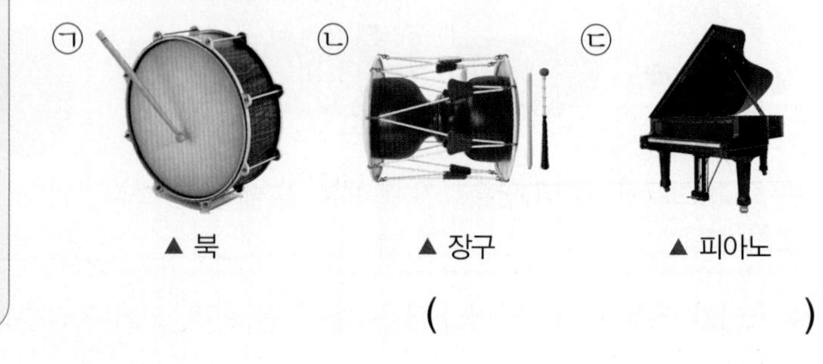

▲ 북　▲ 장구　▲ 피아노

(　　　　　)

9 7종 공통

소방차가 위급한 상황을 알리는 방법을 옳게 말한 사람의 이름을 쓰시오.

- 미나: 경보음의 소리를 작게 해.
- 재원: 경보음의 높낮이를 다르게 해.
- 호준: 경보음의 소리를 가장 낮게 해.

(　　　　　　　　　　)

10 서술형 동아, 지학사

리코더를 불 때 처음에는 구멍을 전체 막은 후 막은 구멍을 하나씩 열었습니다. 소리가 어떻게 달라지는지 쓰시오.

____

____

11 천재

4 cm, 7 cm, 10 cm 길이로 자른 플라스틱 빨대의 한쪽 끝을 고무찰흙으로 막았습니다. 각각 불었을 때 가장 높은 소리가 나는 빨대와 낮은 소리가 나는 빨대는 어느 것인지 쓰시오.

(1) 가장 높은 소리가 나는 빨대: (　　　　) cm 빨대
(2) 가장 낮은 소리가 나는 빨대: (　　　　) cm 빨대

12 아이스크림

작은 금속 그릇과 큰 금속 그릇을 손바닥 위에 올려놓고 고무망치로 치려고 합니다. 두 금속 그릇을 같은 세기로 쳤을 때 소리의 높낮이에 대한 설명으로 (　　) 안에 들어갈 알맞은 말을 쓰시오.

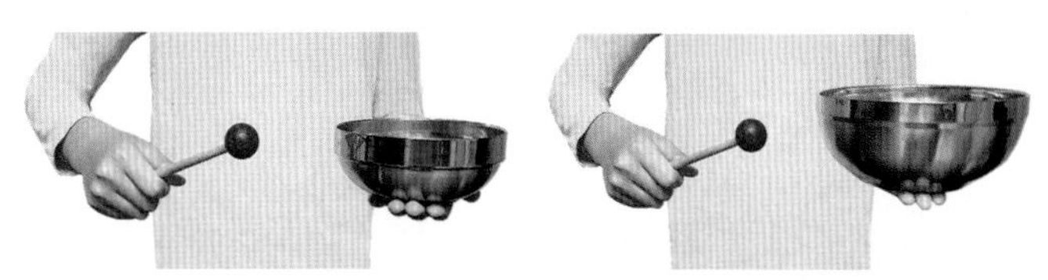

▲ 작은 금속 그릇을 칠 때　　▲ 큰 금속 그릇을 칠 때

(㉠) 금속 그릇보다 (㉡) 금속 그릇을 칠 때 소리가 더 높다.

㉠ (　　　　　　), ㉡ (　　　　　　)

13 금성, 김영사, 비상, 아이스크림, 지학사, 천재

다음 실로폰의 음판을 칠 때 ㉠과 ㉡ 중 더 높은 소리가 나는 것의 기호를 쓰시오.

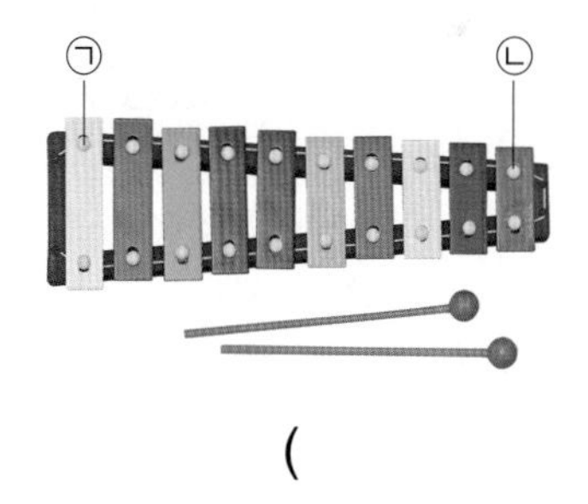

(　　　　　　)

14 김영사, 지학사

다음은 기타 줄을 뜯기는 모습입니다. 높은 소리가 나는 경우의 기호를 쓰시오.

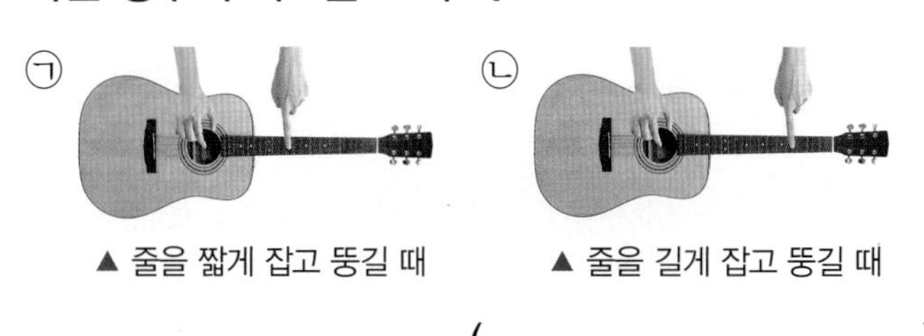

▲ 줄을 짧게 잡고 뜯길 때　　▲ 줄을 길게 잡고 뜯길 때

(　　　　　　)

5 단원

3 소리의 전달

1 소리의 전달

① 우리가 듣는 대부분의 소리는 기체인 공기를 통해 전달됩니다.
② 소리가 나는 물체가 떨리면서 주변의 공기를 떨게 하면 그 떨림이 우리에게 전달됩니다.
③ 북소리가 전달되는 과정

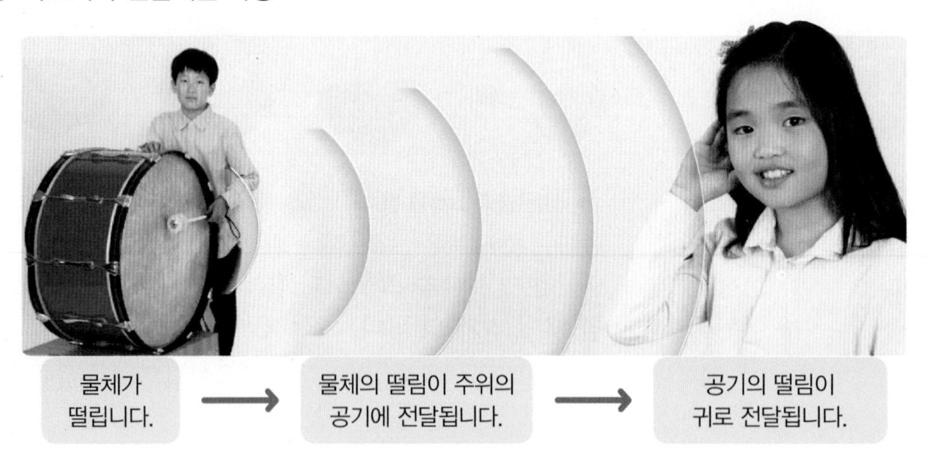

물체가 떨립니다. → 물체의 떨림이 주위의 공기에 전달됩니다. → 공기의 떨림이 귀로 전달됩니다.

2 여러 가지 물질을 통한 소리의 전달

(1) 고체를 통해 소리가 전달되는 경우

놀이터의 금속으로 된 그네나 철봉을 두드리고 반대편에서 귀를 대고 들어 보면 소리가 잘 들립니다.

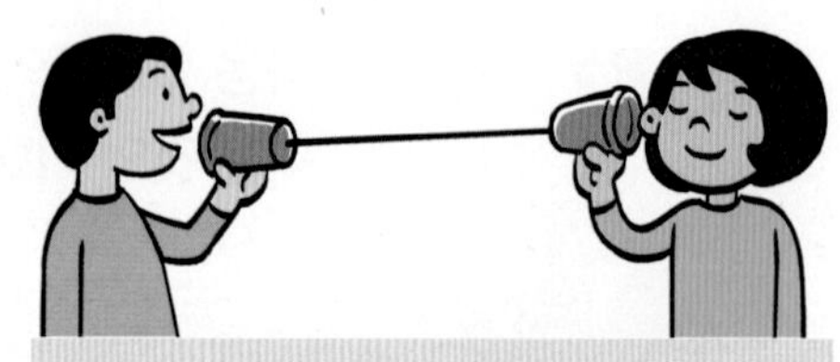

실 전화기의 한쪽 종이컵에 입을 대고 소리를 내면 실이 떨리면서 다른 쪽 종이컵에서 소리를 들을 수 있습니다.

(2) 액체를 통해 소리가 전달되는 경우

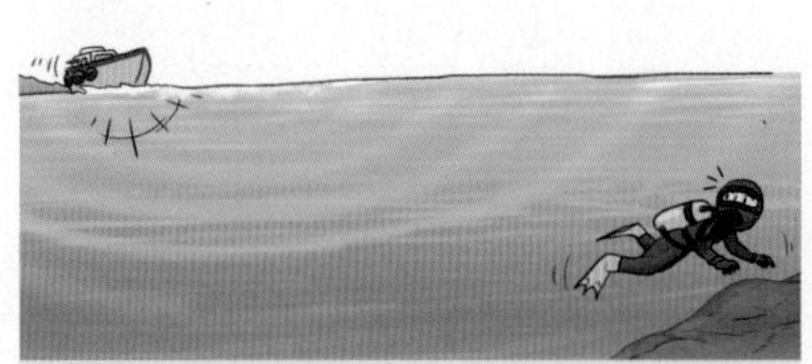

배에서 나는 소리는 물을 통해 잠수부에 전달됩니다.

수중 발레 선수는 물을 통해 전달되는 음악 소리에 맞추어 연기를 합니다.

(3) 기체를 통해 소리가 전달되는 경우

운동장에서 친구가 부르는 소리는 공기를 통해 친구에게 전달됩니다.

음악 소리, 악기 소리는 공기를 통해 전달되어 들을 수 있습니다.

공기를 뺄 수 있는 통 속에서 소리의 전달

공기를 뺄 수 있는 장치에 소리가 나는 스피커를 넣고 손잡이를 당겨 공기를 빼낼수록 스피커의 소리가 작게 들리거나 잘 들리지 않습니다.

실 전화기의 소리가 잘 전달되는 조건

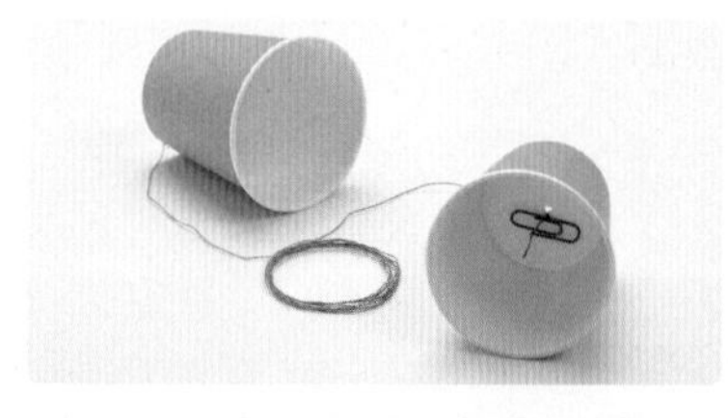

- 실을 팽팽하게 할수록, 길이를 짧게 할수록 소리가 잘 전달됩니다.
- 물을 묻히거나 초를 칠하면 실이 단단해져 소리가 잘 전달됩니다.

공기가 없는 달에서의 소리

달에는 소리를 전달해 줄 공기가 없기 때문에 소리가 전달되지 않습니다.

용어 사전

수중 발레 한 명 이상이 음악의 반주에 맞추어 헤엄치면서 기술과 표현의 아름다움을 겨루는 경기의 하나.

학습

교과서 통합 대표 실험

실험 1 실 전화기로 소리 전달하기 (동아출판, 금성출판사, 김영사, 천재교과서)

❶ 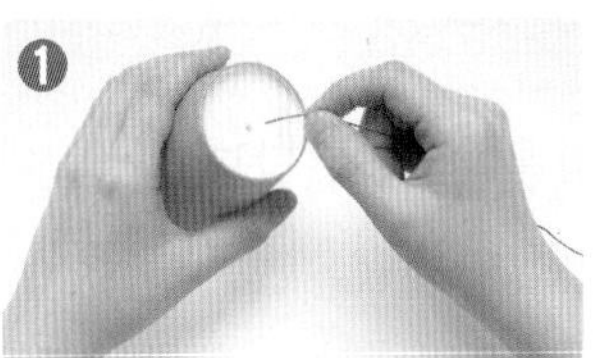

❷ 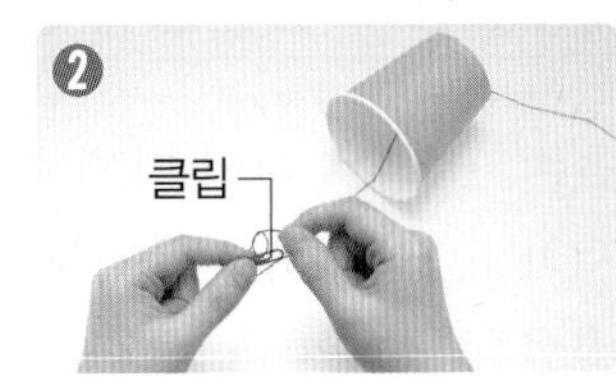

❸ 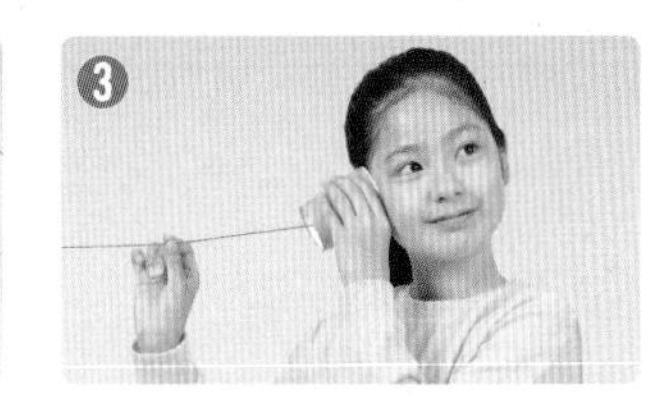

❶ 두 개의 종이컵 바닥에 납작못으로 각각 구멍을 뚫고, 실을 넣어 연결합니다.
❷ 종이컵을 연결한 실 끝에 클립을 묶어 실이 빠지지 않도록 합니다.
❸ 실 전화기의 실을 팽팽하게 당기면서 친구들과 이야기해 봅시다.
❹ 실 전화기의 실을 손으로 잡지 않을 때와 잡을 때의 소리를 비교해 봅시다.

실험 결과

실을 손으로 잡지 않았을 때	실을 손으로 잡았을 때
소리가 잘 들림.	소리가 잘 들리지 않음.

• 실 전화기의 실을 팽팽하게 당기면서 이야기하면 멀리서 이야기하는 친구의 목소리가 잘 들립니다. ➡ 실 전화기에서 소리는 실의 떨림으로 전달됩니다.

실험 TIP !

실험동영상

종이컵 두 개를 연결할 때 실 대신 용수철, 막대풍선, 나무 막대, 구리선, 낚싯줄 등을 사용할 수 있어요.

(비상교과서, 지학사)

실험⁺ 실을 통해 소리 전달하기

숟가락에 연결한 실을 귀에 걸고, 다른 사람이 젓가락으로 숟가락을 두드리면, 실을 통해 숟가락이 울리는 소리가 선명하게 들립니다.

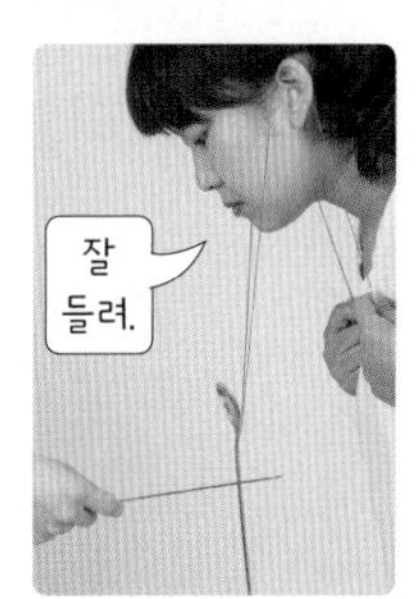

실험 2 여러 가지 물체(물질의 상태)를 통해 소리 전달하기 (7종 공통)

❶ 책상에 귀를 대고 책상을 두드리는 소리를 들어 봅시다.
❷ 물이 담긴 수조에 스피커를 넣고 소리가 날 때 물 밖에서도 들리는지 확인해 봅시다. 플라스틱 관을 스피커에 가까이 하고, 멀리 하여 소리를 들어 봅시다.

실험 결과

책상에 귀를 대고 책상을 두드리는 소리 듣기	물속의 소리 나는 스피커의 소리 듣기
• 책상을 두드리는 소리가 잘 들림. • 책상을 두드리는 소리는 책상(고체 물질)을 통해 전달되었음.	• 물속에서는 물(액체 물질)을 통해 소리가 전달되었음. • 플라스틱 관(고체 물질)을 통해 소리가 전달되었음. • 물과 사람의 귀 사이에서는 공기(플라스틱 관 속 공기인 기체 물질)를 통해 소리가 전달되었음.

➡ 소리는 책상이나 플라스틱 관과 같은 고체, 물과 같은 액체, 공기와 같은 기체를 통해 전달됩니다.

실험동영상

• 책상을 두드릴 때에는 책상에 귀를 대지 않는다면 들리지 않을 정도로 약하게 두드려요.
• 책상에 귀를 대고 소리를 들을 때에는 다른 쪽 귀를 막아 공기를 통한 소리 전달을 막아요.
• 물속에 넣는 스피커는 방수 스피커를 사용하고, 스피커가 없을 때에는 캐스터네츠를 물속에 넣고 부딪쳐 소리를 낼 수도 있어요.

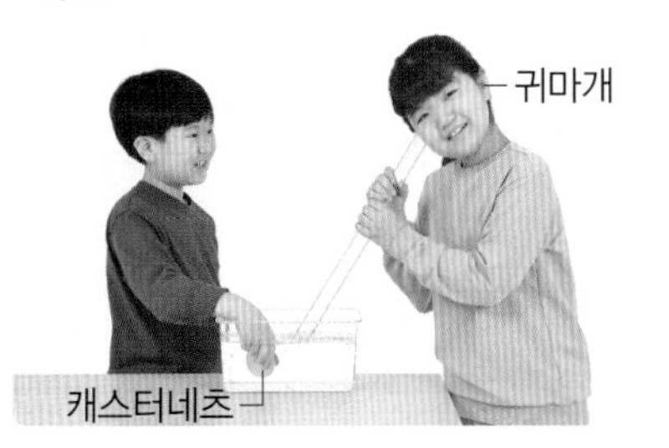

5 단원

3 소리의 전달

기본 개념 문제

1

우리가 생활에서 듣는 대부분의 소리는 공기와 같은 (   ) 상태의 물질을 통해 전달됩니다.

2

금속으로 된 철봉에 귀를 대었을 때 철봉을 두드리는 소리를 들을 수 있는 것은 물질의 상태가 (   )인 것을 통해 소리를 듣는 것입니다.

3

실 전화기의 한쪽 종이컵에 입을 대고 소리를 내면 실의 (   )(으)로 소리가 전달됩니다.

4

바다 위에 떠 있는 배에서 나는 소리는 바닷속의 잠수부에게 (   )을/를 통해 전달됩니다.

5

운동장에서 친구가 부르는 소리와 스피커에서 나오는 음악 소리는 (   )을/를 통해 전달되어 우리가 들을 수 있습니다.

6 7종 공통

소리의 전달에 대해 옳게 말한 사람의 이름을 쓰시오.

- 효린: 소리는 여러 가지 물질을 통해 전달돼.
- 서아: 공기가 없는 우주에서는 소리가 매우 느리게 전달돼.
- 연준: 대부분의 소리는 공기가 없는 곳에서 더 또렷하게 전달돼.

(   )

7 서술형 7종 공통

친구가 북을 치고 있습니다. 멀리 떨어진 친구가 북소리를 듣는 과정을 쓰시오.

8 금성, 비상, 천재

다음 실험 과정을 보고, 결과로 가장 알맞은 것에 ○표 하시오.

[실험 과정]

1 공기를 뺄 수 있는 장치 안에 스피커를 넣고 뚜껑을 닫은 후, 손잡이를 당겨 공기를 뺀다.
2 스피커에서 나는 소리를 들어 본다.

(1) 스피커의 소리가 잘 들리지 않는다. (   )
(2) 스피커의 소리가 또렷하게 잘 들린다. (   )
(3) 스피커의 소리가 들리지 않다가 점점 크게 들린다. (   )

9 동아, 금성, 김영사, 천재

두 개의 종이컵을 실로 연결하여 만든 실 전화기에 대한 설명으로 옳지 않은 것을 보기 에서 골라 기호를 쓰시오.

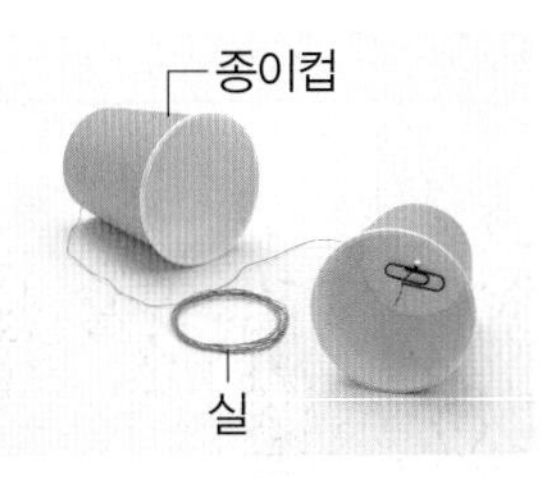

보기
㉠ 실을 통하여 소리를 전달한다.
㉡ 실 전화기의 실을 팽팽하게 할수록 소리가 잘 전달된다.
㉢ 실 전화기로 이야기하면서 실에 손을 대 보면 아무 느낌이 없다.

( )

10 7종 공통

소리를 전달하는 물질의 상태가 다른 하나는 어느 것입니까? ( )

① 새 소리
② 텔레비전 소리
③ 개가 '멍멍' 짖는 소리
④ 멀리 있는 친구가 부르는 소리
⑤ 귀를 댄 철봉을 두드리는 소리

11 7종 공통

수중 발레 선수들은 물속에서 음악 소리를 들으며 몸을 움직입니다. 물속에서 음악 소리를 전달하는 물질의 상태는 무엇인지 쓰시오.

( )

[12-14] 다음은 여러 가지 물체를 통해 전달되는 소리를 들어 보는 모습입니다. 물음에 답하시오.

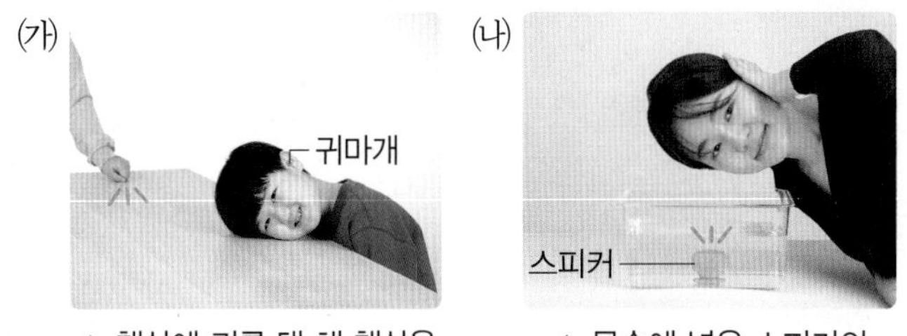

▲ 책상에 귀를 댄 채 책상을 두드리는 소리 듣기
▲ 물속에 넣은 스피커의 소리 듣기

12 7종 공통

위 (가)와 (나) 중 고체에 의해 소리가 전달되는 것은 어느 것인지 기호를 쓰시오.

( )

13 7종 공통

다음은 위 (나)에서의 소리의 전달 과정을 나타낸 것입니다. ( ) 안에 들어갈 알맞은 물질을 쓰시오.

물속에서는 (㉠)을/를 통해 소리가 전달된다. → 물과 사람의 귀 사이에서는 (㉡)을/를 통해 소리가 전달된다.

㉠ ( ), ㉡ ( )

14 7종 공통

위 (가)와 (나) 결과를 통해 알 수 있는 소리의 전달에 대해 옳게 말한 사람의 이름을 쓰시오.

( )

4 소리의 반사, 소음을 줄이는 방법

1 소리가 물체에 부딪칠 때 일어나는 현상

(1) 소리의 반사

① 소리가 나아가다가 물체에 부딪쳐 되돌아오는 현상을 소리의 반사라고 합니다.

② 소리는 단단한 물체에서는 잘 반사되지만, 부드러운 물체에서는 잘 반사되지 않습니다.

(2) 우리 생활에서 소리가 반사되는 경우 예

공연장 천장에 설치한 반사판에서 소리가 반사되어 모든 관객에게 소리를 고르게 전달할 수 있습니다.

산에서 "야호~" 외치면 소리가 나아가다가 바위에 반사되어 메아리가 들립니다.

동굴에서 친구를 부르면 소리가 반사되어 울립니다.

빈 공간에서 소리를 내었을 때 소리가 울리는 까닭

물체가 없는 빈 공간에서는 소리가 잘 반사되어 울리지만 물체가 있는 공간에서는 소리가 여러 방향으로 반사되어 울리지 않기 때문입니다.

2 소음을 줄이는 방법 → 소음을 들으면 스트레스를 받거나 공부에 집중을 하기 어려울 수 있어요.

(1) 일상생활에서 들리는 소음 예

발생하는 장소	발생하는 소음
도서관	책을 떨어뜨리는 소리, 사람들이 움직이는 소리
도로	자동차가 빠르게 달리는 소리, 자동차의 경적 소리
주택	의자 끄는 소리, 뛰는 소리, 음악 소리, 텔레비전 소리
공사장	건설 기계 소리, 땅을 뚫는 소리, 확성기 소리

(2) 소리의 성질을 이용하여 소음을 줄이는 방법

① 소리의 세기를 줄여서 소음을 줄입니다. → 소음을 줄이기 위해서 물체가 떨리는 것을 막아요.

예 확성기의 사용을 줄이거나 소리의 세기 줄이기, 스피커의 소리를 작게 하기

② 소리가 잘 전달되지 않도록 하여 소음을 줄입니다.

방음 귀마개를 착용해 공사장에서 발생한 소리가 귀로 전달되는 것을 줄이기

음악실 벽에 소리가 잘 전달되지 않는 물질을 붙여 소리가 밖으로 전달되지 않게 하기

커튼
이중창

커튼, 이중창을 설치해 건물 밖에서 발생한 소리가 안으로 전달되는 것을 줄이기

③ 소리가 반사하는 성질을 이용하여 사람이 없는 쪽으로 소음을 반사합니다.

도로 방음벽을 설치하여 도로 쪽으로 자동차 소음 반사하기

공동 주택에서 소음을 줄이는 방법

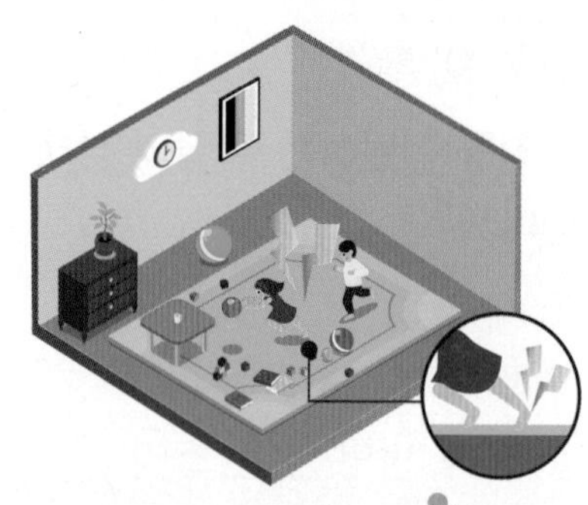

- 천천히 걷거나 바닥에 소음 방지 매트를 깔아 뛰어다니는 소리를 줄입니다.
- 문을 살살 닫거나 문에 폭신한 물질을 붙여 문을 닫는 소리를 줄입니다.

용어 사전

- **메아리** 울려 퍼져 가던 소리가 산이나 절벽 같은 데에 부딪쳐 되울려오는 소리.
- **확성기** 소리를 크게 하여 멀리까지 들리게 하는 기구.

- **방지** 좋지 않은 일이 일어나지 않도록 미리 막는 것.

학습

교과서 통합 대표 실험

실험 1 여러 가지 물체에 부딪친 소리 들어 보기 동아출판

❶ 두 사람이 각각 긴 휴지 심을 비스듬히 들고 한쪽에서는 소리를 내고 다른 쪽에서는 소리를 들어 봅시다.
❷ 두 개의 휴지 심 앞에 나무판과 스펀지 판을 각각 대고 ❶을 반복합니다.
❸ 각 경우의 소리의 크기를 비교해 봅시다.

실험 결과

아무것도 대지 않았을 때	나무판을 대었을 때	스펀지 판을 대었을 때
소리가 가장 작게 들림.	소리가 가장 크게 들림.	아무것도 대지 않았을 때보다 소리가 크고, 나무판을 대었을 때보다 소리가 작게 들림.

➡ 나무판이나 스펀지 판을 대면 소리가 반사되어 되돌아오기 때문에 아무것도 대지 않았을 때보다 크게 들립니다.

실험 2 소리가 물체에 부딪쳤을 때 나타나는 현상 관찰하기 김영사, 비상교과서, 아이스크림미디어

❶ 소리가 나는 스피커를 플라스틱 통에 넣고 소리를 들어 봅시다.
❷ 플라스틱 통의 위쪽에서 나무판(플라스틱 판)을 비스듬히 들고 스피커의 소리를 들어 보고, 나무판(플라스틱 판)이 없을 때와 있을 때의 소리의 세기를 비교해 봅시다.
❸ 스타이로폼 판을 이용해 ❷와 같은 방법으로 스피커의 소리를 들어 봅시다.

실험 결과

아무것도 들지 않았을 때	나무판을 들었을 때	스타이로폼 판을 들었을 때
소리가 가장 작게 들림.	소리가 가장 크게 들림.	아무것도 들지 않았을 때보다 소리가 크고, 나무판을 들었을 때보다 소리가 작게 들림.

• 나무판(플라스틱 판)을 플라스틱 통 위쪽에서 비스듬히 들면 소리가 위쪽 방향으로 나아가다가 나무판에 부딪쳐 내 귀 쪽으로 오기 때문에 더 크게 들립니다.
• 소리는 단단한 물체(나무판, 플라스틱 판)에서는 잘 반사되지만, 부드러운 물체(스타이로폼 판)에서는 소리가 흡수되어 잘 반사되지 않습니다.

실험 TIP !

실험동영상

손을 귀에 대고 모았을 때 소리가 더 잘 들리는 까닭도 모은 손에 소리가 반사되기 때문이에요.

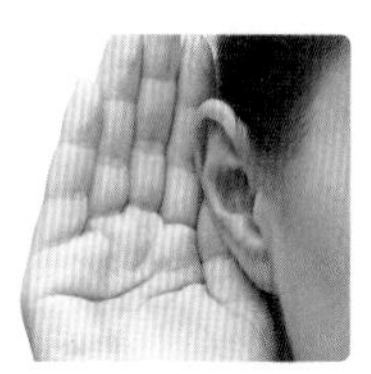

실험+ 소리가 물체에 부딪칠 때 나타나는 현상 금성출판사, 천재교과서

둥글게 만 두 개의 종이관을 직각이 되게 놓고 한쪽 종이관에 작은 소리가 나는 이어폰을 넣습니다.

실험 결과

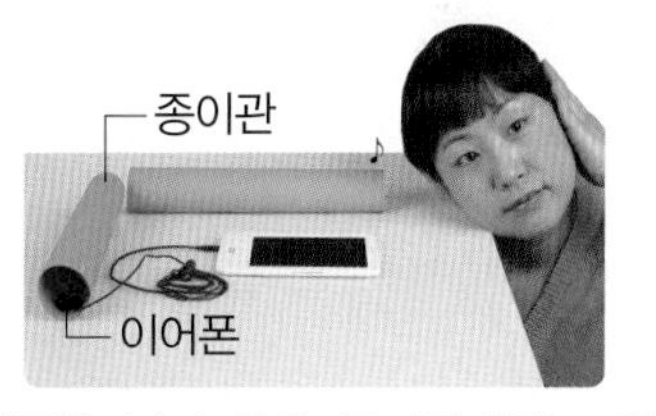

이어폰을 넣지 않은 종이관에서도 음악 소리를 들을 수 있습니다.

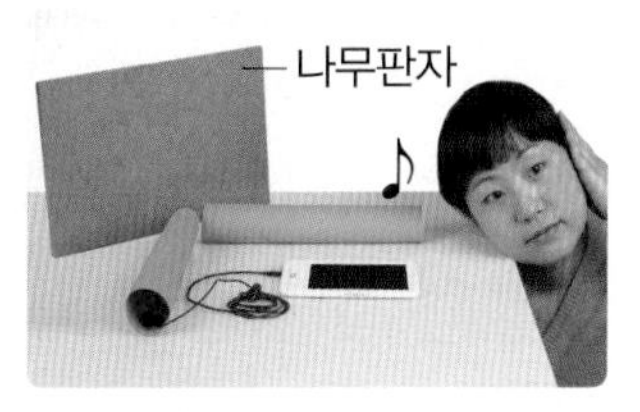

아무것도 없을 때보다 나무판자를 세웠을 때 소리가 더 크게 들립니다.

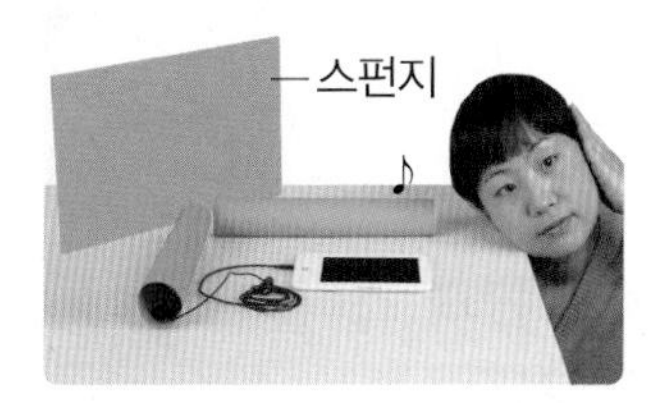

나무판자를 세웠을 때보다는 작지만, 아무것도 없을 때보다는 크게 들립니다.

5 단원

4 소리의 반사, 소음을 줄이는 방법

기본 개념 문제

1

소리가 나아가다가 물체에 부딪쳐 되돌아오는 현상을 소리의 (   )(이)라고 합니다.

2

단단한 물체와 부드러운 물체 중 소리가 잘 반사되는 것은 (   ) 물체입니다.

3

동굴에서 친구를 부르면 소리가 울리는 것은 소리가 (   )되는 성질 때문입니다.

4

공사장에서 방음 귀마개를 착용해 공사장에서 발생한 소리가 귀로 (   )되는 것을 줄여 소음을 막습니다.

5

나무판과 스타이로폼 판 중 소리를 더 잘 반사하는 것은 (   )입니다.

6 김영사

다음은 소리의 반사에 대한 설명입니다. (   ) 안의 알맞은 말에 ○표 하시오.

> 소리는 ㉠ (단단한, 부드러운) 물체에서는 잘 반사되지만, ㉡ (단단한, 부드러운) 물체에서는 잘 반사되지 않는다.

7 7종 공통

교실과 운동장에서 같은 소리의 세기로 이야기할 때 소리가 더 잘 들리는 경우의 기호를 쓰시오.

㉠

▲ 교실에서 이야기할 때

㉡

▲ 운동장에서 이야기할 때

(   )

8 7종 공통

다음은 음악 공연장에서 소리가 전달되는 방법입니다. (   ) 안에 공통으로 들어갈 알맞은 말을 쓰시오.

> 공연장 천장에 설치한 (   )판에 음악 소리가 (   )되어 모든 관객에게 고르게 전달된다.

(   )

9 동아

산에 올라가서 "야호~" 외치면 반대편 산에서 메아리가 들려오는 까닭으로 소리의 성질과 관련있는 것을 보기 에서 골라 기호를 쓰시오.

보기
㉠ 반대편에서 소리가 반사되기 때문이다.
㉡ 반대편으로 소리가 전달되지 않기 때문이다.
㉢ 반대편에서 다른 사람이 말해주기 때문이다.

( )

10 김영사, 비상, 아이스크림

다음은 플라스틱 통에 스피커를 넣고 소리를 듣는 모습입니다. 스피커에서 나오는 소리의 세기가 같을 때 소리가 가장 크게 들리는 경우의 기호를 쓰시오.

㉠ 
아무것도 들지 않았을 때

㉡ 
나무판을 들었을 때

㉢ 
스타이로폼 판을 들었을 때

( )

11 서술형 7종 공통

위 10번 답을 보고 알 수 있는 소리의 성질을 한 가지 쓰시오.

12 7종 공통

도로에서 들리는 소음에 대해 잘못 말한 사람의 이름을 쓰시오.

• 소영: 책장을 넘기는 소리가 크게 들려.
• 현우: 자동차의 경적 소리에 깜짝 놀랐어.
• 민철: 자동차가 빠르게 달리는 소리가 들려.

( )

13 7종 공통

일상생활에서 소음을 줄이는 방법으로 알맞은 것을 보기 에서 두 가지 골라 기호를 쓰시오.

보기
㉠ 스피커 소리의 세기를 줄인다.
㉡ 음악실 벽에 확성기를 설치한다.
㉢ 도로 주변에 방음벽을 설치한다.
㉣ 집의 창문을 열어 밖의 소리가 통하게 한다.

( )

14 7종 공통

소리가 반사하는 성질을 이용하여 소음을 줄이는 경우로 알맞은 것의 기호를 쓰시오.

㉠ 
▲ 거실의 커튼

㉡ 
▲ 도로 방음벽

㉢ 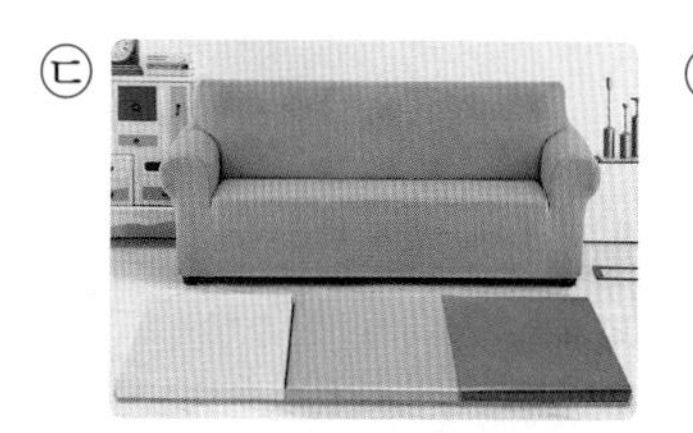
▲ 소음 방지 매트

㉣ 
▲ 음악실 벽의 방음 물질

( )

5 단원

5 소리의 성질

★ 소리가 나는 소리굽쇠

▲ 물에 대 보면 물이 튑니다.

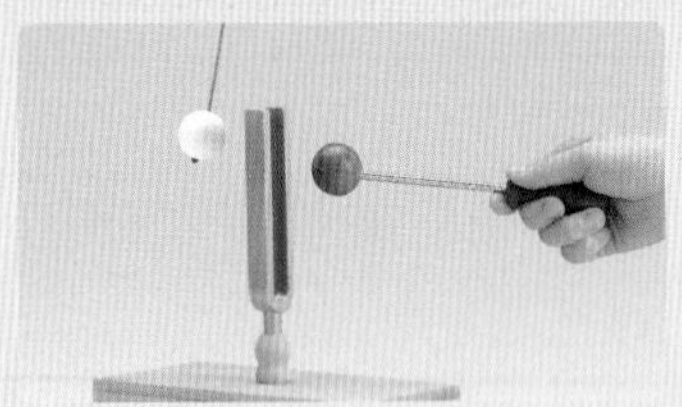
▲ 실에 매단 스타이로폼 공이 튀어 오릅니다.

1. 소리가 나는 물체

① 물체에서 소리가 날 때는 물체에 ❶ [ ]이 느껴집니다.

② 소리는 물체의 떨림으로 발생합니다.

종이 울릴 때	북을 칠 때	스피커에서 소리가 날 때

종이 떨리면서 소리가 남.	북면의 가죽이 떨리면서 소리가 남.	소리가 나는 부분에서 떨림이 느껴짐.

2. 큰 소리와 작은 소리

(1) 소리의 세기

① 소리의 크고 작은 정도를 소리의 ❷ [ ]라고 합니다.

② 큰 소리를 만들려면 물체가 크게 떨리도록 하고, 작은 소리를 만들려면 물체가 작게 떨리도록 해야 합니다.

(2) 생활 속에서 들을 수 있는 큰 소리와 작은 소리 예

큰 소리	망치질하는 소리, 자동차의 경적 소리, 위급한 상황에서 도움을 요청하는 소리, 경기장에서 응원하는 소리
작은 소리	시계 소리, 까치발을 하고 걷는 소리, 아기에게 자장가를 불러 주는 소리

(3) 작은북을 세게 칠 때와 약하게 칠 때

작은북을 세게 칠 때	• 큰 소리가 남. • 북이 크게 떨리면서 좁쌀이 높게 튐.
작은북을 약하게 칠 때	• 작은 소리가 남. • 북이 작게 떨리면서 좁쌀이 낮게 튐.

▲ 작은북을 세게 칠 때

▲ 작은북을 약하게 칠 때

3. 높은 소리와 낮은 소리

① 소리의 높고 낮은 정도를 소리의 ❸ [ ]라고 합니다.

② 물체가 빠르게 떨리면 높은 소리가 나고, 물체가 느리게 떨리면 낮은 소리가 납니다.

③ 악기의 줄, 음판, 관의 길이가 짧을수록 ❹ [ ]은 소리가 나고, 길수록 ❺ [ ]은 소리가 납니다.

▲ 실로폰의 짧은 음판을 칠 때 높은 소리가 납니다.

▲ 실로폰의 긴 음판을 칠 때 낮은 소리가 납니다.

4. 소리의 전달

(1) 소리의 전달

① 소리는 공기와 같은 기체, 물과 같은 액체, 책상과 같은 고체 상태의 물질을 통해 전달됩니다.

② 우리가 듣는 대부분의 소리는 ❻ [ ] 와 같은 기체를 통해 전달됩니다.

(2) 고체를 통해 소리가 전달되는 경우

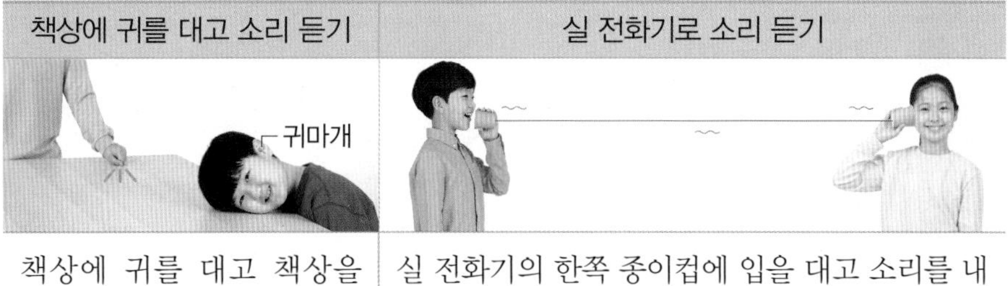

책상에 귀를 대고 소리 듣기	실 전화기로 소리 듣기
책상에 귀를 대고 책상을 두드리면 책상에서 소리가 잘 들림.	실 전화기의 한쪽 종이컵에 입을 대고 소리를 내면 실이 소리를 전달하여 다른 쪽 종이컵에서 들을 수 있음.

(3) 액체를 통해 소리가 전달되는 경우

① 수중 발레 선수는 물을 통해 전달되는 음악 소리에 맞추어 연기를 합니다.

② 배에서 나는 소리는 물을 통해 물속의 잠수부에 전달됩니다.

(4) ❼ [ ] 를 통해 소리가 전달되는 경우: 운동장에서 친구가 부르는 소리, 새 소리 등은 공기를 통해 전달되어 들을 수 있습니다.

★ 액체를 통해 소리가 전달되는 경우

▲ 수중 발레 선수

▲ 잠수부

5. 소리의 반사

(1) 소리의 반사

① 소리가 나아가다가 물체에 부딪쳐 되돌아오는 현상을 소리의 ❽ [ ] 라고 합니다.

② 소리는 단단한 물체에서는 잘 반사되지만, 부드러운 물체에서는 잘 반사되지 않습니다.

(2) 우리 생활에서 소리가 반사되는 경우 예: 공연장 천장에 설치한 반사판에서 소리가 반사되어 모든 관객에게 소리를 고르게 전달할 수 있습니다.

★ 소리의 반사를 이용하는 공연장 천장의 반사판

6. 소음을 줄이는 방법

(1) 일상생활에서 들리는 소음 예

도로	자동차가 빠르게 달리는 소리, 자동차의 경적 소리
주택	의자 끄는 소리, 뛰는 소리, 음악 소리, 텔레비전 소리
공사장	건설 기계 소리, 땅을 뚫는 소리, 확성기 소리

(2) 소리의 성질을 이용하여 소음을 줄이는 방법

① 소리의 세기를 줄여서 소음을 줄입니다.

② 소리가 잘 전달되지 않도록 하여 소음을 줄입니다.

③ 소리가 반사하는 성질을 이용하여 사람이 없는 쪽으로 소음을 반사합니다.

5 단원

5. 소리의 성질

1 7종 공통

다음 중 손을 대었을 때 손에 떨림이 느껴지는 것의 기호를 쓰시오.

㉠ 

▲ 치지 않은 종

㉡ 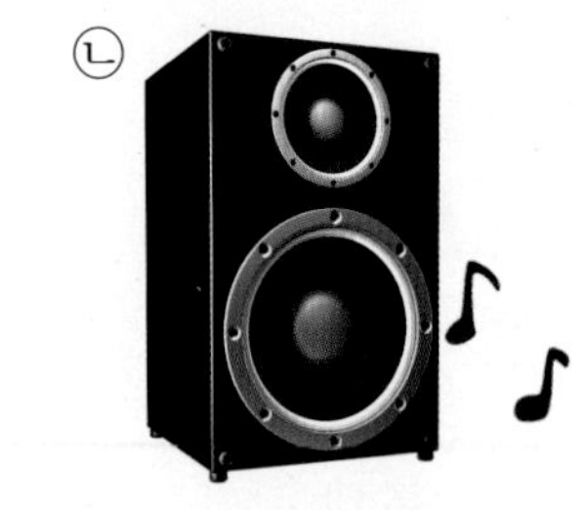

▲ 음악이 나오는 스피커

㉢ 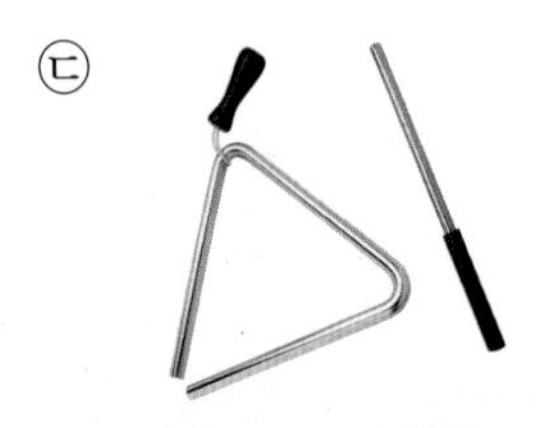

▲ 놓여 있는 트라이앵글

㉣ 

▲ 꺼져 있는 컴퓨터 모니터

( )

2 동아

고무망치로 쳐서 소리가 나는 소리굽쇠에 실에 매단 스타이로폼 공을 대 보려고 합니다. 그 결과에 대한 설명으로 옳은 것은 어느 것입니까? ( )

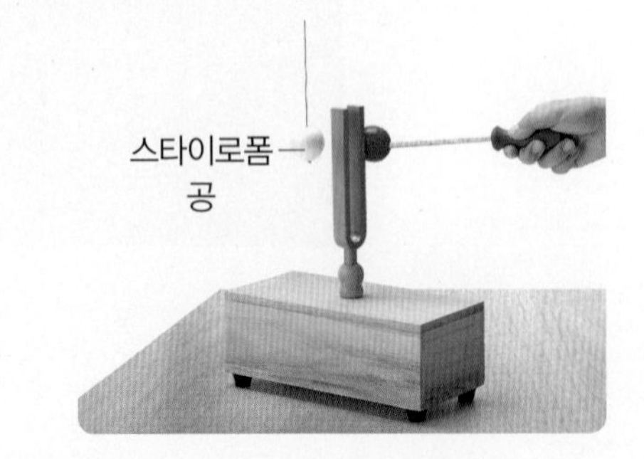

① 스타이로폼 공이 튀어 오른다.
② 스타이로폼 공의 크기가 커진다.
③ 스타이로폼 공의 무게가 무거워진다.
④ 스타이로폼 공이 소리굽쇠에 달라붙는다.
⑤ 스타이로폼 공이 그 자리에 가만히 있는다.

3 7종 공통

작은북 위에 좁쌀을 올려놓고 북채로 칠 때 작은북에서 큰 소리가 나는 경우에 해당하는 것을 보기 에서 두 가지 골라 기호를 쓰시오.

보기

㉠ 좁쌀이 높게 튄다.
㉡ 북이 크게 떨린다.
㉢ 좁쌀이 튀지 않는다.
㉣ 북에서 작은 소리가 난다.

( )

4 7종 공통

생활에서 소리를 낼 때 가장 작은 소리를 내는 경우의 기호를 쓰시오.

㉠ 친구들 앞에서 발표할 때

㉡ 

멀리 있는 친구를 부를 때

㉢ 

도서관에서 친구와 이야기할 때

( )

5 서술형 아이스크림

작은 금속 그릇과 큰 금속 그릇을 손바닥 위에 올려놓고 같은 세기로 두 그릇을 각각 칠 때 높은 소리가 나는 것의 기호를 쓰고, 그 까닭을 쓰시오.

㉠ 

▲ 작은 금속 그릇 치기

㉡ 

▲ 큰 금속 그릇 치기

(1) 높은 소리가 나는 것: ( )

(2) 까닭: ____________________

6 금성, 김영사, 비상, 아이스크림, 지학사, 천재

다음은 실로폰의 모습입니다. ㉠~㉣ 음판을 같은 세기로 쳤을 때 낮은 소리가 나는 것부터 기호를 쓰시오.

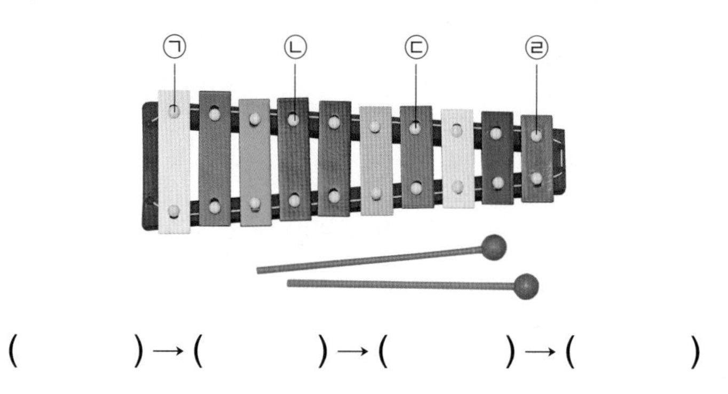

(　　　) → (　　　) → (　　　) → (　　　)

7 서술형 김영사, 지학사

기타의 줄을 손으로 뜽겨서 낮고 작은 소리를 내려고 합니다. ㉠~㉤ 중 가장 낮은 소리를 내기 위해 손으로 잡아야 하는 위치의 기호를 쓰고, 작은 소리를 내는 방법을 함께 쓰시오.

____

____

8 금성, 비상

다양한 악기로 연주하는 관현악단의 연주를 듣고 난 후에 소리에 대해 가장 알맞게 말한 사람의 이름을 쓰시오.

- 보라: 관현악단의 연주는 소리의 높낮이가 일정했어.
- 리수: 소리의 높낮이를 변하게 할 수 있는 악기는 없었어.
- 지안: 여러 종류의 악기로 높은 소리와 낮은 소리를 내는 연주였어.

(　　　　　　)

9 7종 공통

달에서는 우주복을 입고 장치를 해야만 서로 대화를 할 수 있는 까닭으로 (　) 안에 들어갈 알맞은 말을 쓰시오.

달에는 (㉠)이/가 없어서 (㉡)이/가 전달되지 않기 때문이다.

㉠ (　　　　　), ㉡ (　　　　　)

10 동아, 금성, 김영사, 천재

실 전화기로 이야기할 때 소리가 더 잘 들리는 경우를 골라 ○표 하시오.

(1) (　　)

▲ 실을 팽팽하게 당기면서 이야기할 때

(2) (　　)

▲ 실을 느슨하게 늘어뜨리고 이야기할 때

11 서술형 7종 공통

다음과 같이 책상에 귀를 대고 다른 사람이 책상을 두드렸더니 책상을 두드리는 소리가 잘 들렸습니다. 이 결과를 통해 알 수 있는 사실을 한 가지 쓰시오.

---

12 7종 공통

음악 공연장 천장에 반사판을 설치하는 까닭으로 옳은 것은 어느 것입니까? (　　　)

① 다른 소리를 없애기 위해서이다.
② 소리의 세기를 줄이기 위해서이다.
③ 소리가 잘 흡수되게 하기 위해서이다.
④ 소리가 잘 반사되게 하기 위해서이다.
⑤ 소리의 높낮이가 달라지지 않게 하기 위해서이다.

13 김영사, 비상, 아이스크림

소리가 나는 스피커를 플라스틱 통에 넣고 소리를 들을 때 소리를 가장 크게 들을 수 있는 경우를 보기 에서 골라 기호를 쓰시오.

보기
㉠ 플라스틱 통 위쪽에서 나무판을 비스듬히 든다.
㉡ 플라스틱 통 뒤쪽에서 스펀지 판을 비스듬히 든다.
㉢ 플라스틱 통 위쪽에서 스타이로폼 판을 비스듬히 든다.

(　　　　　　　　)

14 동아

두 사람이 각각 긴 휴지 심을 비스듬히 들고 한쪽에서는 소리를 내고 다른 쪽에서는 소리를 들을 때 가장 소리가 크게 들리는 것부터 순서대로 기호를 쓰시오.

㉠ 나무판을 대었을 때　㉡ 스펀지 판을 대었을 때　㉢ 아무것도 대지 않았을 때

(　　　　) → (　　　　) → (　　　　)

15 동아, 금성, 비상, 천재

음악실에서 소음을 줄이는 방법에 대해 옳게 말한 사람의 이름을 쓰시오.

- 성윤: 벽을 흰색으로 칠해.
- 예나: 벽 옆에 표지판을 세워 두면 돼.
- 도하: 천장을 부드러운 곡선 모양으로 만들어.
- 준희: 벽에 소리가 잘 전달되지 않는 물질을 붙여.

(　　　　　　　　)

5. 소리의 성질

1 금성, 김영사, 비상

오른쪽과 같이 소리가 나는 스피커에 손을 대었을 때 나타나는 현상으로 옳은 것은 어느 것입니까? (　　　)

① 소리가 높아진다.
② 소리가 더 커진다.
③ 스피커가 무거워진다.
④ 손에 떨림이 느껴진다.
⑤ 소리가 높아졌다가 낮아졌다가를 반복한다.

2 아이스크림

종으로 큰 소리를 내는 방법으로 알맞은 것을 두 가지 고르시오. (　　　　)

① 종을 가만히 둔다.
② 종을 세게 흔든다.
③ 종을 크게 떨리게 한다.
④ 종을 천천히 작게 흔든다.
⑤ 종의 떨림을 손으로 잡는다.

3 서술형 7종 공통

작은북에 좁쌀을 올려놓고 북채로 칠 때 오른쪽과 같이 좁쌀을 높게 튀어 오르게 하기 위한 방법을 한 가지 쓰시오.

____

____

4 동아, 금성, 김영사, 아이스크림, 지학사, 천재

다음의 리코더와 실로폰으로 소리의 높낮이를 다르게 하는 방법으로 각각에 해당하는 것을 보기에서 골라 기호를 쓰시오.

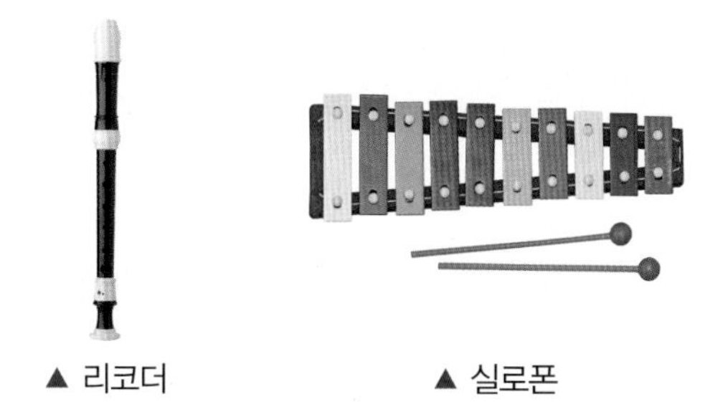

▲ 리코더　　▲ 실로폰

보기
㉠ 긴 음판을 친다.
㉡ 짧은 음판을 친다.
㉢ 구멍을 하나씩 연다.
㉣ 구멍을 하나씩 닫는다.

(1) 리코더로 높은 소리 내기: (　　　)
(2) 리코더로 낮은 소리 내기: (　　　)
(3) 실로폰으로 높은 소리 내기: (　　　)
(4) 실로폰으로 낮은 소리 내기: (　　　)

5 김영사, 아이스크림, 지학사

다음과 같이 기타 줄을 잡는 위치를 다르게 하여 뚱길 때 나는 소리와 다른 크기의 금속 그릇을 칠 때 나는 소리 중 소리의 높낮이가 관련 있는 것끼리 선으로 이으시오.

(1) 
기타 줄을 짧게 잡고 뚱길 때

(2) 
기타 줄을 길게 잡고 뚱길 때

㉠ 
큰 금속 그릇을 칠 때

㉡ 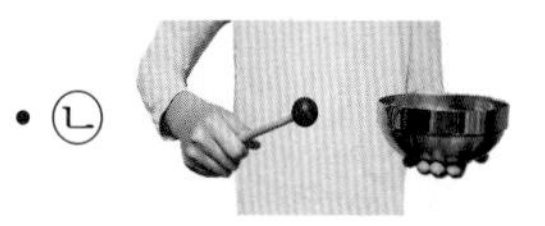
작은 금속 그릇을 칠 때

6 서술형 금성, 비상, 지학사

오른쪽 팬 플루트의 1번째 관과 8번째 관을 같은 힘으로 불 때 무엇을 비교할 수 있는지 보기 에서 골라 기호를 쓰고, 그렇게 생각한 까닭을 쓰시오.

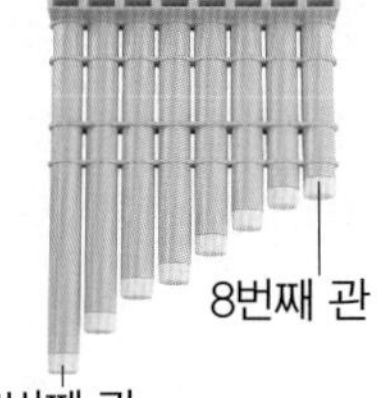

보기
㉠ 소리의 세기 ㉡ 소리의 반사
㉢ 소리의 전달 ㉣ 소리의 높낮이

(1) 비교할 수 있는 것: (　　　　　　　　)

(2) 까닭: ______________________

____

7 7종 공통

소리의 높낮이에 대한 설명으로 옳지 않은 것은 어느 것입니까? (　　　)

① 뱃고동은 낮은 소리로 먼 곳까지 신호를 보낸다.
② 화재 비상벨의 낮은 소리로 불이 난 것을 알린다.
③ 안전 요원이 호루라기의 높은 소리로 위험을 알린다.
④ 합창단은 높은 소리와 낮은 소리가 어우러져 노래를 부른다.
⑤ 구급차는 경보음의 높낮이를 다르게 하여 위급한 상황을 알린다.

8 천재

우리가 새 소리를 들을 수 있는 까닭에 대해 옳게 말한 사람의 이름을 쓰시오.

- 지호: 햇빛이 있기 때문이야.
- 이준: 공기를 통해 새 소리가 전달되기 때문이야.
- 채아: 나뭇가지를 통해 새 소리가 전달되기 때문이야.

(　　　　　　　　)

9 금성, 비상, 천재

공기를 뺄 수 있는 장치 안에 스피커를 넣고 뚜껑을 닫은 후, 손잡이를 당겨 공기를 빼면서 스피커에서 나는 소리를 들어 보았습니다. 결과로 옳은 것을 보기 에서 골라 기호를 쓰시오.

보기
㉠ 소리의 크기가 일정하다.
㉡ 소리가 점점 크게 들린다.
㉢ 소리가 점점 작게 들린다.
㉣ 소리가 점점 작게 들리다가 다시 커진다.

(　　　　　　　　)

10 동아, 금성, 김영사, 천재

다음과 같이 실 전화기로 민아가 주훈이에게 이야기를 해 보았더니 주훈이가 잘 듣지 못했습니다. 민아의 소리가 주훈이에게 잘 전달되게 하는 방법으로 가장 알맞은 것은 어느 것입니까? (　　　)

① 더 얇은 실로 연결한다.
② 실을 더 길게 연결한다.
③ 실을 더 팽팽하게 한다.
④ 실의 중간 부분을 끊는다.
⑤ 실의 중간 부분을 손으로 잡는다.

11 7종 공통

책상에 귀를 대고 있을 때 책상을 두드리는 소리를 들어 보고, 물속에 넣은 스피커에서 나는 소리가 물 밖에서도 들리는지 확인해 보니 두 실험 모두 소리를 들을 수 있었습니다. 실험 결과를 통해 알 수 있는 사실로 알맞은 것을 보기 에서 골라 기호를 쓰시오.

▲ 책상에 귀를 대고 책상을 두드리는 소리 들어 보기

▲ 물속의 스피커에서 나는 소리 들어 보기

보기
- ㉠ 소리는 물속에서만 전달된다.
- ㉡ 소리는 공기가 없는 곳에서만 전달된다.
- ㉢ 소리는 고체, 액체, 기체를 통해 전달된다.

( )

12 금성, 천재

둥글게 만 두 개의 종이관을 직각이 되게 놓고 한쪽 종이관에 작은 소리가 나는 이어폰을 넣었습니다. 이어폰을 넣지 않은 다른 쪽 종이관 끝에 귀를 대고 소리를 들을 때 가장 크게 들리는 경우에 ○표 하시오.

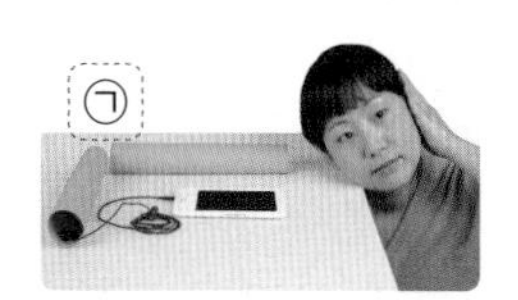

(1) ㉠ 부분에 스펀지를 세웠을 때 ( )
(2) ㉠ 부분에 나무판자를 세웠을 때 ( )
(3) ㉠ 부분에 아무것도 세우지 않았을 때 ( )

13 7종 공통

위 12번 답과 관련 있는 소리의 성질은 무엇인지 쓰시오.

소리의 ( )

[14-15] 다음은 집에서 발생할 수 있는 다양한 소음을 줄이는 방법을 나타낸 것입니다. 물음에 답하시오.

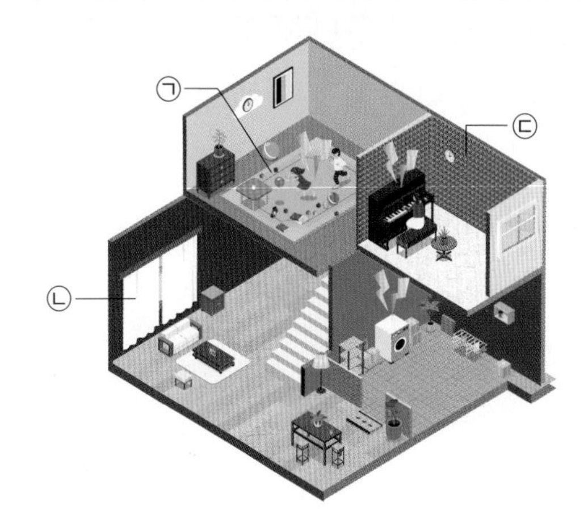

14 서술형 7종 공통

위 ㉠에서 발생하는 소음을 줄이기 위해 사용한 방법을 소리의 성질과 관련지어 한 가지 쓰시오.

______

______

15 7종 공통

위 ㉡과 ㉢ 중 안의 소음이 밖으로 나가지 않게 한 것의 기호를 쓰고, 사용한 방법에 대해 옳게 말한 사람의 이름을 쓰시오.

(1) 안의 소음이 밖으로 나가지 않게 한 것: ( )
(2) 방법을 옳게 말한 사람

- 석진: 고무 받침대를 부착해 소리 전달을 막았어.
- 주완: 벽에 소리가 잘 전달되지 않는 물질을 붙였어.
- 효민: 소리가 반사되도록 천장에 단단한 물질을 붙였어.

( )

5 단원

1회 5. 소리의 성질

문제 강의

● 정답과 풀이 20쪽

평가 주제 높낮이가 다른 악기 소리 알기

평가 목표 악기로 높낮이가 다른 소리를 내는 방법을 설명할 수 있다.

[1-3] 여러 가지 악기를 보고, 물음에 답하시오.

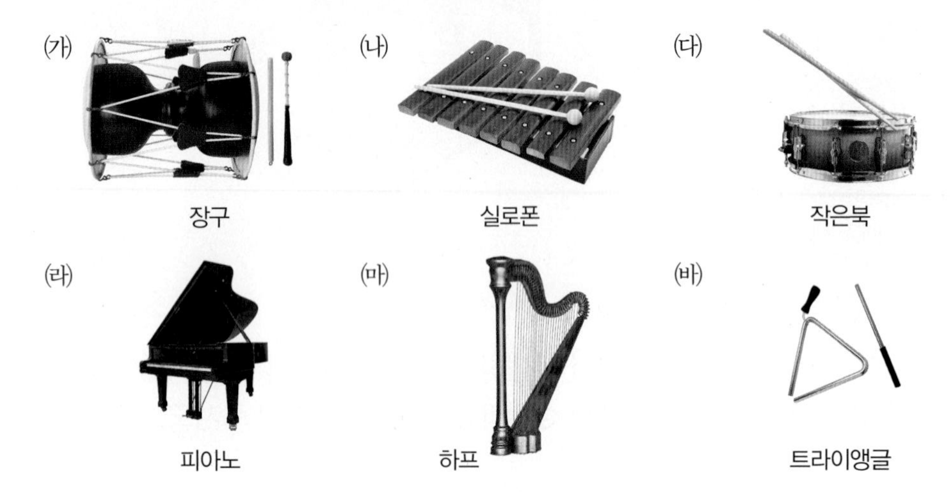

(가) 장구 (나) 실로폰 (다) 작은북

(라) 피아노 (마) 하프 (바) 트라이앵글

1 **위 악기를 다음 분류 기준에 따라 분류하여 기호를 쓰시오.**

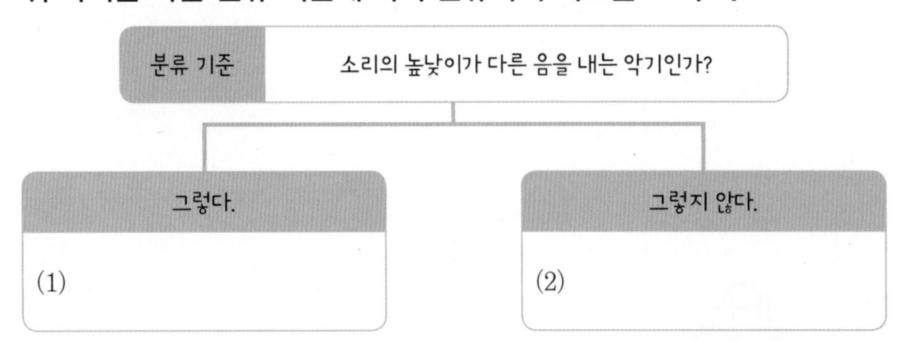

도움 소리의 높고 낮은 정도를 소리의 높낮이라고 합니다.

2 **위 (나) 악기를 연주할 때 높은 소리를 내는 방법과 낮은 소리를 내는 방법을 각각 쓰시오.**

(1) 높은 소리를 내는 방법: ______________________

(2) 낮은 소리를 내는 방법: ______________________

도움 악기의 줄, 음판, 관의 길이가 짧을수록 높은 소리가 나고, 길수록 낮은 소리가 납니다.

3 **다음은 위와 같이 소리의 높낮이가 다른 까닭을 정리한 것입니다. (　　) 안에 들어갈 알맞은 말을 각각 쓰시오.**

> 소리가 나는 부분이 빠르게 떨리면 (　　㉠　　)은/는 소리가 나고, 물체가 느리게 떨리면 (　　㉡　　)은/는 소리가 난다.

㉠ (　　　　　　　　　　), ㉡ (　　　　　　　　　　)

도움 물체가 떨리는 빠르기에 따라 소리의 높낮이가 달라집니다.

5. 소리의 성질

정답과 풀이 20쪽

평가 주제	소리가 물체에 부딪쳐 반사되는 현상 알기
평가 목표	소리의 반사를 이해하고, 물체의 종류에 따라 소리가 반사되는 정도가 다름을 설명할 수 있다.

[1-3] 다음과 같은 방법으로 친구의 목소리를 들어 보았습니다. 물음에 답하시오.

(가) 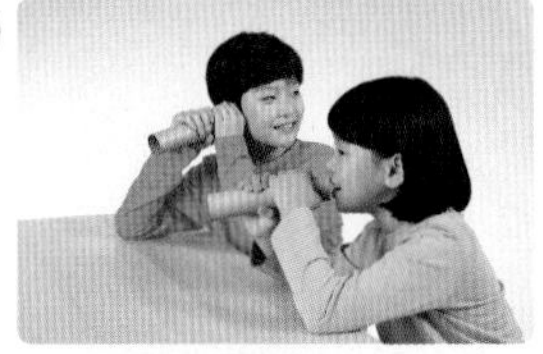

두 사람이 각각 긴 휴지 심을 들고 한쪽에서는 소리를 내고 다른 쪽에서는 소리를 들어 본다.

(나) 

두 개의 휴지 심 앞에 나무 판을 대고 (가) 과정을 반복한다.

(다) 

두 개의 휴지 심 앞에 스펀지 판을 대고 (가) 과정을 반복한다.

1 위 (가)와 (나) 중 (나)에서 친구의 목소리가 더 크게 들렸습니다. 그 까닭은 무엇인지 쓰시오.

도움 소리가 나아가다가 물체에 부딪치면 반사되어 되돌아옵니다.

2 위 (나)와 (다) 중 친구의 목소리가 더 크게 들리는 경우의 기호를 쓰고, 그렇게 생각한 까닭을 쓰시오.

도움 물체의 단단한 정도에 따라 소리가 반사되는 정도가 다릅니다.

3 위 2번 답을 참고하여 음악 공연장의 천장과 벽을 나무로 특수하게 만드는 까닭은 무엇일지 생각하여 쓰시오.

도움 사람들이 공연장에 가는 까닭을 생각해 봅니다.

쉬어 가기

숨은 그림을 찾아보세요.

● 정답 20쪽

강의가 더해진, **교과서 맞춤 학습**

백점

과학 3·2

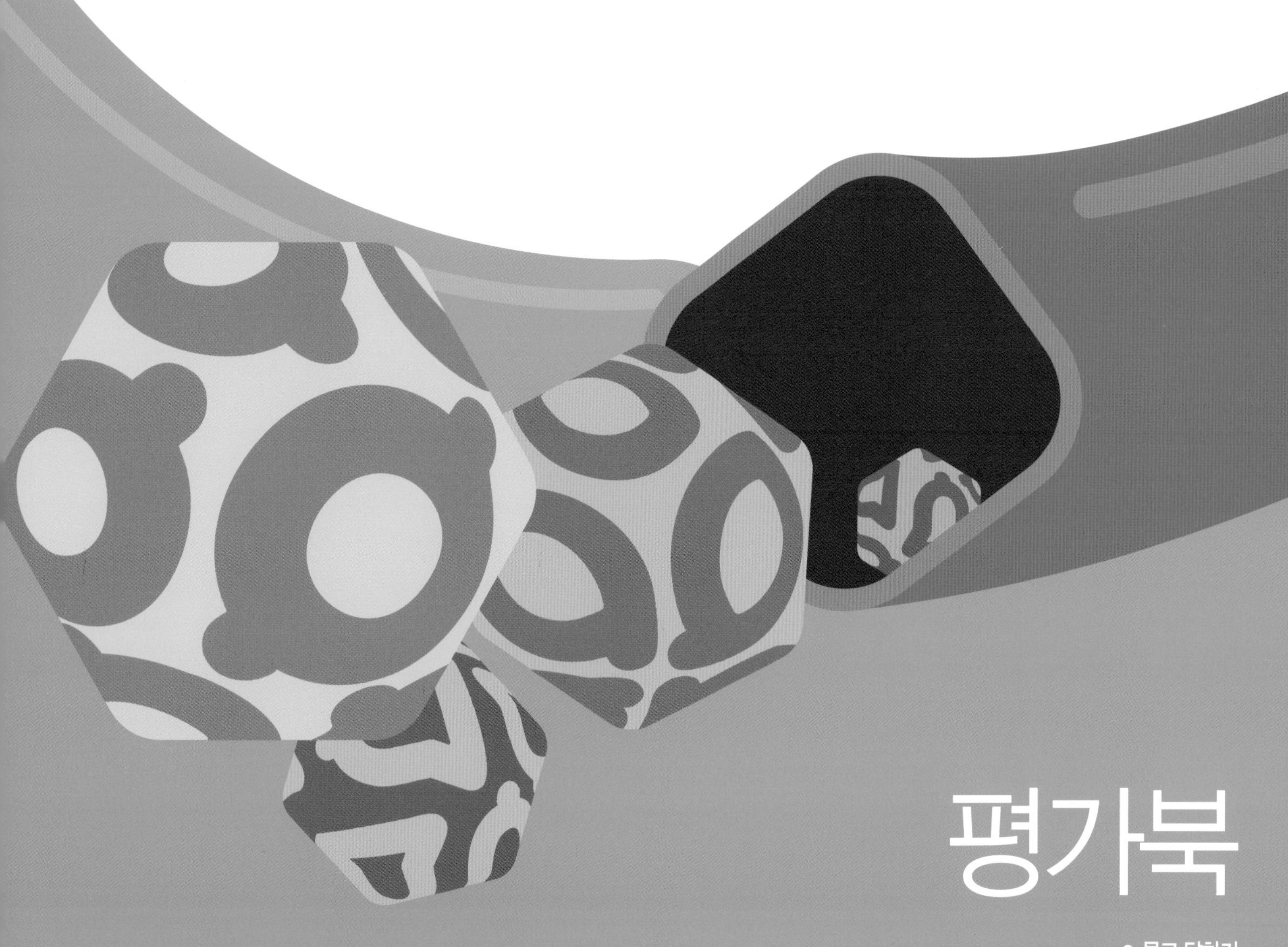

평가북

- 묻고 답하기
- 단원 평가
- 수행 평가

동아출판

평가북 구성과 특징

1 **단원별 개념 정리**가 있습니다.

- **묻고 답하기**: 단원의 핵심 내용을 묻고 답하기로 빠르게 정리할 수 있습니다.

2 **단원별 다양한 평가**가 있습니다.

- **단원 평가, 수행 평가**: 다양한 유형의 문제를 풀어봄으로써 수시로 실시되는 학교 시험을 완벽하게 대비할 수 있습니다.

백점

BOOK 2 평가북

차례

과학 3·2

정답과 풀이 21쪽

빈칸에 알맞은 답을 쓰세요.

1 나비, 개미, 고양이 중에서 다리가 두 쌍인 동물은 어느 것입니까?

2 꿀벌, 달팽이를 날개가 있는 것과 날개가 없는 것으로 분류할 때 날개가 없는 것으로 분류되는 동물은 어느 것입니까?

3 땅에서 사는 동물 중 다리가 세 쌍이며 삽처럼 생긴 크고 넓적한 앞다리로 땅속에 굴을 파고 이동하는 동물은 어느 것입니까?

4 썩은 나뭇잎이나 동물의 똥을 먹으면서 땅속에서 사는 동물로 몸이 길쭉한 원통 모양이며, 피부가 매끄럽고 다리가 없어 기어 다니는 동물은 어느 것입니까?

5 까치, 금붕어 중에서 물속에서 아가미로 숨을 쉴 수 있는 동물은 어느 것입니까?

6 조개, 다슬기 중에서 갯벌에 사는 동물은 어느 것입니까?

7 직박구리, 매미 중에서 곤충으로 분류되는 동물은 어느 것입니까?

8 사막, 극지방 중에서 낙타가 사는 곳은 어디입니까?

9 사막딱정벌레와 북극곰 중에서 몸집이 크고 귀가 작아 몸의 열을 빼앗기지 않고 생활할 수 있는 동물은 어느 것입니까?

10 집게 차는 어떤 동물의 특징을 활용하여 만든 것입니까?

빈칸에 알맞은 답을 쓰세요.

1 우리 주변에서 볼 수 있는 동물인 꿀벌과 공벌레 중에서 건드리면 몸을 공처럼 둥글게 만드는 동물은 어느 것입니까?

2 돌고래, 참새를 다리가 있는 것과 다리가 없는 것으로 분류할 때 다리가 있는 것으로 분류되는 동물은 어느 것입니까?

3 땅 위와 땅속을 오가며 사는 동물로 몸이 길고 비늘로 덮여 있으며, 다리가 없어 기어 다니고 혀의 끝이 두 개로 갈라져 있는 동물은 어느 것입니까?

4 노루, 수달 중에서 물에서 사는 동물은 어느 것입니까?

5 물에서 사는 동물인 고등어와 게 중에서 몸이 부드러운 곡선 형태이고 비늘로 덮여 있는 동물은 어느 것입니까?

6 날아다니는 동물인 제비와 잠자리 중에서 투명한 날개가 두 쌍인 동물은 어느 것입니까?

7 황새, 타조 중에서 날개가 한 쌍 있지만 날지 못하는 동물은 어느 것입니까?

8 사막에서 사는 동물로 뜨거운 모래 위에서 두 발씩 번갈아 들어 올리며 열을 식히는 동물은 어느 것입니까?

9 사막, 극지방 중에서 몸의 색깔이 눈과 비슷한 흰색이어서 먹잇감이나 자신을 잡아먹는 다른 동물의 눈에 덜 띄는 동물이 사는 곳은 어디입니까?

10 칫솔걸이 등에 사용하는 흡착판(압착 고무)은 어떤 동물의 특징을 활용하여 만들었습니까?

[1-3] 다음은 주변에서 볼 수 있는 여러 가지 동물입니다. 물음에 답하시오.

㉠ ▲ 고양이 ㉡ ▲ 달팽이 ㉢ ▲ 공벌레
㉣ ▲ 꿀벌 ㉤ ▲ 까치 ㉥ ▲ 참새

1 7종 공통

위 동물 중 나무 위에서 주로 볼 수 있는 동물을 두 가지 골라 기호를 쓰시오.

( )

2 금성, 김영사, 비상, 지학사, 천재

다음은 위 동물 중 더 알아보고 싶은 동물의 특징을 동물도감에서 찾아 쓴 것입니다. ㉠~㉥ 중 어떤 동물의 특징인지 알맞은 것의 기호를 쓰시오.

- 날개가 있어 날아다닌다.
- 몸은 갈색과 흰색 깃털로 덮여 있다.
- 곤충이나 벼 등을 먹는다.

( )

3 동아, 김영사, 비상, 아이스크림, 지학사

위 동물들의 특징으로 옳은 것은 어느 것입니까? ( )

① ㉠은 다리 네 개로 걸어 다닌다.
② ㉡은 여섯 개의 긴 다리가 있다.
③ ㉢은 날개가 있어 날아다닐 수 있다.
④ ㉣은 몸이 짧은 검은색 깃털로 덮여 있다.
⑤ ㉤은 건드리면 몸을 공처럼 둥글게 만든다.

4 아이스크림, 지학사, 천재

우리 주변에서 볼 수 있는 작은 동물을 자세히 관찰하기 위해 사용할 수 있는 도구는 어느 것입니까? ( )

① ▲ 거울 ② ▲ 돋보기
③ ▲ 손전등 ④ ▲ 색안경

5 서술형 7종 공통

여러 가지 동물을 다리의 개수에 따라 ㉠과 ㉡으로 분류하였습니다. 오른쪽 개구리는 ㉠과 ㉡ 중 어느 쪽으로 분류해야 하는지 기호를 쓰고, 그렇게 생각한 까닭을 쓰시오.

▲ 개구리

㉠	㉡
개미, 꿀벌, 나비	고양이, 소, 노루, 다람쥐

(1) 개구리 분류하기: ( )

(2) 그렇게 생각한 까닭: ______

6 7종 공통

동물을 분류할 수 있는 기준으로 알맞지 않은 것은 어느 것입니까? (　　　)

① 날개가 있는 것과 없는 것
② 귀여운 것과 귀엽지 않은 것
③ 땅에 사는 것과 물에 사는 것
④ 지느러미가 있는 것과 없는 것
⑤ 다리가 두 개인 것과 네 개인 것

7 금성, 아이스크림, 지학사, 천재

다음 동물을 '더듬이가 있는가?'의 분류 기준에 따라 분류할 때, 같은 무리로 분류할 수 없는 것은 어느 것입니까? (　　　)

① 
▲ 나비

② 
▲ 꿀벌

③
▲ 거미

④ 
▲ 달팽이

8 동아, 김영사, 비상, 아이스크림, 지학사, 천재

땅속에서 사는 동물로 알맞은 것을 두 가지 골라 기호를 쓰시오.

㉠ 
▲ 소

㉡ 
▲ 지렁이

㉢ 
▲ 다람쥐

㉣ 
▲ 땅강아지

(　　　　　　　　　　)

9 서술형 동아, 김영사, 비상, 지학사, 천재

다음 동물에게는 어떤 특징이 있는지 땅속에서 이동하는 방법과 관련지어 쓰시오.

▲두더지

10 동아, 김영사, 비상, 아이스크림, 지학사, 천재

땅에서 사는 동물의 공통적인 특징으로 옳은 것은 어느 것입니까? (　　　)

① 아가미로 숨을 쉰다.
② 날개가 한 쌍 있어 날 수 있다.
③ 다리가 없는 동물은 기어 다닌다.
④ 땅속에 사는 동물은 모두 다리가 없다.
⑤ 지느러미가 있어서 물속에서 헤엄칠 수 있다.

11 7종 공통

다음 동물이 사는 곳으로 알맞은 것을 보기 에서 골라 각각 기호를 쓰시오.

보기
㉠ 갯벌 ㉡ 강가나 호숫가 ㉢ 바닷속

(1) 

( )

(2) 

( )

(3) 

( )

(4) 

( )

12 금성, 비상, 아이스크림, 지학사, 천재

물에서 사는 동물의 특징으로 옳은 것은 어느 것입니까? ( )

① 수달은 아가미로 숨을 쉰다.
② 붕어는 지느러미로 헤엄친다.
③ 전복은 다리가 있어 걸어 다닌다.
④ 상어는 강이나 호수의 물속에서 산다.
⑤ 다슬기는 바닷속에서 물고기를 잡아먹으며 산다.

13 서술형 금성, 비상, 아이스크림, 지학사, 천재

다음은 붕어가 물에서 생활하기에 알맞은 점입니다. ㉠~㉢ 중 잘못된 부분의 기호를 쓰고, 바르게 고쳐 쓰시오.

물속에 사는 붕어는 ㉠ 아가미로 숨을 쉬고, ㉡ 몸에 지느러미가 있어 물속에서 헤엄을 잘 칠 수 있다. 또 ㉢ 몸이 넓적한 상자 형태여서 물의 저항을 적게 받는다.

(1) 잘못된 부분: ( )

(2) 바르게 고쳐 쓰기: ______________________

14 아이스크림, 천재

다음 중 날아다니는 동물끼리 옳게 짝 지은 것은 어느 것입니까? ( )

① 박새, 지렁이
② 잠자리, 거미
③ 나비, 공벌레
④ 땅강아지, 전갈
⑤ 직박구리, 박각시나방

15 동아, 김영사, 비상, 아이스크림, 지학사, 천재

날아다니는 오른쪽 동물의 특징을 옳지 않게 말한 사람의 이름을 쓰시오.

▲ 나비

- 태형: 날개 두 쌍이 있어.
- 아미: 짧고 단단한 부리가 있어.
- 지민: 몸이 머리, 가슴, 배의 세 부분으로 구분돼.

( )

16 금성, 김영사, 비상, 아이스크림, 지학사, 천재

오른쪽 동물이 사람이 살기 어려운 사막의 환경에서 생활하기에 알맞은 까닭으로 옳은 것을 두 가지 고르시오.

( )

▲ 사막여우

① 귓속에 털이 많아 모래가 잘 들어가지 않는다.
② 긴 꼬리로 땅바닥의 뜨거운 열기를 피할 수 있다.
③ 새벽에 땅 위로 나와 몸에 맺힌 이슬을 모아서 마신다.
④ 혹에 지방을 저장하고 있어서 오랫동안 물을 마시지 않아도 된다.
⑤ 몸에 비해 큰 귀를 가지고 있어서 몸속의 열을 밖으로 내보내는 체온 조절을 할 수 있다.

17 서술형 동아, 금성, 아이스크림, 지학사

다음 중 사막에서 사는 동물로 알맞은 것의 기호를 쓰고, 이 동물이 사막에서 잘 살 수 있는 까닭을 쓰시오.

㉠ 

▲ 박새

㉡ 

▲ 붕어

㉢ 

▲ 도마뱀

(1) 사막에서 사는 동물: ( )

(2) 사막에서 잘 살 수 있는 까닭: ____________

18 동아, 금성, 김영사, 아이스크림, 지학사, 천재

다음 여러 가지 동물 중 극지방에서 사는 동물로 가장 알맞은 것을 두 가지 골라 기호를 쓰시오.

㉠ 

▲ 북극곰

㉡ ▲ 낙타

㉢ 

▲ 펭귄

㉣ 

▲ 미어캣

( )

19 7종 공통

오른쪽과 같이 생활용품에 이용되는 흡착판은 어떤 동물의 특징을 활용한 것입니까? ( )

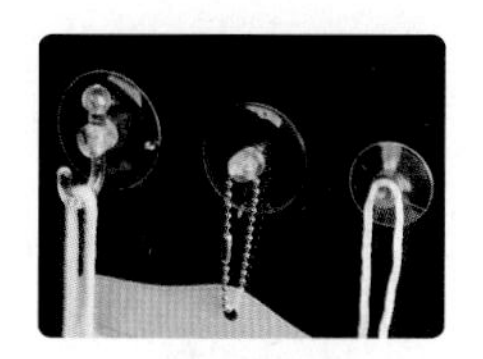

▲ 흡착판

① 모기의 침
② 오리의 발
③ 문어의 빨판
④ 산천어의 앞부분
⑤ 뱀이 이동하는 모습

20 서술형 동아, 김영사, 아이스크림, 지학사, 천재

다음과 같은 수리의 특징을 활용하여 만든 집게 차의 특징을 쓰시오.

수리의 발은 먹이를 잘 잡고 놓치지 않는다.

1 금성, 아이스크림, 지학사, 천재

다음 중 화단에서 볼 수 있으며, 다리 네 쌍으로 걸어 다니는 동물로 알맞은 것은 어느 것입니까? (　　　)

①

▲ 거미

②

▲ 나비

③

▲ 꿀벌

④
▲ 지렁이

2 동아, 금성, 비상, 천재

오른쪽 동물의 특징으로 옳은 것은 어느 것입니까? (　　　)

▲ 금붕어

① 몸이 깃털로 덮여 있다.
② 주로 돌 밑에서 볼 수 있다.
③ 다리 두 쌍으로 걸어 다닌다.
④ 지느러미를 이용해서 헤엄친다.
⑤ 몸이 여러 개의 마디로 되어 있다.

3 서술형 금성, 김영사, 비상, 아이스크림, 지학사, 천재

다음과 같은 동물들을 화단에서 많이 볼 수 있는 까닭을 쓰시오.

▲ 개미

▲ 공벌레

____

____

4 아이스크림, 지학사, 천재

우리 주변에서 볼 수 있는 작은 동물을 오른쪽 도구를 사용하여 관찰할 때의 좋은 점으로 알맞은 것을 두 가지 고르시오. (　　　)

▲ 확대경

① 동물의 움직임을 멈추게 할 수 있다.
② 움직이는 동물을 가두어 놓고 관찰할 수 있다.
③ 작은 동물을 확대하여 자세하게 관찰할 수 있다.
④ 멀리 있는 작은 동물을 자세하게 관찰할 수 있다.
⑤ 작은 동물의 모습을 생생한 사진으로 찍어 남길 수 있다.

5 7종 공통

다음은 위 **4**번의 도구를 이용하여 개미를 관찰하고 그림으로 나타낸 것입니다. 개미의 특징으로 알맞은 것을 보기 에서 골라 기호를 쓰시오.

▲ 개미

보기
㉠ 다리가 세 쌍이다.
㉡ 몸이 가슴과 배의 두 부분으로 구분된다.
㉢ 대롱같이 생긴 입으로 꽃의 꿀을 먹는다.

(　　　　　　　　)

[6-7] 다음 여러 종류의 동물들을 보고, 물음에 답하시오.

㉠ 

▲ 개구리

▲ 상어

㉢ 

▲ 까치

㉣ 

▲ 달팽이

6 7종 공통

위 동물을 '다리가 있는가?'의 분류 기준으로 아래와 같이 모두 분류하여 기호를 쓰시오.

(1) 그렇다.	(2) 그렇지 않다.

7 동아, 비상, 천재

위 6번에서 '그렇지 않다.'로 분류한 동물을 다시 '아가미로 숨을 쉬는가?'의 분류 기준에 따라 분류하여 빈칸에 각각 기호를 쓰시오.

아가미로 숨을 쉬는가?

그렇다.	그렇지 않다.
(1)	(2)

8 7종 공통

다음과 같이 두 무리로 동물을 분류한 기준으로 옳은 것은 어느 것입니까? (　　　)

나비, 꿀벌, 개미	뱀, 고양이, 참새

① 곤충인 것과 곤충이 아닌 것
② 알을 낳는 것과 새끼를 낳는 것
③ 날개가 있는 것과 날개가 없는 것
④ 다리가 있는 것과 다리가 없는 것
⑤ 지느러미가 있는 것과 지느러미가 없는 것

2 단원

9 7종 공통

오른쪽 동물의 이름을 쓰고, 이 동물의 특징으로 옳은 것을 다음 보기 에서 골라 기호를 쓰시오.

보기
㉠ 주둥이가 뾰족하고 몸이 털로 덮여 있다.
㉡ 몸이 길고 원통 모양이며, 다리가 없어 기어 다닌다.
㉢ 다리는 일곱 쌍이며, 위험을 느끼면 몸을 동그랗게 말고 움직이지 않는다.

(1) 동물 이름: (　　　　　　　　)
(2) 동물의 특징으로 옳은 것: (　　　　　　　　)

10 동아, 비상, 아이스크림, 지학사, 천재

땅강아지의 특징으로 옳은 것에 ○표 하시오.

(1) 앞다리를 이용해서 땅을 팔 수 있다. (　　)
(2) 몸이 비늘로 덮여 있고, 혀가 가늘고 길다. (　　)

11 7종 공통

땅에서 사는 동물 중에서 다리가 있는 동물의 이동 방법을 옳게 말한 사람의 이름을 쓰시오.

- 지우: 걷거나 뛰어다녀.
- 현경: 배를 땅에 대고 기어 다니지.
- 상진: 몸을 동그랗게 말고 굴러다니거나 빠르게 날아다니지.

( )

[12-13] 다음은 물에서 사는 동물입니다. 물음에 답하시오.

㉠ 
▲ 게

㉡ 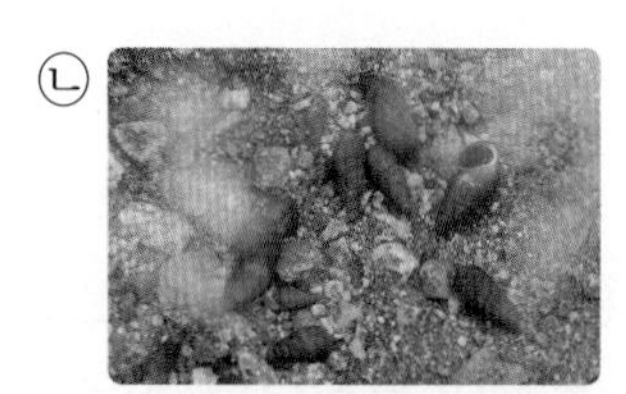
▲ 다슬기

㉢ 
▲ 붕어

㉣ 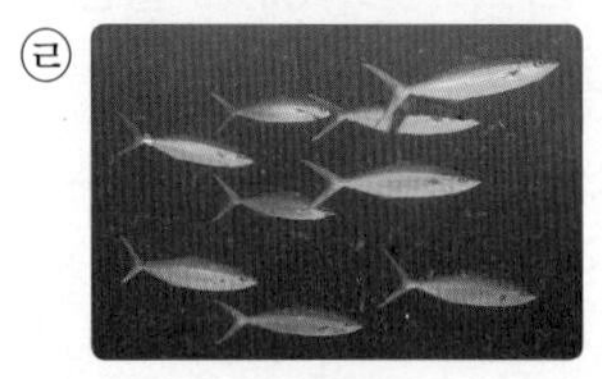
▲ 고등어

12 동아, 금성, 비상, 아이스크림, 지학사, 천재

위 동물 중 강이나 호수의 물속에서 사는 동물을 두 가지 골라 기호를 쓰시오.

( )

13 동아, 김영사, 비상, 아이스크림, 지학사, 천재

위 동물 중 다음과 같은 특징이 있는 것의 기호를 각각 쓰시오.

(1) 물속 바위에 붙어서 배발로 기어 다닌다. ( )

(2) 몸이 딱딱한 껍데기로 덮여 있고, 집게발 두 개가 있다. ( )

14 동아, 금성, 김영사, 아이스크림, 천재

다음 동물의 특징으로 옳은 것을 두 가지 고르시오. ( )

▲ 수달

① 갯벌에서 살고 있다.
② 몸이 비늘로 덮여 있다.
③ 발가락에 물갈퀴가 있다.
④ 지느러미가 있어 헤엄을 잘 친다.
⑤ 강가나 호숫가에서 물과 땅을 오가면서 살며, 물속에서 헤엄칠 수 있다.

15 7종 공통

다음은 수리나 제비와 같은 새가 하늘을 날 수 있는 특징입니다. ( ) 안에 들어갈 알맞은 말을 쓰시오.

▲ 수리

▲ 제비

새는 뼛속이 비어 있으며, 몸이 깃털로 덮여 있고 ( )이/가 있어 하늘을 날 수 있다.

( )

16 7종 공통

우진이가 설명하고 있는 다음 동물은 무엇인지 이름을 쓰시오.

- 이 동물은 등에 있는 혹에 지방이 저장되어 있어서 물과 먹이가 없어도 며칠동안 생활할 수 있다.
- 발바닥이 넓적해서 모래에 발이 잘 빠지지 않아 사막의 환경에서 생활하기에 알맞다.

( )

17 서술형 동아, 금성, 아이스크림, 지학사

오른쪽 동물이 사막의 환경에서 잘 살 수 있는 특징을 한 가지 쓰시오.

▲ 사막에 사는 도마뱀

18 동아, 금성, 김영사, 아이스크림, 지학사, 천재

북극곰이 극지방에서 살아가기에 알맞은 특징으로 옳은 것을 보기 에서 골라 기호를 쓰시오.

보기

㉠ 온몸의 털이 듬성듬성 나 있어 물속에서도 잘 헤엄칠 수 있다.
㉡ 몸집이 크고 귀가 작아 추운 환경에서도 체온을 잘 유지할 수 있다.
㉢ 검은색의 털을 가지고 있어 눈으로 뒤덮인 북극에서도 눈에 잘 띈다.

( )

19 금성, 김영사, 아이스크림, 천재

다음과 같은 특징이 있어 극지방에서 살 수 있는 동물은 어느 것입니까? ( )

- 몸에 지방층이 두껍다.
- 깃털이 촘촘해서 물이 몸속으로 스며들지 않는다.

① 닭 ② 펭귄 ③ 독수리
④ 도요새 ⑤ 딱따구리

20 7종 공통

우리 생활에서 동물의 특징을 활용한 예가 옳지 않게 짝 지어진 것은 어느 것입니까? ( )

① 수리의 발 – 집게 차
② 문어의 빨판 – 흡착판
③ 상어의 비늘 – 전신 수영복
④ 산천어의 앞부분 – 고속 열차
⑤ 하늘다람쥐의 날개막 – 강력접착제

평가 주제	땅에서 사는 동물의 특징 알아보기
평가 목표	땅에서 사는 동물의 생김새와 생활 방식, 작은 동물의 관찰 방법을 알 수 있다.

[1-3] 다음은 땅에서 사는 동물을 관찰하고, 관찰한 내용을 글로 나타낸 것입니다. 물음에 답하시오.

동물 이름	개미	관찰한 날짜	20○○년 ○○월 ○○일
모습과 특징		• ㉠ 땅속이나 땅 위를 오가며 생활함. • 몸이 ㉡ 머리, 가슴, 배의 세 부분으로 구분됨. • 머리에는 ㉢ 더듬이가 한 쌍 있음. • ㉣ 다리 두 쌍으로 걸어서 이동하며 개미 중에는 날개가 있는 것도 있음.	

1 위 동물을 관찰할 때 이용하면 좋은 도구를 골라 ○표 하고, 이용했을 때 좋은 점을 쓰시오.

거울, 깔때기, 확대경, 유리막대, 스포이트, 약숟가락

2 위 ㉠~㉣ 중 잘못된 내용을 골라 기호를 쓰고, 바르게 고쳐 쓰시오.

3 다음 분류 기준에 따라 위 동물과 같은 무리로 분류할 수 있는 동물로 알맞은 것을 두 가지 골라 기호를 쓰시오.

㉠ 
잠자리

㉡ 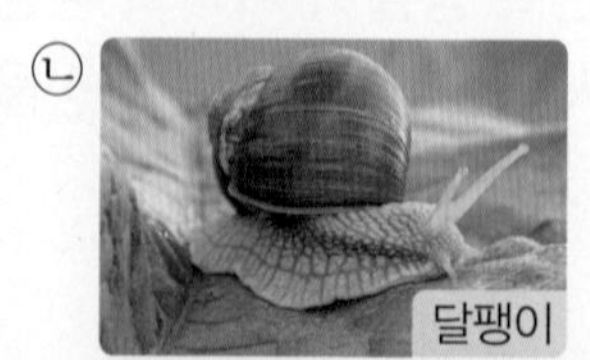
달팽이

㉢ 
매미

㉣ 
개구리

( )

● 정답과 풀이 23쪽

평가 주제 사막이나 극지방에서 사는 동물의 특징 알아보기

평가 목표 사막이나 극지방에서 사는 동물의 생김새와 생활 방식을 알 수 있다.

[1-3] 다음은 사막이나 극지방에서 사는 동물들입니다. 물음에 답하시오.

▲ 전갈 ▲ 낙타 ▲ 북극곰

▲ 펭귄 ▲ 사막여우 ▲ 북극여우

1 위 동물들을 다음의 사는 곳에 따라 두 무리로 모두 분류하여 기호를 쓰시오.

(1) 사막에서 사는 동물	(2) 극지방에서 사는 동물

2 다음은 위 동물 중 사막에서 사는 어떤 동물에 대해 스무고개를 한 내용입니다. (   ) 안에 들어갈 동물로 알맞은 것을 골라 기호를 쓰시오.

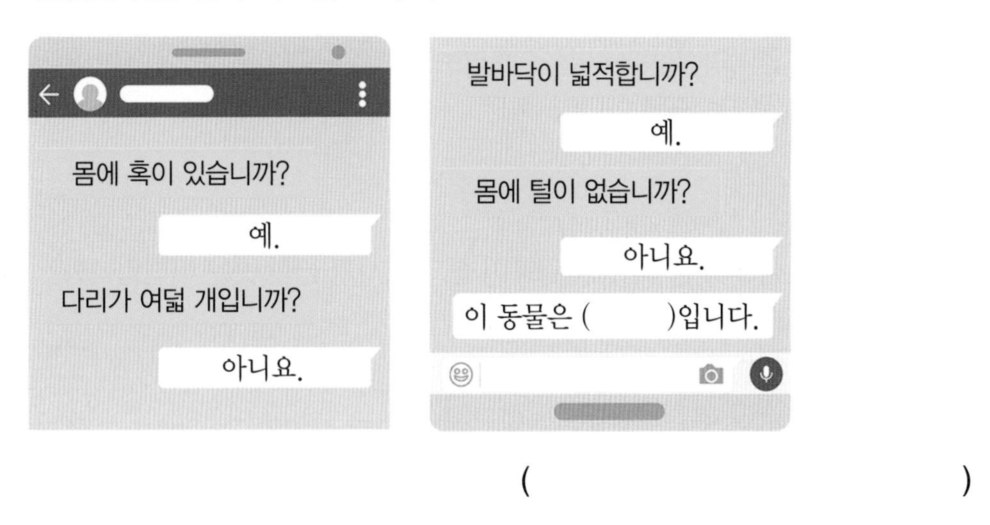

(   )

3 위 **2**번의 답인 동물이 사막의 환경에서 잘 살 수 있는 까닭을 한 가지 쓰시오.

____

____

● 정답과 풀이 24쪽

빈칸에 알맞은 답을 쓰세요.

1 밭, 갯벌, 모래사장 중 색깔이 많이 어둡고 물이 고여 있는 흙이 있는 곳은 어느 곳입니까?

2 운동장 흙과 화단 흙 중 알갱이의 크기가 비교적 큰 것은 어느 것입니까?

3 운동장 흙과 화단 흙 중 식물이 잘 자라는 흙은 어느 것입니까?

4 바위나 돌이 오랜 시간에 걸쳐 서서히 작게 부서진 알갱이와 나무뿌리, 낙엽, 생물이 썩어 생긴 물질 등이 섞이면 무엇이 됩니까?

5 각설탕 여러 개를 플라스틱 통에 넣고 흔들면 설탕 알갱이의 크기는 어떻게 됩니까?

6 흐르는 물이 지표의 바위, 돌, 흙 등을 깎아 내는 작용을 무엇이라고 합니까?

7 흙 언덕의 위쪽에서 물을 흘려보낼 때 위쪽과 아래쪽 중 흙이 흘러내려 쌓이는 곳은 어디입니까?

8 강 상류와 강 하류 중 강폭이 좁고 경사가 급한 곳은 어디입니까?

9 바다 쪽으로 튀어나온 곳과 육지 쪽으로 들어간 곳 중에서 고운 모래나 흙이 밀려와 쌓이는 곳은 어느 곳입니까?

10 바닷가의 절벽과 갯벌 중 바닷물에 의하여 깎여서 만들어진 지형은 어느 것입니까?

1 흙은 장소에 따라 색깔, 알갱이의 크기 등의 성질이 어떻습니까?

2 운동장 흙과 화단 흙 중 물이 더 잘 빠지는 것은 어느 것입니까?

3 운동장 흙과 화단 흙에 각각 물을 넣고 유리 막대로 저은 뒤 그대로 놓아두었을 때, 물에 뜨는 물질이 더 많은 흙은 어느 것입니까?

4 식물이 잘 자라도록 도와주는 흙에 섞여 있는 물질은 무엇입니까?

5 차가워지거나 따뜻해지는 어떤 변화가 반복되면서 바위나 돌이 부서집니까?

6 과자를 투명 용기에 넣고 흔들어 과자 가루가 되었습니다. 과자가 자연에서의 바위라면 과자 가루는 무엇을 의미합니까?

7 흐르는 물에 운반된 돌, 모래, 흙 등이 쌓이는 것을 무엇이라고 합니까?

8 흙 언덕의 위쪽에서 물을 흘려보낼 때 위쪽과 아래쪽 중 흙이 깎이는 곳은 어디입니까?

9 강 상류와 강 하류 중 모래나 진흙이 많은 곳은 어디입니까?

10 모래사장은 바닷물의 침식 작용과 퇴적 작용 중 어느 것에 의하여 만들어진 것입니까?

1 아이스크림

다음 혜리의 관찰 결과를 보고, 주변의 다양한 흙 중 어느 곳의 흙을 관찰한 것인지 기호를 쓰시오.

> 갈색이고, 알갱이가 보이며, 만지면 촉촉할 것 같다.

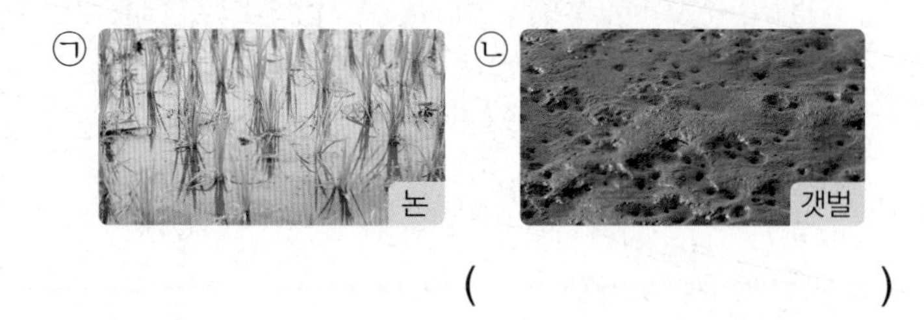

( )

2 7종 공통

흙에 대한 설명으로 옳은 것은 어느 것입니까? ( )

① 흙은 바위에서 나온 물질만 의미한다.
② 운동장 흙은 식물이 잘 자라는 흙이다.
③ 흙 속에 있는 모든 물질은 식물에게 양분이 된다.
④ 화단 흙에는 나뭇잎, 나무뿌리, 죽은 동물 등이 많이 섞여 있다.
⑤ 화단 흙과 운동장 흙에 물을 부었을 때, 물 위에 뜨는 부식물의 종류와 양은 같다.

3 7종 공통

같은 양의 운동장 흙과 화단 흙에 같은 양의 물을 동시에 부어 같은 시간 동안 빠진 물의 높이가 다음과 같습니다. 5분 후에 흙 속에 물을 더 많이 가지고 있는 흙은 어느 것인지 쓰시오.

구분	운동장 흙	화단 흙
모습		
2분 30초 후 물의 높이	약 2 cm	약 1 cm
5분 00초 후 물의 높이	약 4.7 cm	약 2.3 cm

( )

4 7종 공통

두 개의 유리컵에 운동장 흙과 화단 흙을 각각 $\frac{1}{4}$ 정도 채워 넣고 두 개의 컵에 같은 양의 물을 붓고 저은 뒤 잠시 놓아두었습니다. 알맞은 것끼리 선으로 이으시오.

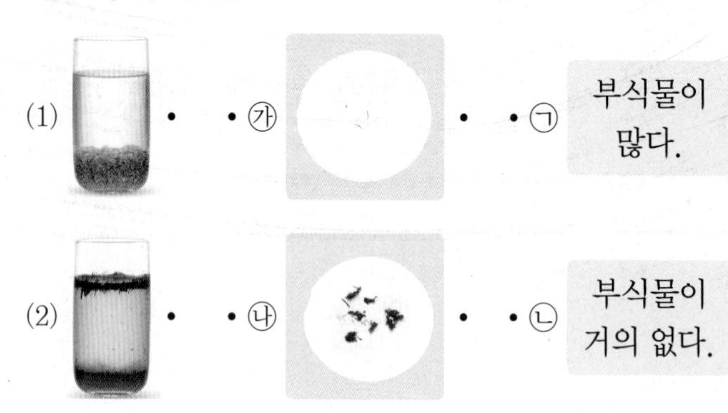

5 서술형 7종 공통

다음을 흙이 만들어지는 과정에 맞게 순서대로 기호를 쓰고, 흙이 만들어지는 과정에 대해 쓰시오.

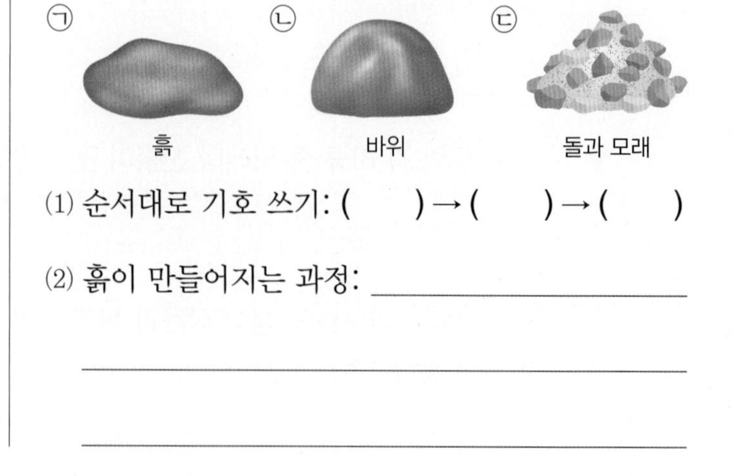

(1) 순서대로 기호 쓰기: ( ) → ( ) → ( )

(2) 흙이 만들어지는 과정: ______________________

____

____

6 7종 공통

오랜 시간 동안 다음과 같은 작용으로 인해 결국 바위가 어떻게 되는지 (　　) 안에 들어갈 알맞은 말을 쓰시오.

빗물이 바위틈에 흘러들어가 얼었다 녹았다를 반복하면 결국 바위는 (　　　　).

(　　　　　　　　)

7 서술형 7종 공통

다음은 자연에서 바위나 돌이 작게 부서지는 원인 중 하나입니다. 어떤 과정으로 바위가 부서지는지 쓰시오.

8 동아, 비상, 지학사, 천재

흙을 잘 보존해야 하는 까닭으로 가장 알맞은 것을 두 가지 고르시오. (　　　　)

① 흙은 주변에서 얻기 쉽기 때문이다.
② 흙이 있어야 날씨가 맑기 때문이다.
③ 흙은 계속 새롭게 만들 수 있기 때문이다.
④ 흙은 생물이 살아가는 터전이기 때문이다.
⑤ 흙이 만들어지는 과정은 매우 오랜 시간이 걸리기 때문이다.

9 금성, 비상

바위가 흙이 되는 과정과 비슷한 모습을 볼 수 있는 경우를 보기 에서 두 가지 골라 기호를 쓰시오.

보기
㉠ 흙이 든 유리컵에 물을 넣고 저었을 때 흙이 유리컵의 바닥에 가라앉는 경우
㉡ 암석 조각을 통 속에 넣고 흔들었을 때 암석 조각이 부서져 가루가 보이는 경우
㉢ 소금 덩어리를 넣은 투명 용기를 흔들었을 때 소금 덩어리가 부서져 소금 가루가 되는 경우

(　　　　　　　　)

10 천재

각설탕을 플라스틱 통에 넣고 흔들었더니 각설탕이 부서져 가루가 보였습니다. 모형실험처럼 실제 자연에서도 바위가 부서져 흙이 만들어집니다. 두 과정의 차이점에 대해 옳게 말한 사람의 이름을 쓰시오.

▲ 흔들기 전의 각설탕　▲ 흔든 후의 각설탕

▲ 바위　▲ 흙

- 솔찬: 각설탕은 가만히 두어도 가루가 되지만, 바위가 흙이 되기 위해서는 많은 힘이 필요해.
- 해나: 각설탕에는 다양한 물질이 섞여야 가루가 되지만, 바위는 작게 부서지면 바로 흙이 돼.
- 누리: 각설탕이 가루가 되는 건 짧은 시간이 걸리지만, 실제 흙이 만들어지는 과정은 오랜 시간이 걸려.

(　　　　　　　　)

11 동아, 금성, 김영사, 비상, 지학사, 천재

비가 온 후의 운동장의 모습에 대한 설명으로 옳은 것을 보기 에서 골라 기호를 쓰시오.

보기
㉠ 운동장에 빗물이 흘러도 아무런 변화가 없다.
㉡ 비가 오기 전보다 운동장의 흙이 더 편평해진다.
㉢ 빗물이 운동장을 흐르면서 흙을 깎아 옮기기도 한다.

( )

12 7종 공통

물이 흘러가면서 나타나는 현상으로 옳지 않은 것은 어느 것입니까? ( )

① 지표의 모습이 조금씩 변한다.
② 낮은 곳으로 운반된 흙이 쌓인다.
③ 높은 곳의 바위가 침식되어 깎인다.
④ 높은 곳과 낮은 곳의 모습이 비슷해진다.
⑤ 가벼운 돌멩이는 흐르는 물에 떠내려간다.

13 서술형 7종 공통

흐르는 물에 의한 세 가지 작용을 각각의 작용의 의미와 관련지어 쓰시오.

[14-15] 다음과 같이 흙 언덕을 만들고, 흙 언덕 위쪽에 색 모래를 뿌렸습니다. 물음에 답하시오.

14 7종 공통

위 흙 언덕의 위쪽에서 천천히 물을 흘려보냈을 때, ㉠과 ㉡ 중 흙이 주로 깎이는 곳과 쌓이는 곳을 각각 골라 기호를 쓰시오.

(1) 흙이 주로 깎이는 곳: ( )
(2) 흙이 주로 쌓이는 곳: ( )

15 천재

위 14번 답의 위치에 흙을 더 많이 쌓이게 할 수 있는 방법으로 옳은 것의 기호를 쓰시오.

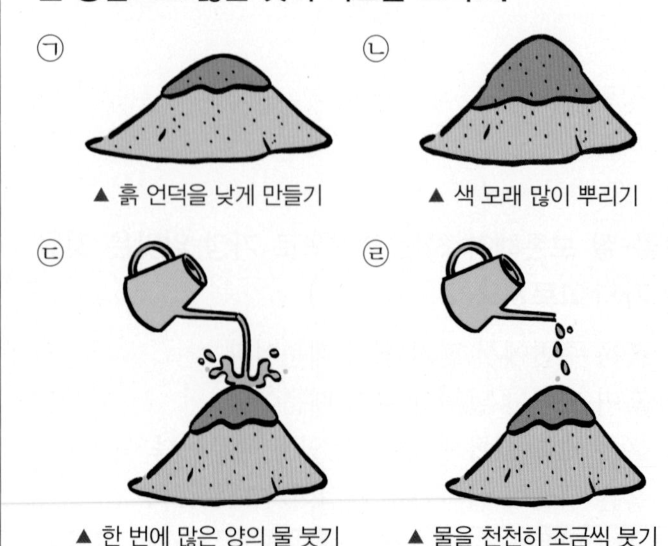

( )

16 7종 공통

다음 설명이 강 상류의 특징이면 '상'이라고 쓰고, 강 하류의 특징이면 '하'라고 쓰시오.

(1) 커다란 바위나 모난 돌이 많다. (　　)
(2) 운반된 흙과 모래가 주로 쌓인다. (　　)
(3) 물길의 폭이 좁고 경사가 급하다. (　　)
(4) 강폭이 넓고, 흐르는 물의 양이 매우 많다. (　　)

17 7종 공통

강의 상류와 하류에서 흐르는 물이 활발하게 하는 작용이 다른 까닭은 무엇입니까? (　　)

① 돌의 모양이 다르기 때문이다.
② 모래의 양이 다르기 때문이다.
③ 흐르는 물의 온도가 다르기 때문이다.
④ 땅을 이루는 물질이 다르기 때문이다.
⑤ 땅의 경사진 정도가 다르기 때문이다.

18 서술형 7종 공통

강 상류에는 큰 바위가 많고, 강 하류에는 모래가 많은 까닭을 쓰시오.

▲ 강 상류의 바위

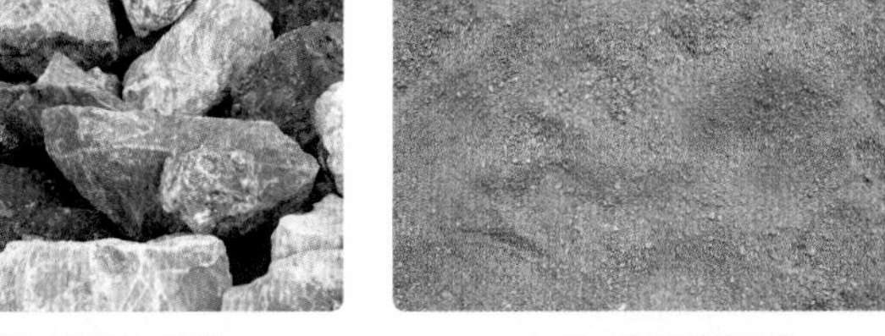
▲ 강 하류의 모래

19 7종 공통

다음은 바닷가 주변 지형을 조사한 내용을 설명하는 모습입니다. 설명 내용 중 잘못된 부분이 있는 사람의 이름을 쓰시오.

(　　　　　)

20 7종 공통

다음과 같은 바닷가 지형에 대한 설명으로 옳은 것은 어느 것입니까? (　　)

① 한 번 만들어진 지형은 변하지 않는다.
② 바닷물에 의한 퇴적 작용으로 만들어진다.
③ 주로 바람에 의한 침식 작용으로 생긴 것이다.
④ 바람에 날려 온 모래나 흙이 쌓여 만들어진다.
⑤ 파도에 의해 오랜 시간 동안 깎여서 만들어진다.

3 단원

1 동아, 아이스크림

다음을 산에 있는 흙과 모래사장에 있는 흙의 특징으로 분류하여 기호를 쓰시오.

㉠ 모래가 많다.
㉡ 물이 잘 빠진다.
㉢ 부식물의 양이 많다.
㉣ 흙의 색깔이 비교적 어둡다.

(1) 
▲ 산에 있는 흙
( )

(2) 
▲ 모래사장에 있는 흙
( )

2 아이스크림

바닷물이 빠져나간 갯벌에서는 많은 양의 흙을 볼 수 있습니다. 갯벌에서 볼 수 있는 흙의 특징으로 옳은 것은 어느 것입니까? ( )

① 색깔이 밝다.
② 거칠거칠하다.
③ 물기가 없어 흙이 갈라져 있다.
④ 나뭇가지, 죽은 곤충 등의 부식물이 많다.
⑤ 알갱이가 매우 작아 부드러운 느낌이 난다.

[3-4] 다음은 운동장 흙과 화단 흙을 관찰한 결과입니다. 물음에 답하시오.

(가)	(나)
어두운 갈색이며, 알갱이의 크기가 비교적 작다.	밝은 갈색이며, 알갱이의 크기가 비교적 크다.

3 7종 공통

위 (가)와 (나) 중 운동장 흙의 기호를 쓰시오.

( )

4 7종 공통

위 (가)와 (나) 흙을 오른쪽과 같은 물 빠짐 장치에 넣고 두 흙에 같은 양의 물을 동시에 붓고 같은 시간 동안 아래쪽 비커에 빠져나온 물의 높이를 측정했습니다.

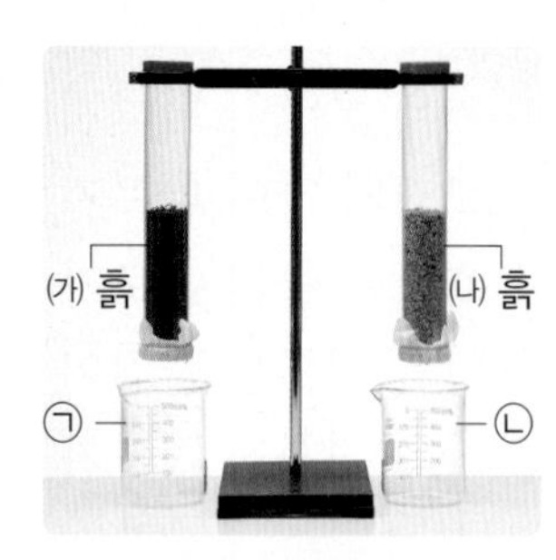

㉠과 ㉡ 중 물의 높이가 더 낮은 것의 기호를 쓰시오.

( )

5 서술형 7종 공통

오른쪽은 유리컵에 운동장 흙과 화단 흙을 각각 $\frac{1}{4}$ 정도 채워 넣은 후 같은 양의 물을 붓고 저은 뒤, 잠시 놓아둔 모습입니다. 화단 흙이 든 유리컵의 기호와 그것이 화단 흙인 것을 알 수 있는 까닭을 쓰시오.

(1) 화단 흙이 든 유리컵: ( )

(2) 알 수 있는 까닭: ______________________

____

6 7종 공통

다음과 같이 바위틈으로 들어간 물이 얼었다 녹았다를 오랜 시간 동안 반복하면 어떻게 되는지 옳게 말한 사람의 이름을 쓰시오.

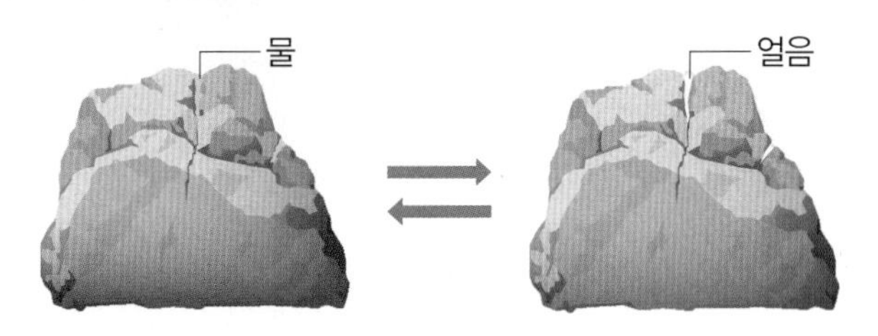

- 지호: 바위가 더 단단해져.
- 시아: 바위가 작게 부서져.
- 예준: 바위틈이 점점 작아져.

(   )

7 서술형 7종 공통

다음 만화를 보고, 시간이 지나면서 나무뿌리가 점점 굵어지면 바위에게 어떤 일이 일어날지 쓰시오.

____

____

8 동아, 비상, 지학사, 천재

우리가 생활 속에서 흙을 보존해야 하는 까닭으로 옳지 않은 것을 보기 에서 골라 기호를 쓰시오.

보기
㉠ 흙에서 다양한 생물이 살아가기 때문이다.
㉡ 식물은 흙에서 물과 영양분을 얻기 때문이다.
㉢ 쓰레기를 반드시 땅에 묻어야 하기 때문이다.
㉣ 흙이 만들어지는 데에는 오랜 시간이 필요하기 때문이다.

(   )

[9-10] 다음은 투명한 플라스틱 통에 과자를 넣고 20번 정도 세게 흔드는 모습입니다. 물음에 답하시오.

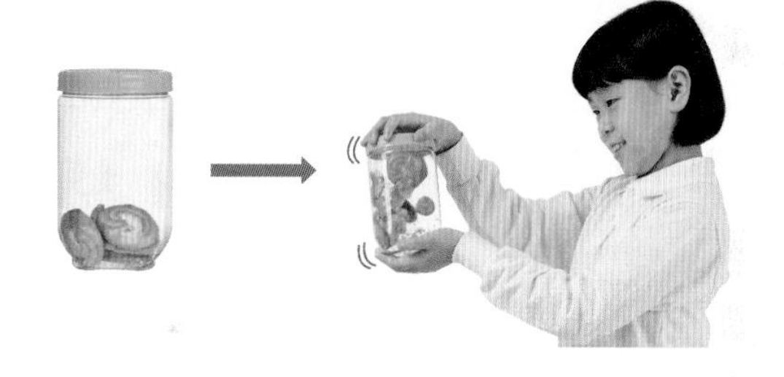

9 동아, 김영사, 아이스크림

위와 같이 흔든 후, 플라스틱 통 속 과자의 변화로 옳은 것을 두 가지 고르시오. (   )

① 과자 가루가 생겼다.
② 과자의 맛이 달라졌다.
③ 큰 과자의 모습을 그대로 유지하고 있다.
④ 큰 과자 알갱이가 부서져 작은 알갱이가 되었다.
⑤ 과자의 모서리는 조금 부서졌지만, 과자는 더 단단해졌다.

10 7종 공통

위 9번과 같은 결과가 나타난 것은 실제 자연에서 바위나 돌이 부서져 무엇이 만들어지는 과정과 같은지 쓰시오.

(   )

11 동아, 금성, 김영사, 비상, 지학사, 천재

비가 오는 날 운동장에서 수아가 관찰할 수 있는 모습으로 알맞은 것을 두 가지 고르시오. (   )

① 물이 흐르다가 고인 곳이 있다.
② 빗물이 운동장에 모두 스며든다.
③ 큰 자갈이 있는 곳에서는 빗물이 모두 사라진다.
④ 흐르는 빗물이 운동장의 흙을 모두 한곳으로 모은다.
⑤ 빗물이 흐르면서 운동장의 흙을 깎아 흙탕물이 흐른다.

[12-13] 다음은 돌이 강물을 따라 여행하면서 하는 대화입니다. 물음에 답하시오.

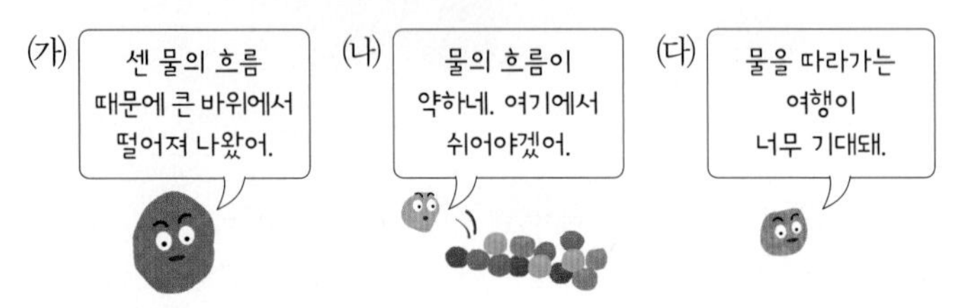

12 금성, 비상, 아이스크림

위 (가)~(다)는 각각 흐르는 물에 의한 어떤 작용이 가장 활발한 것인지 쓰시오.

(가) (   ), (나) (   )
(다) (   )

13 ➊ 7종 공통

위 (가)와 (나)는 각각 강의 어느 부분에서 가장 활발하게 작용하는지 쓰시오.

(가) (   ), (나) (   )

[14-15] 다음과 같이 흙 언덕을 만들고 윗부분에 색 모래를 뿌린 다음 물을 흘려보냈습니다. 물음에 답하시오.

▲ 흙 언덕 만들기

➡

색 모래

▲ 흙 언덕 위쪽에 색 모래 뿌리기

➡

▲ 흙 언덕 위쪽에서 물 흘려보내기

14 ➊ 7종 공통

위와 같이 흙 언덕 윗부분에 물을 흘려보냈을 때의 결과로 옳지 않은 것은 어느 것입니까? (   )

① 흙 언덕의 위쪽은 흙이 깎인다.
② 흙 언덕의 위쪽은 침식 작용이 활발하다.
③ 흙 언덕의 아래쪽에 흙이 흘러내려 쌓인다.
④ 흙 언덕의 아래쪽은 퇴적 작용이 활발하다.
⑤ 흐르는 물은 흙 언덕의 아래쪽 흙을 깎아 위쪽에 쌓는다.

15 서술형 ➊ 7종 공통

위 14번의 결과를 보고, 흐르는 물이 자연에서 지표를 변화시킬 수 있는 까닭을 쓰시오.

[16-17] 다음 강 주변의 모습을 보고, 물음에 답하시오.

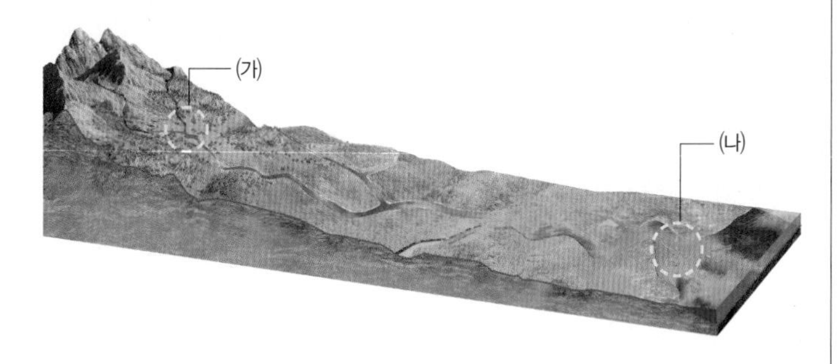

16 7종 공통

다음은 주원이가 강 주변의 모습을 조사하면서 표시한 내용입니다. 위 (가)와 (나) 중 어느 곳을 조사한 것인지 기호를 쓰시오.

- 강폭이 다른 곳보다 (☑ 좁다, ☐ 넓다).
- 다른 곳보다 (☑ 바위, ☐ 모래)를 많이 볼 수 있다.
- (☐ 넓은 땅, ☑ 폭포)을/를 주로 볼 수 있다.

( )

17 7종 공통

위 (가)에서 (나)로 물이 흐르면서 지표에 작용하는 것으로 ( ) 안에 들어갈 알맞은 말을 쓰시오.

흐르는 물에 의해 (가)에서는 (㉠) 작용이 활발하고, (나)에서는 (㉡) 작용이 활발하다.

㉠ ( ), ㉡ ( )

18 서술형 7종 공통

다음과 같이 바닷가에서 해수욕장으로 이용되는 곳의 특징을 그 지형이 만들어진 과정과 관련지어 쓰시오.

[19-20] 다음은 수조 한쪽 벽면에 흙을 비스듬하게 쌓고 수조에 물을 반쯤 채운 모습과 책받침으로 흙더미 쪽으로 물결을 만든 후의 모습입니다. 물음에 답하시오.

▲ 물결을 만들기 전

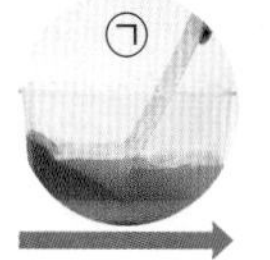

▲ 물결을 만든 후

19 김영사, 지학사

위 ㉠과 같이 책받침으로 일으킨 물결은 실제 바닷가에서 무엇에 해당하는지 쓰시오.

( )

20 김영사, 지학사

위와 같이 물결을 만들기 전과 만든 후의 모습을 보고 알 수 있는 사실은 무엇입니까? ( )

① 깎인 흙더미는 물속에서 녹는다.
② 파도에 의해 지표의 변화가 생긴다.
③ 흙의 알갱이가 클수록 잘 떠내려간다.
④ 파도에 의해서는 침식 작용만 일어난다.
⑤ 물속에서는 땅의 모양이 변하지 않는다.

평가 주제 운동장 흙과 화단 흙의 특징과 물 빠짐의 차이 이해하기

평가 목표 운동장 흙과 화단 흙의 색깔, 알갱이의 크기, 물 빠짐을 비교할 수 있다.

[1-3] 다음은 운동장 흙과 화단 흙을 관찰한 후, 알갱이의 크기에 따른 물 빠짐을 비교하기 위해 설치한 물 빠짐 장치에 동시에 물을 붓는 모습입니다. 물음에 답하시오.

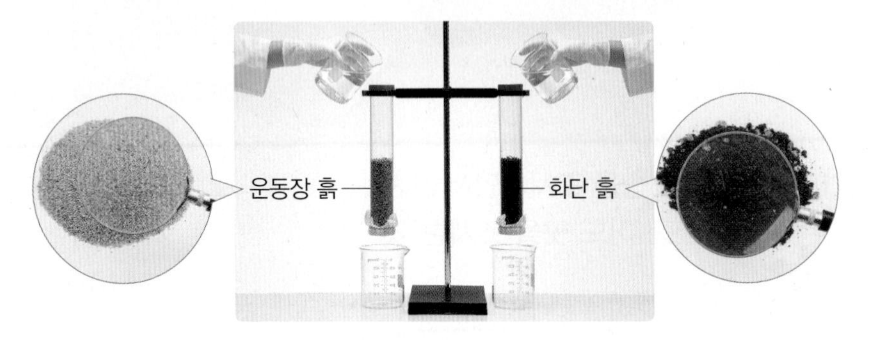

1 위 물 빠짐 장치에 넣기 전에 관찰한 운동장 흙과 화단 흙의 알갱이의 크기를 비교하여 쓰시오.

2 위 물 빠짐을 비교하기 위한 실험에서 다르게 해 주어야 할 조건을 골라 ○표 하시오.

흙의 양, 흙의 종류, 물의 양, 흙을 넣는 플라스틱 통의 크기, 물을 붓는 빠르기

3 다음은 위 물 빠짐 장치에서 같은 시간 동안 비커에 모인 물의 높이입니다. 이 결과를 보고 알 수 있는 사실을 1번에서 관찰한 운동장 흙과 화단 흙의 알갱이 크기와 관련지어 쓰시오.

구분	운동장 흙	화단 흙
2분 30초 후 물의 높이	약 2 cm	약 1 cm
5분 00초 후 물의 높이	약 4.7 cm	약 2.3 cm

정답과 풀이 26쪽

평가 주제 바닷가 주변의 특징과 물의 작용 이해하기

평가 목표 바닷가 주변 지형의 특징을 알고, 바닷물의 작용과 관련지을 수 있다.

[1-2] 다음은 바닷가 주변의 모습입니다. 물음에 답하시오.

1 다음 ㉠~㉣을 위 (가)와 (나) 중 주로 볼 수 있는 지형으로 분류하여 기호를 쓰시오.

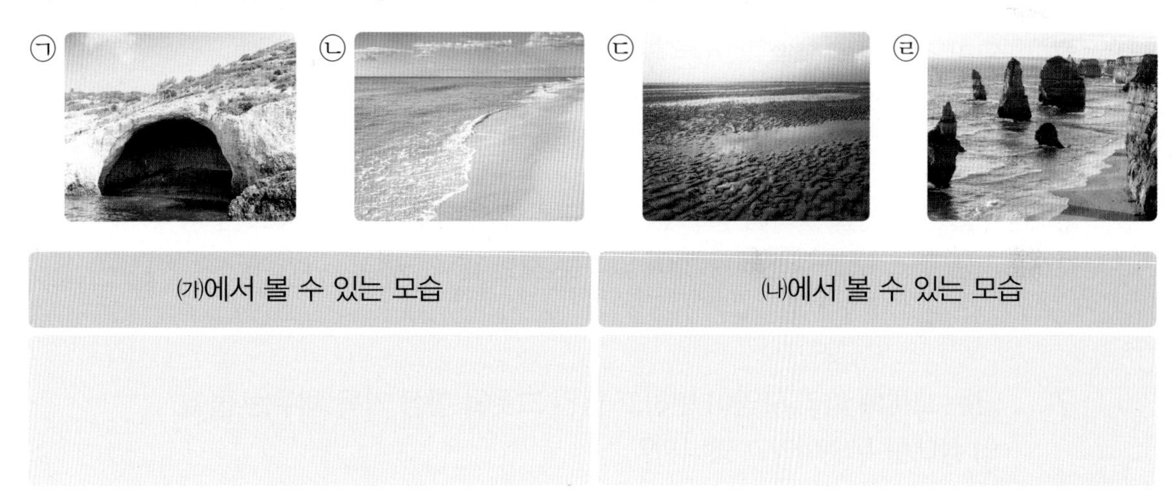

(가)에서 볼 수 있는 모습	(나)에서 볼 수 있는 모습

2 위 1번 답과 같이 (가)와 (나) 주변에서 볼 수 있는 모습이 다른 까닭을 바닷물인 파도가 하는 작용과 관련지어 쓰시오.

정답과 풀이 27쪽

빈칸에 알맞은 답을 쓰세요.

1 나뭇조각, 물, 공기 중 눈에 보이고 손으로 잡아서 전달할 수 있는 것은 어느 것입니까?

2 나무 막대를 여러 가지 모양의 그릇에 넣으면 나무 막대의 모양과 부피는 변합니까, 변하지 않습니까?

3 담는 그릇이 바뀌어도 모양과 부피가 일정한 물질의 상태를 무엇이라고 합니까?

4 물을 여러 가지 모양의 그릇에 옮겨 담으면 물의 모양이 변합니까, 변하지 않습니까?

5 우리 주변의 물질 중 액체는 무엇이 있습니까?

6 부풀린 풍선을 물속에 넣고 풍선 입구를 쥐었던 손을 살짝 놓으면 생기는 것을 보고 주변에 무엇이 있다는 것을 알 수 있습니까?

7 담는 그릇에 따라 모양이 변하고 담긴 그릇을 항상 가득 채우는 물질의 상태를 무엇이라고 합니까?

8 바닥에 구멍이 뚫리지 않은 플라스틱 컵을 뒤집어 물이 담긴 수조의 바닥까지 밀어 넣으면 수조 안 물의 높이는 어떻게 됩니까?

9 공기는 다른 곳으로 이동할 수 있습니까, 이동할 수 없습니까?

10 찌그러진 축구공과 탱탱한 축구공 중 더 무거운 것은 어느 것입니까?

빈칸에 알맞은 답을 쓰세요.

1 나뭇조각, 물, 공기 중 눈에 보이지 않고 손으로 잡을 수 없는 것은 어느 것입니까?

2 나뭇조각, 물, 공기 중 흘러내려 친구에게 전달하기 어려운 것은 어느 것입니까?

3 책, 꿀, 식초, 모래 중 고체인 것 두 가지는 어느 것입니까?

4 물을 여러 가지 모양의 그릇에 옮겨 담으면 물의 부피는 어떻게 됩니까?

5 담는 그릇에 따라 모양은 변하지만 부피는 일정한 물질의 상태를 무엇이라고 합니까?

6 빈 페트병의 입구 부분을 물속에 넣고 손으로 누르면 페트병의 입구에서 무엇이 생겨 위로 올라와 사라집니까?

7 바닥에 구멍이 뚫린 플라스틱 컵을 뒤집어 물이 담긴 수조의 바닥까지 밀어 넣을 때 플라스틱 컵 안의 공기는 어떻게 됩니까?

8 피스톤을 당겨 놓은 주사기와 피스톤을 밀어 넣은 주사기를 비닐관으로 연결한 후 당겨 놓은 주사기의 피스톤을 밀면 피스톤을 밀어 넣은 주사기는 어떻게 됩니까?

9 공기는 무게가 있습니까, 없습니까?

10 교실에는 눈에 보이지 않는 무엇으로 가득 차 있습니까?

4 단원

1 서술형 동아, 김영사, 비상, 아이스크림, 지학사, 천재

나무 막대, 물, 공기를 친구에게 전달하고, 전달받은 친구는 그 물질을 플라스틱 그릇에 담아 보는 활동입니다. 나무 막대, 물, 공기 중 전달할 수 있는 것은 무엇인지 쓰고, 그 까닭을 쓰시오.

(1) 전달할 수 있는 것: (   )

(2) 까닭: ______________________________

____

2 아이스크림

어항 속에서 볼 수 있는 여러 가지 물질의 상태를 각각 쓰시오.

㉠ (   ), ㉡ (   )
㉢ (   ), ㉣ (   )

3 7종 공통

위 **2**번 어항 속 ㉠~㉣ 물질 중 손으로 잡아서 친구에게 전달할 수 있는 것의 기호를 쓰시오.

(   )

4 아이스크림

오른쪽과 같은 크기의 탁구공을 다음의 그릇에 각각 옮겨 담으려고 합니다. 각 그릇에 담았을 때의 모습을 그릇에 그려 넣으시오.
(단, 주어진 공의 크기와 같은 크기로 그리고, 그릇의 입구가 공보다 작은 경우에는 그릇 안에 공을 넣을 수 없습니다.)

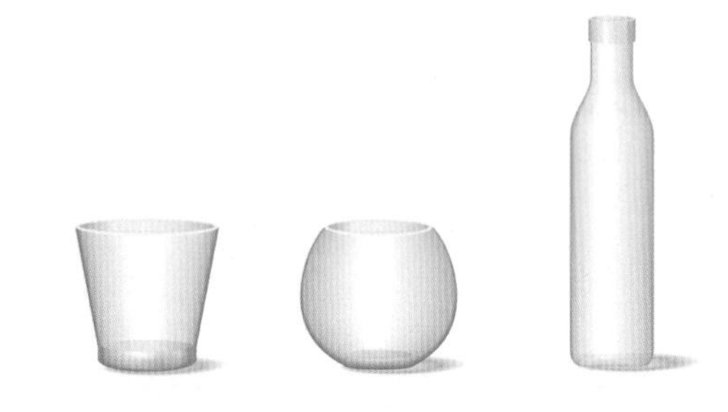

5 7종 공통

우리 주변의 물질 중 액체인 것끼리 옳게 짝 지은 것은 어느 것입니까? (   )

①  

②  

③ 

④ 

6 7종 공통

다음 세 물질의 공통된 성질로 옳은 것은 어느 것입니까? (   )

① 모양이 일정하다.
② 눈에 보이지 않는다.
③ 손으로 잡아서 옮길 수 있다.
④ 담긴 그릇에 항상 가득 찬다.
⑤ 담는 그릇에 따라 모양이 다양하게 변한다.

7 서술형 7종 공통

물을 모양이 다른 그릇에 옮겨 담은 후 처음에 사용한 그릇에 다시 옮겨 담았을 때 물의 높이가 옳은 것의 기호를 쓰고, 그 까닭을 쓰시오.

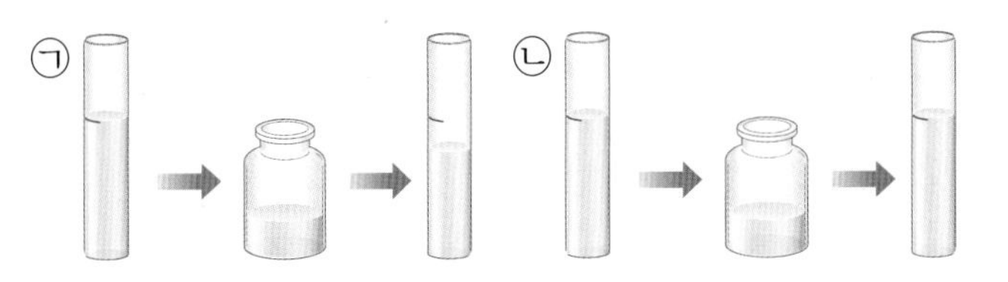

(1) 물의 높이가 옳은 것: (   )

(2) 까닭: ____________________

____

8 7종 공통

다음 (   ) 안에 공통으로 들어갈 알맞은 말을 쓰시오.

「명사」
「1」 기압의 변화 또는 사람이나 기계에 의하여 일어나는 (   )의 움직임.
예 바람이 불다. 바람이 세다.
「2」 공이나 튜브 따위와 같이 속이 빈 곳에 넣는 (   ).
예 축구공에 바람을 가득 넣다.

(   )

9 7종 공통

기체의 성질에 대해 잘못 말한 사람의 이름을 쓰시오.

(   )

10 동아

물건을 보호할 때 사용하는 에어 캡에서는 볼록한 모습을 볼 수 있습니다. 작은 원 안에 들어 있는 것은 무엇인지 쓰시오.

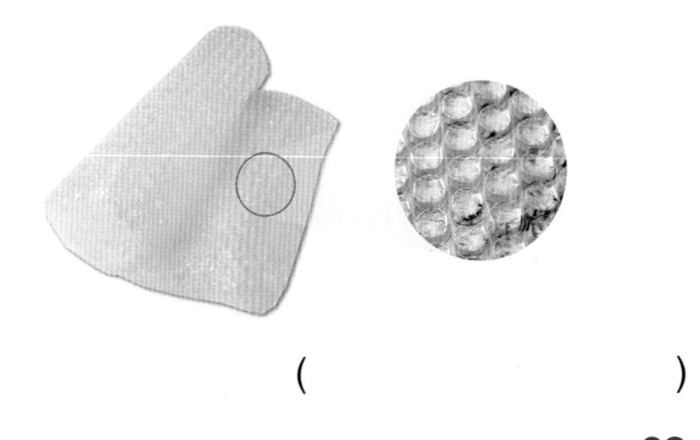

(   )

[11-12] 바닥에 구멍이 뚫린 플라스틱 컵과 구멍이 뚫리지 않은 플라스틱 컵을 뒤집어 각각 물에 띄운 페트병 뚜껑을 덮은 뒤 수조 바닥까지 밀어 넣으려고 합니다. 물음에 답하시오.

(가) 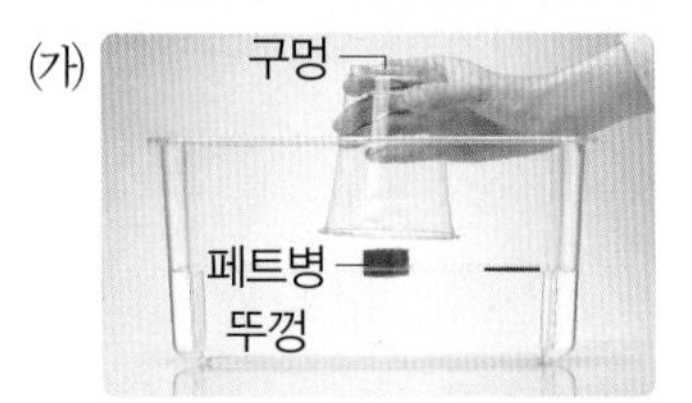

(나) 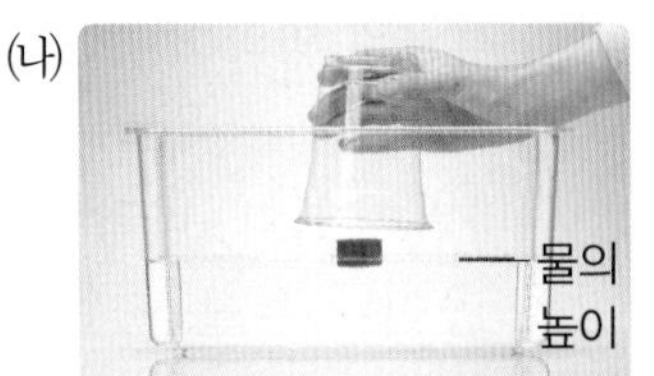

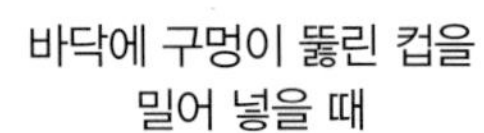
바닥에 구멍이 뚫린 컵을 밀어 넣을 때

바닥에 구멍이 뚫리지 않은 컵을 밀어 넣을 때

11 동아, 금성, 김영사, 아이스크림, 천재

위 플라스틱 컵을 수조 바닥까지 밀어 넣을 때 페트병 뚜껑의 위치와 수조 안 물의 높이가 다음과 같이 나타나는 경우의 기호를 각각 쓰시오.

(1) (2)
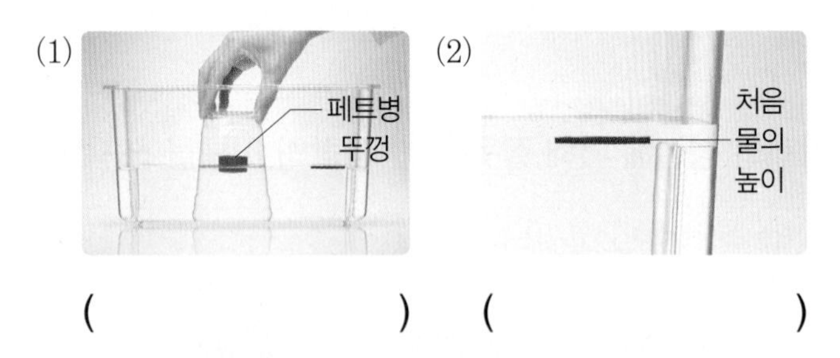

( ) ( )

12 동아, 금성, 김영사, 아이스크림, 천재

다음은 위 11번 결과를 보고 알 수 있는 공기의 성질을 정리한 것입니다. ( ) 안에 들어가기에 가장 알맞은 것은 어느 것입니까? ( )

> 공기는 ( )

① 가볍다.
② 눈에 보인다.
③ 냄새가 있다.
④ 모양이 일정하다.
⑤ 공간을 차지한다.

13 김영사, 천재

다음은 부풀린 풍선의 입구를 물속에 넣고 풍선 입구를 쥐었던 손을 살짝 놓았을 때의 모습과 결과를 정리한 것입니다. ( ) 안에 들어갈 알맞은 말을 쓰시오.

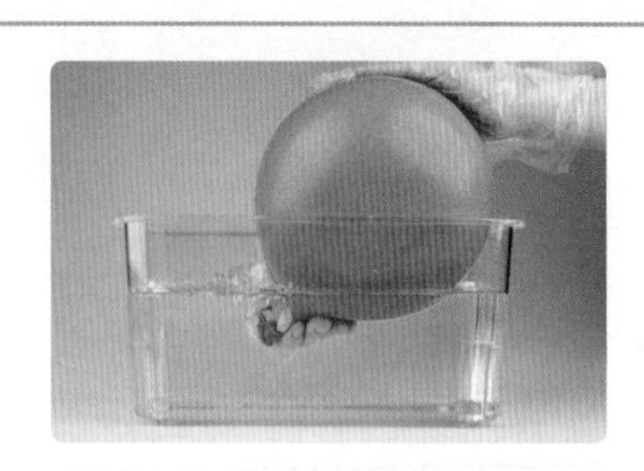

> 풍선 속에 있던 (㉠)이/가 풍선 속에서 풍선 밖으로 (㉡)하면서 보글보글 소리가 난다.

㉠ ( ), ㉡ ( )

14 7종 공통

다음 물체에서 공기가 공간을 차지하는 성질을 이용하지 않은 것의 기호를 쓰시오.

㉠ 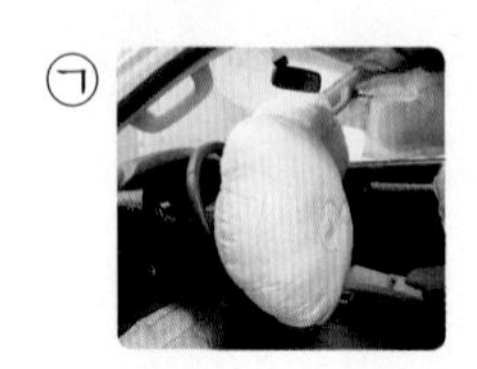
▲ 자동차 에어 백

㉡ 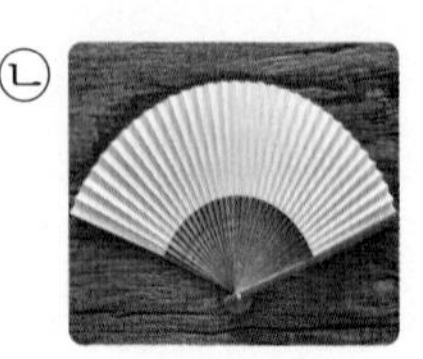
▲ 부채

㉢ 
▲ 비눗방울

( )

15 동아

페트병에 풍선을 끼운 후 페트병을 양손으로 힘껏 눌렀습니다. 페트병 안의 공기에 대한 설명으로 옳은 것은 어느 것입니까? ( )

① 공기가 사라진다.
② 공기가 제자리에 머문다.
③ 공기의 무게가 가벼워진다.
④ 공기가 풍선 쪽으로 이동한다.
⑤ 공기 속 물질의 종류가 달라진다.

16 비상, 아이스크림, 지학사, 천재

주사기 두 개의 피스톤을 다음과 같이 놓고 두 주사기를 비닐관으로 연결하였습니다. ㉠ 주사기의 피스톤이 화살표(➡) 방향으로 이동하게 하기 위한 방법을 옳게 말한 두 사람의 이름을 쓰시오.

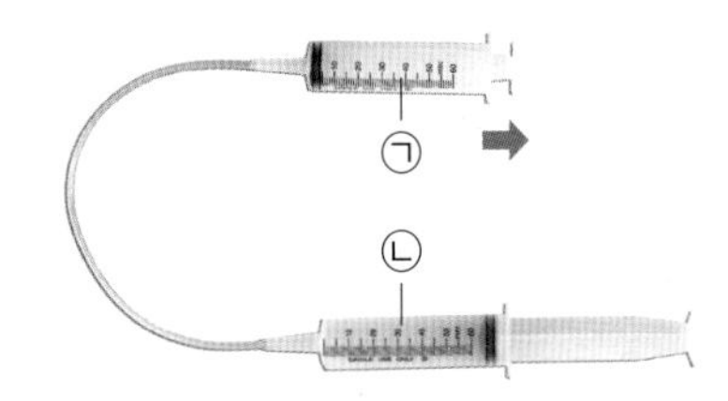

- 도훈: ㉠ 주사기의 피스톤을 당기면 돼.
- 준우: ㉠ 주사기의 피스톤을 더 밀어 넣어 봐.
- 소윤: ㉡ 주사기의 피스톤을 안쪽으로 밀면 돼.

( )

17 금성, 아이스크림

눈에 보이지 않지만 버스 안에는 가득 차 있는 것이 있습니다. 버스 안을 가득 채운 물질에 대한 설명으로 옳은 것을 보기 에서 골라 기호를 쓰시오.

보기
㉠ 버스 안을 가득 채우고 있는 물질은 액체 상태이다.
㉡ 버스 안을 가득 채우고 있는 물질은 무게가 없다.
㉢ 버스 안을 가득 채우고 있는 물질의 양이 많아지면 무게가 늘어난다.

( )

18 동아, 금성, 김영사, 비상, 아이스크림, 천재

다음은 공기 주입 마개를 끼운 페트병의 무게를 전자저울로 측정한 결과입니다. 이 페트병이 팽팽해질 때까지 공기 주입 마개를 누른 후 다시 측정한 무게로 알맞은 것은 어느 것입니까? ( )

① 30.6 g ② 43.7 g
③ 46.4 g ④ 46.9 g
⑤ 48.3 g

19 서술형 동아, 금성, 김영사, 비상, 아이스크림, 천재

위 18번과 같이 공기 주입 마개를 눌러 페트병이 팽팽해지면 페트병의 무게가 달라지는 까닭을 쓰시오.

20 7종 공통

다음 ( ) 안에 들어갈 알맞은 말을 각각 보기 에서 골라 쓰시오.

보기
고체, 액체, 기체, 모양, 부피

(1) 고체는 담는 그릇에 관계없이 ( )과/와 ( )이/가 일정하다.
(2) 담는 그릇에 따라 모양이 변하지만, 부피는 변하지 않는 물질의 상태는 ( )이다.
(3) 담는 그릇에 따라 모양이 변하고, 담긴 그릇을 항상 가득 채우는 물질의 상태는 ( )이다.

1 동아, 김영사, 비상, 아이스크림, 지학사, 천재

다음은 나뭇조각, 물, 공기 중 무엇에 대한 설명인지 쓰시오.

- 모양이 변한다.
- 손에 느껴지지 않는다.
- 지퍼 백에 넣으면 항상 가득 채운다.

(　　　　　　　　　　)

2 7종 공통

우리 주변의 다양한 물체 중 플라스틱 막대와 물질의 상태가 같은 것끼리 옳게 짝 지은 것은 어느 것입니까? (　　　)

① 철사, 가위, 식초
② 시계, 강물, 빗물
③ 화분, 우유, 커튼
④ 참기름, 의자, 베개
⑤ 설탕, 종이컵, 컴퓨터

3 서술형 김영사, 비상, 아이스크림, 천재

다음과 같은 가루 물질의 상태는 무엇인지 쓰고, 그렇게 생각한 까닭을 쓰시오.

▲ 소금

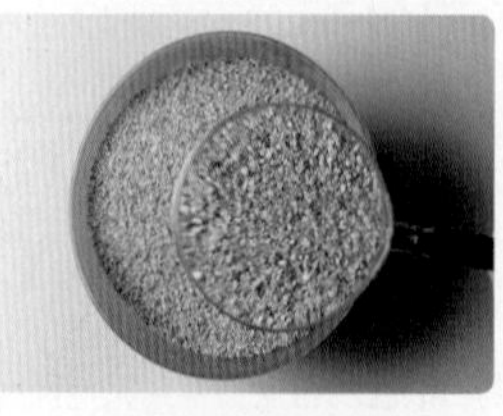

▲ 모래

(1) 물질의 상태: (　　　　　　　　　　)

(2) 까닭: ______________________________

____

4 7종 공통

나무 막대와 주스를 여러 가지 모양의 투명한 그릇에 넣은 모습을 보고 알 수 있는 고체와 액체의 차이점으로 옳은 것을 보기 에서 골라 기호를 쓰시오.

보기

㉠ 고체는 부피가 변하고, 액체는 모양이 변한다.
㉡ 고체는 모양이 변하지 않고, 액체는 모양이 변한다.
㉢ 고체는 부피가 변하지 않고, 액체는 부피가 변한다.

(　　　　　　　　　　)

5 7종 공통

다음은 물이 담긴 분무기를 눌러 물을 뿌리는 모습입니다. 분무기 안에 있는 물 ㉠과 분무기 밖으로 나오는 물 ㉡에 대해 옳게 말한 사람의 이름을 쓰시오.

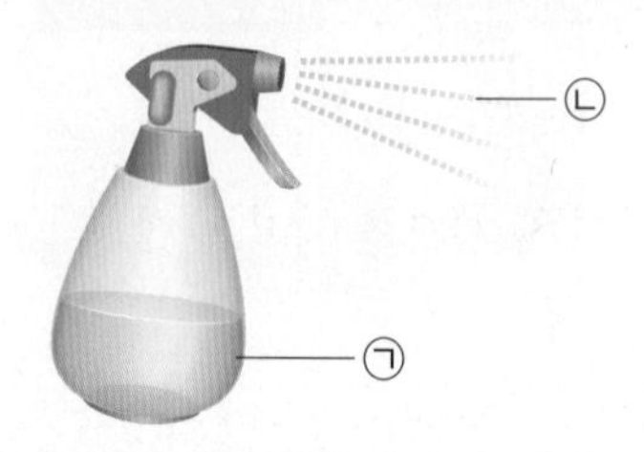

- 태현: ㉠과 ㉡은 색깔이 달라.
- 동윤: ㉠과 ㉡은 물질의 상태가 달라.
- 서영: ㉠과 ㉡은 물질의 상태가 같고, 모양만 달라.

(　　　　　　　　　　)

6 서술형 7종 공통

물을 관찰하고 작성한 탐구 일지에서 잘못된 부분을 골라 기호를 쓰고, 옳게 고쳐 쓰시오.

> 물은 투명하고 냄새가 없다. ㉠ 흐르지 않고 ㉡ 눈으로 볼 수 있으며, ㉢ 손으로 잡기 어렵다.

(1) 잘못된 부분: (   )

(2) 옳게 고쳐 쓰기: ______________________________

____

7 7종 공통

우유 팩에 들어 있는 우유를 컵에 부었더니 우유의 모양이 변했습니다. 우유와 같은 결과를 볼 수 있는 경우를 모두 골라 ○표 하시오.

(1) 컵에 있는 물을 빨대로 마실 때 (   )

(2) 공기를 넣은 지퍼 백을 손으로 누를 때 (   )

(3) 병에 담긴 기름을 동그란 프라이팬에 부을 때 (   )

8 7종 공통

투명한 그릇에 주스를 담고 높이를 표시한 후 다양한 모양의 그릇에 차례대로 옮겨 담았습니다. 다시 처음의 컵에 주스를 옮겨 담았을 때 주스의 높이에 대한 설명으로 옳은 것을 보기 에서 골라 기호를 쓰시오.

보기

㉠ 처음 표시한 높이와 같다.
㉡ 처음 표시한 높이를 알 수 없다.
㉢ 처음 표시한 높이보다 주스의 양이 많아진다.

(   )

9 7종 공통

오른쪽과 같이 하늘을 날고 있는 연을 보고 알 수 있는 사실을 공기와 관련지어 옳게 말한 사람의 이름을 쓰시오.

- 보영: 공기가 가볍다는 것을 알 수 있어.
- 지윤: 눈에 보이지는 않지만 주변에 공기가 있어.
- 준석: 공기는 움직이지 않는다는 것을 알 수 있어.

(   )

10 7종 공통

오른쪽과 같은 모양의 풍선을 가득 채우고 있는 물질은 어떤 상태의 물질인지 쓰시오.

(   )

[11-12] 오른쪽은 수조의 물에 띄운 페트병 뚜껑을 바닥에 구멍이 뚫리지 않은 플라스틱 컵으로 덮은 뒤 수조 바닥까지 밀어 넣으려는 모습입니다. 물음에 답하시오.

11 동아, 금성, 김영사, 아이스크림, 천재

위 플라스틱 컵을 수조 바닥까지 밀어 넣을 때 페트병 뚜껑의 위치와 수조 안 물의 높이 변화로 옳은 것을 보기 에서 각각 골라 기호를 쓰시오.

보기
- ㉠ 페트병 뚜껑이 아래로 내려간다.
- ㉡ 처음 물의 높이에서 변화가 없다.
- ㉢ 처음 물의 높이보다 조금 높아진다.
- ㉣ 페트병 뚜껑이 물 위에 그대로 떠 있다.

(1) 페트병 뚜껑의 위치: (　　　　　　　　)
(2) 수조 안 물의 높이: (　　　　　　　　)

12 7종 공통

위 **11**번 답의 결과를 보고 알 수 있는 기체의 성질을 이용한 것을 두 가지 쓰시오.

(　　　　　　　　　　　　　　　　　　)

13 비상

다음은 페트병 뚜껑을 닫고 페트병의 양옆을 손으로 눌렀을 때 나타나는 결과를 정리한 것입니다. (　) 안에 들어갈 알맞은 말을 쓰시오.

페트병이 완전히 찌그러지지 않는 까닭은 페트병 안에 들어 있는 (　㉠　) 이/가 (　㉡　)하는 성질이 있기 때문이다.

㉠ (　　　　　　　　), ㉡ (　　　　　　　　)

14 서술형 동아, 금성, 비상, 천재

다음과 같이 공기 주입기로 풍선에 공기를 넣을 수 있는 것은 공기의 어떤 성질 때문인지 쓰시오.

15 비상

입으로 불면 코끼리 나팔이 길게 늘어나는 것과 선풍기 바람은 같은 공기의 성질을 이용한 것입니다. 이용한 공기의 성질은 어느 것입니까? (　　　)

▲ 코끼리 나팔 불기

▲ 선풍기 바람

① 공기는 사라진다.
② 공기는 미끌미끌하다.
③ 공기는 눈에 보이지 않는다.
④ 공기는 손으로 잡을 수 없다.
⑤ 공기는 다른 곳으로 이동한다.

16 비상, 아이스크림, 지학사, 천재

피스톤을 밀어 놓은 주사기와 피스톤을 당겨 놓은 주사기를 비닐관 양쪽에 끼운 후 오른쪽 주사기의 피스톤을 밀 때 공기의 이동으로 옳은 것의 기호를 쓰시오.

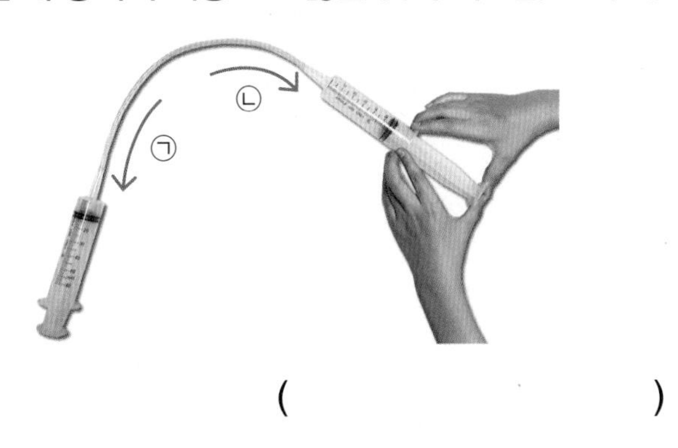

( )

17 동아, 비상

찌그러진 축구공에 공기를 넣어 축구공이 탱탱해졌습니다. 축구공의 변화에 대해 옳게 말한 사람의 이름을 쓰시오.

▲ 찌그러진 축구공

▲ 탱탱한 축구공

- 나은: 공기를 넣으면 축구공의 색깔이 변해.
- 주영: 공기를 넣으면 축구공의 무게가 늘어나.
- 승현: 공기를 넣으면 축구공 표면의 물질이 달라져.

( )

18 7종 공통

고무보트가 무거워 옮기기 어려워하는 재완이가 고무보트를 쉽게 옮길 수 있는 방법으로 옳은 것을 보기 에서 골라 기호를 쓰시오.

보기
㉠ 고무보트에서 공기를 뺀다.
㉡ 고무보트 표면의 색깔을 바꾼다.
㉢ 고무보트에 공기를 조금 더 넣는다.

( )

19 서술형 동아, 금성, 김영사, 비상, 아이스크림, 천재

다음은 페트병 입구에 끼운 공기 주입 마개를 누르는 횟수를 다르게 하여 페트병의 무게를 측정한 결과입니다. ㉠ 페트병보다 ㉡ 페트병의 무게가 더 무거운 까닭을 쓰시오.

㉠
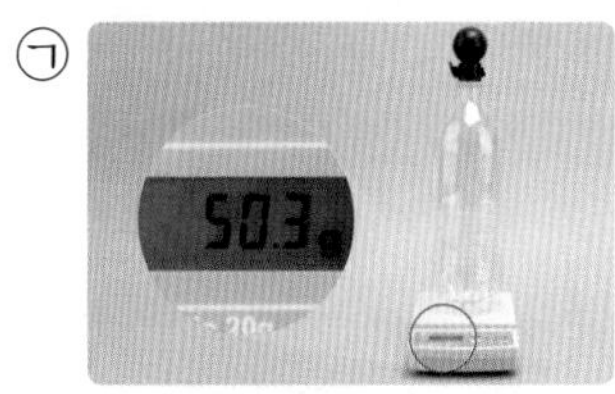

▲ 공기 주입 마개를 두 번 눌렀을 때

㉡ 55.7
▲ 공기 주입 마개를 다섯 번 눌렀을 때

____

____

20 7종 공통

다음은 물질의 상태에 따른 분류 놀이를 위한 붙임딱지입니다. 물질의 상태에 따라 알맞은 붙임딱지의 기호를 쓰시오.

㉠
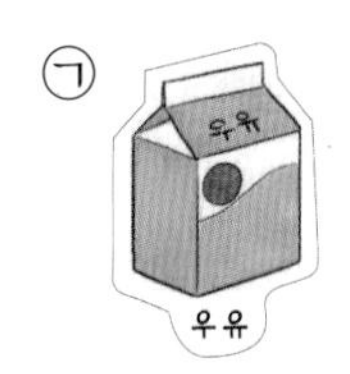

㉡

㉢
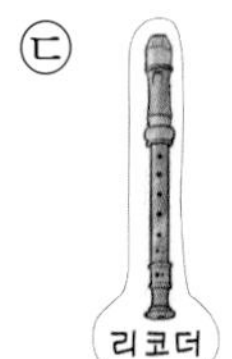

㉣

㉤

㉥

㉦

㉧
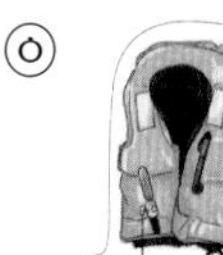

(1) 고체: ( )
(2) 액체: ( )
(3) 기체: ( )

● 정답과 풀이 29쪽

평가 주제	액체의 성질 알기
평가 목표	그릇에 따른 모양과 부피 변화를 관찰하여 액체의 성질을 설명할 수 있다.

[1-2] 다음 실험 과정을 보고, 물음에 답하시오.

(가)

투명한 그릇 한 개에 물을 넣은 뒤 유성 펜으로 물의 높이를 표시하고, 그릇에 담긴 물의 모양을 관찰한다.

(나)

(가) 과정의 그릇에 들어 있는 물을 다른 모양의 그릇에 옮겨 담은 뒤 물의 모양을 관찰한다.

(다)

(나) 과정의 그릇에 들어 있는 물을 또 다른 모양의 그릇에 옮겨 담은 뒤 물의 모양을 관찰한다.

1 위 (다) 과정의 그릇에 들어 있는 물을 다시 처음에 사용한 (가) 과정의 그릇으로 옮겨 담았을 때의 결과를 쓰시오.

2 위 1번 답을 참고하여 액체의 성질을 모양과 부피를 관련지어 쓰시오.

3 다음 보기 에서 액체를 모두 골라 ○표 하시오.

보기

주스, 꿀, 설탕, 우유, 소금, 공기, 지우개, 참기름

2회 4. 물질의 상태

● 정답과 풀이 29쪽

평가 주제 공기의 성질 알아보기

평가 목표 실험을 통해 공기의 성질을 설명할 수 있다.

[1-3] 다음 실험 과정을 보고, 물음에 답하시오.

(가)
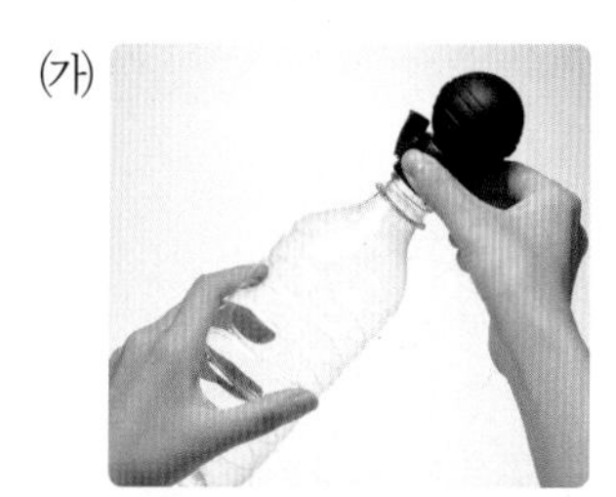
페트병 입구에 공기 주입 마개를 끼운다.

(나)

공기 주입 마개를 끼운 페트병의 무게를 전자저울로 측정한다.

(다)

공기 주입 마개를 여러 번 누른다.

(라)
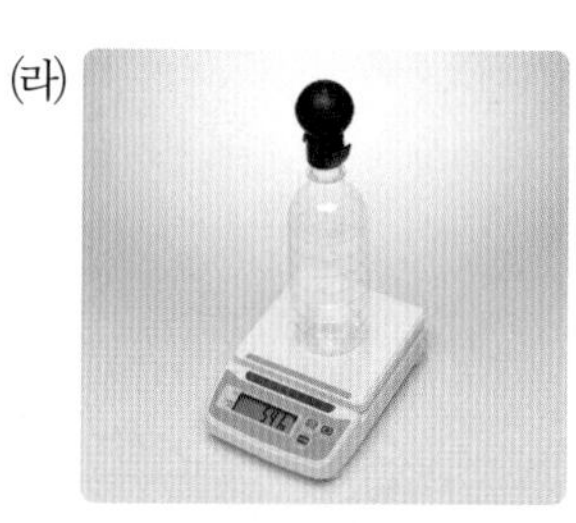
팽팽해진 페트병의 무게를 전자저울로 측정한다.

1 위 실험에서 공기 주입 마개를 누르기 전 페트병의 무게와 공기 주입 마개를 열 번 누른 후, 스무 번 누른 후 페트병의 무게를 비교하여 가장 무거운 것부터 차례대로 기호를 쓰시오.

㉠ 공기 주입 마개를 누르기 전 페트병의 무게	㉡ 공기 주입 마개를 열 번 누른 후 페트병의 무게	㉢ 공기 주입 마개를 스무 번 누른 후 페트병의 무게

(　　　　　　) → (　　　　　　) → (　　　　　　)

2 위 (다) 과정에서 공기 주입 마개를 여러 번 누르면 페트병이 팽팽해집니다. 그 까닭을 공기 주입 마개의 역할과 관련지어 쓰시오.

3 위 실험을 통해 알 수 있는 공기의 성질은 무엇인지 쓰시오.

4 단원

● 정답과 풀이 30쪽

빈칸에 알맞은 답을 쓰세요.

1 소리가 나는 스피커에 손을 대 보면 손에서 무엇이 느껴집니까?

2 작은북 위에 좁쌀을 올려놓고 북채로 작은북을 세게 칠 때와 약하게 칠 때 중 좁쌀이 더 높게 튀는 경우는 언제입니까?

3 소리의 크고 작은 정도를 무엇이라고 합니까?

4 망치질하는 소리나 자동차의 경적 소리는 큰 소리입니까, 작은 소리입니까?

5 물체가 빠르게 떨릴수록 높은 소리가 납니까, 낮은 소리가 납니까?

6 피아노, 기타, 트라이앵글 중 같은 높이의 음을 내는 악기는 어느 것입니까?

7 실로폰의 짧은 음판과 긴 음판 중 더 낮은 소리가 나는 것은 어느 것입니까?

8 멀리 있는 새 소리를 들을 수 있는 것은 소리가 무엇을 통해 전달되었기 때문입니까?

9 소리가 물체에 부딪쳐 되돌아오는 현상을 무엇이라고 합니까?

10 단단한 물체와 부드러운 물체 중 소리가 잘 반사되는 것은 어느 것입니까?

정답과 풀이 30쪽

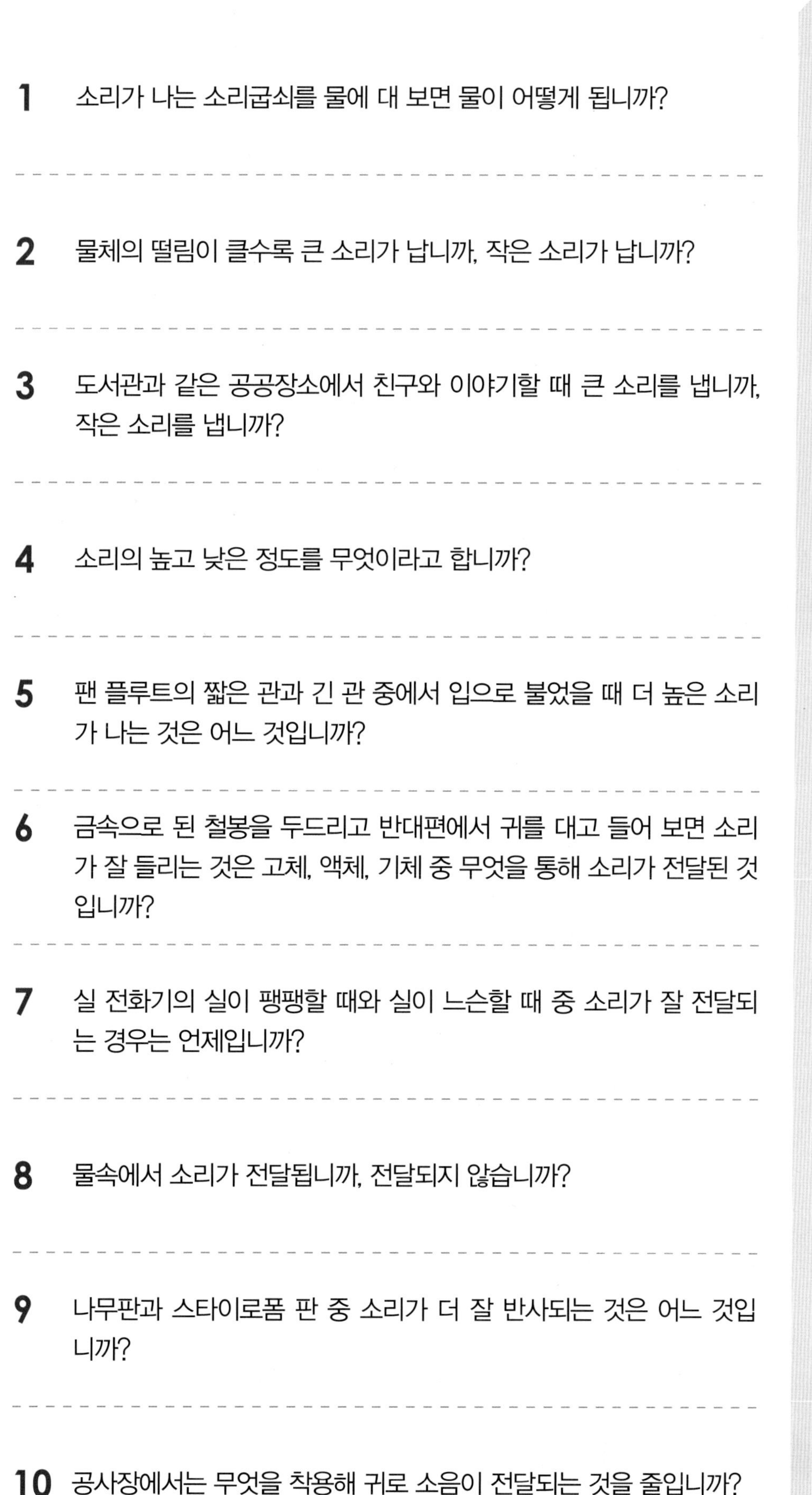

빈칸에 알맞은 답을 쓰세요.

1 소리가 나는 소리굽쇠를 물에 대 보면 물이 어떻게 됩니까?

2 물체의 떨림이 클수록 큰 소리가 납니까, 작은 소리가 납니까?

3 도서관과 같은 공공장소에서 친구와 이야기할 때 큰 소리를 냅니까, 작은 소리를 냅니까?

4 소리의 높고 낮은 정도를 무엇이라고 합니까?

5 팬 플루트의 짧은 관과 긴 관 중에서 입으로 불었을 때 더 높은 소리가 나는 것은 어느 것입니까?

6 금속으로 된 철봉을 두드리고 반대편에서 귀를 대고 들어 보면 소리가 잘 들리는 것은 고체, 액체, 기체 중 무엇을 통해 소리가 전달된 것입니까?

7 실 전화기의 실이 팽팽할 때와 실이 느슨할 때 중 소리가 잘 전달되는 경우는 언제입니까?

8 물속에서 소리가 전달됩니까, 전달되지 않습니까?

9 나무판과 스타이로폼 판 중 소리가 더 잘 반사되는 것은 어느 것입니까?

10 공사장에서는 무엇을 착용해 귀로 소음이 전달되는 것을 줄입니까?

5 단원

1 7종 공통

물체에서 소리가 날 때의 공통점은 무엇입니까? (   )

① 물체가 깨진다.
② 물체가 떨린다.
③ 물체의 무게가 변한다.
④ 물체의 색깔이 변한다.
⑤ 물체를 이루고 있는 물질의 상태가 변한다.

2 동아, 김영사, 천재

다음과 같이 소리가 나는 물체와 소리가 나지 않는 물체에 각각 손을 대 보았을 때의 느낌을 찾아 선으로 이으시오.

(1) 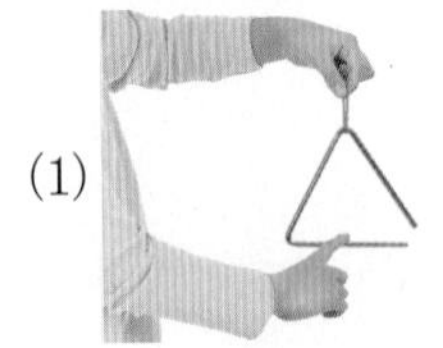
소리가 나는 트라이앵글에 손 대 보기
• • ㉠ 손에 떨림이 느껴진다.

(2) 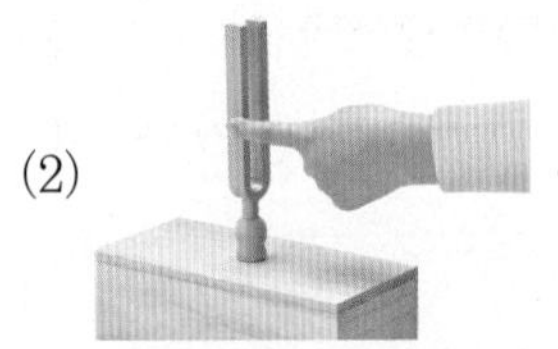
소리가 나지 않는 소리굽쇠에 손 대 보기
• • ㉡ 손에 떨림이 느껴지지 않는다.

3 7종 공통

다음 중 가장 작은 소리에 ○표 하시오.

(1) 
까치발로 걷는 소리 (   )

(2) 
자동차 경적 소리 (   )

(3) 
망치질 소리 (   )

4 7종 공통

소리의 세기에 대한 설명으로 옳지 않은 것을 다음 보기 에서 골라 기호를 쓰시오.

보기
㉠ 소리의 크고 작은 정도를 소리의 세기라고 한다.
㉡ 물체가 떨리는 정도에 따라 소리의 크기가 달라진다.
㉢ 자장가 소리는 작은 소리이고, 야구장의 응원 소리는 큰 소리이다.
㉣ 물체가 크게 떨리면 작은 소리가 나고, 물체가 작게 떨리면 큰 소리가 난다.

(   )

5 서술형 7종 공통

작은북과 캐스터네츠를 연주할 때 큰 소리를 내는 방법과 작은 소리를 내는 방법을 각각 쓰시오.

▲ 작은북 연주하기

▲ 캐스터네츠 연주하기

(1) 큰 소리를 내는 방법: ______________________

____

(2) 작은 소리를 내는 방법: ______________________

____

[6-7] 오른쪽과 같이 팬 플루트를 불어 연주를 하였습니다. 물음에 답하시오.

6 금성, 비상, 지학사

다음 악보를 팬 플루트로 연주했을 때 ㉠~㉢ 중 가장 긴 관을 연주한 음의 기호를 쓰시오.

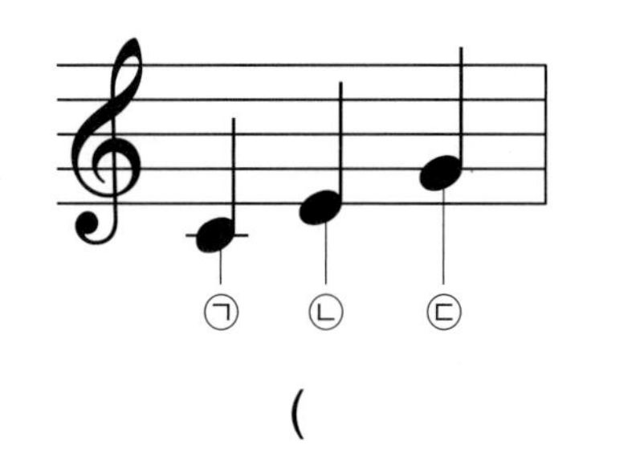

(　　　　　　　　)

7 7종 공통

위 팬 플루트와 같이 소리의 높낮이를 다르게 하여 연주할 수 있는 악기를 두 가지 고르시오. (　　　　)

① 장구
② 하프
③ 실로폰
④ 작은북
⑤ 캐스터네츠

8 천재

오른쪽과 같이 플라스틱 빨대를 4 cm, 7 cm, 10 cm 길이로 자른 뒤 한쪽 끝을 고무찰흙으로 막았습니다. 플라스틱 빨대를 입으로 불었을 때 가장 높은 소리가 나는 빨대의 길이부터 차례대로 쓰시오.

(　　　　) cm → (　　　　) cm → (　　　　) cm

9 서술형 김영사, 지학사

다음 기타의 ㉠ 부분을 눌러 잡고 ★ 부분의 기타 줄을 뚱겨 소리를 냈습니다. 더 낮은 소리를 내기 위해서는 줄을 누르는 부분을 ㉠보다 왼쪽, 오른쪽 중 어디를 눌러야 하는지 쓰고, 그 까닭을 쓰시오.

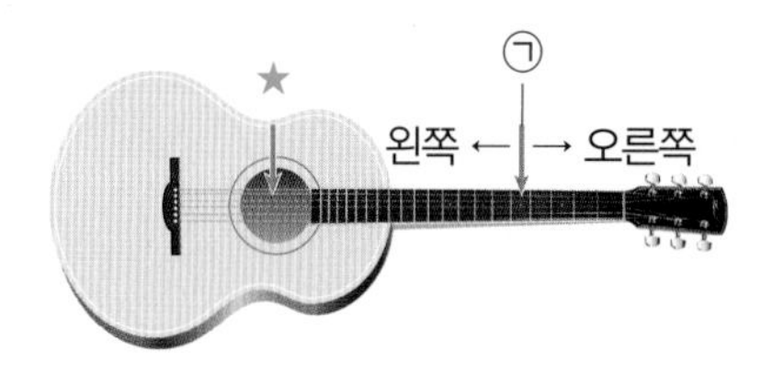

(1) 누르는 부분: ㉠보다 (　　　　　　　　)

(2) 까닭: ________________________________

____

10 7종 공통

건물에서 화재가 발생했을 때 화재 비상벨를 눌러 불이 난 것을 알려야 합니다. 이때 화재 비상벨의 소리에 대한 설명으로 옳은 것은 어느 것입니까? (　　　　)

① 높은 소리로 불이 난 것을 알린다.
② 시끄럽지 않게 작은 소리로 알린다.
③ 뱃고동 소리처럼 낮은 소리로 비상 상황을 알린다.
④ 실로폰의 짧은 음판을 치는 것처럼 낮은 소리가 난다.
⑤ 하프의 긴 줄을 튕기는 것처럼 물체가 느리게 떨리게 한다.

[11-12] 다음은 멀리서 북을 치는 소리를 듣는 모습입니다. 물음에 답하시오.

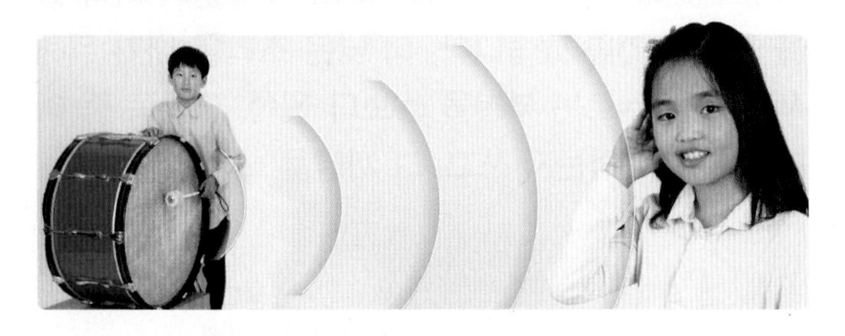

11 7종 공통

위와 같이 북을 치는 소리가 멀리 있는 친구에게 들리는 과정으로 알맞은 것을 보기 에서 각각 골라 기호를 쓰시오.

보기
㉠ 북이 떨리지 않는다.
㉡ 공기가 떨리지 않는다.
㉢ 북의 떨림이 주위의 공기에 전달된다.
㉣ 공기의 떨림이 멀리 떨어져 있는 친구의 귀로 전달된다.

북을 친다. → (　　　) → (　　　) → 소리가 들린다.

12 7종 공통

위 11번 답과 같은 방법으로 소리가 전달되는 것에 대한 설명으로 옳은 것은 어느 것입니까? (　　　)

① 소리는 기체에서만 전달된다.
② 북소리는 공기를 통해 전달된다.
③ 소리는 아무것도 없는 곳에서만 전달된다.
④ 북소리는 가까운 곳에는 전달되지 않는다.
⑤ 북면이 떨리지 않을 때 소리가 멀리 전달된다.

13 동아, 금성, 김영사, 천재

오른쪽과 같이 종이컵과 실을 연결하여 만든 실 전화기로 소리를 가장 잘 들리게 하는 방법으로 알맞은 것은 어느 것입니까? (　　　)

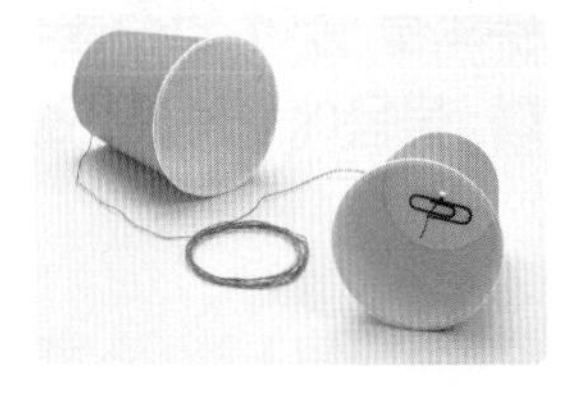

① 실을 손으로 잡고 말한다.
② 실의 중간을 자른 후에 말한다.
③ 실을 느슨하게 한 후에 말한다.
④ 실을 팽팽하게 당기면서 말한다.
⑤ 실을 길게 연결하여 멀리에서 말한다.

14 7종 공통

효민이는 물이 담긴 수조에 넣은 스피커에서 나는 소리를 들을 수 있었습니다. 효민이의 탐구 결과를 보고 옳게 말한 사람의 이름을 쓰시오.

- 재우: ㉠과 ㉡ 부분에서 소리를 전달하는 물질이 같아.
- 서린: ㉠에서는 액체, ㉡에서는 기체 물질이 소리를 전달해.
- 주하: ㉠에서는 소리가 전달되지 않고, ㉡에서만 소리가 전달돼.

(　　　　　)

15 7종 공통

다음 각각의 상황에서 소리를 전달하는 물질 또는 물체는 무엇인지 쓰시오.

(1) 실 전화기로 친구와 이야기를 한다. (　　　)
(2) 수중 발레 선수들이 물속에서 음악에 맞춰 아름다운 동작을 한다. (　　　)
(3) 횡단보도 건너편에 있는 친구가 내 이름을 부르는 소리가 들려 쳐다보았다. (　　　)

[16-17] 다음은 나무판과 스티이로폼 판의 모습입니다. 물음에 답하시오.

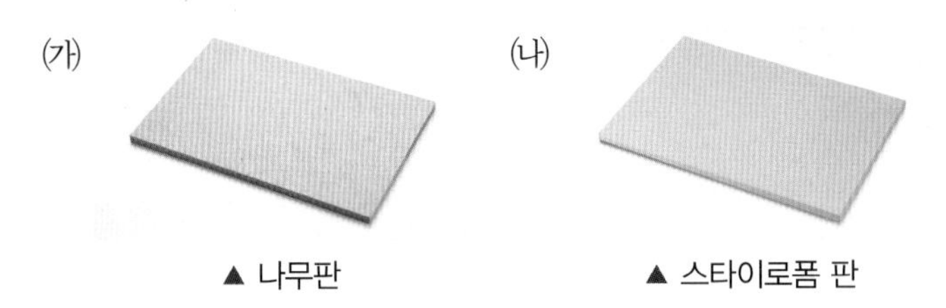

▲ 나무판 ▲ 스타이로폼 판

16 김영사, 비상, 아이스크림

소리가 나는 스피커를 플라스틱 통에 넣고 소리를 듣고 있습니다. 위 (가)와 (나) 중 플라스틱 통 위쪽에서 비스듬히 들었을 때 소리를 더 크게 들을 수 있는 것의 기호를 쓰시오.

( )

17 7종 공통

위 (가)와 (나)를 다음 ( )에 해당하는 것으로 구분하여 기호를 쓰시오.

> 소리는 (㉠)에서는 잘 반사되고, (㉡)에서는 잘 반사되지 않는다.

㉠ ( ), ㉡ ( )

18 7종 공통

공연장 천장에 설치한 반사판의 역할로 옳은 것을 보기 에서 골라 기호를 쓰시오.

> 보기
> ㉠ 소리를 흡수하여 소음을 줄인다.
> ㉡ 소리를 반사시켜 모든 관객이 잘 들리게 한다.
> ㉢ 소리의 높낮이를 변화시켜 다양하게 들리게 한다.

( )

19 서술형 7종 공통

다음은 운동장에서 축구를 하는 학생들의 모습입니다. 이곳에서 들리는 소음은 어떤 것이 있는지 한 가지 쓰시오.

20 7종 공통

소리의 성질과 관련하여 소음을 줄이는 방법을 옳게 말한 사람의 이름을 쓰시오.

> • 규리: 소음을 발생시키는 물체를 더 많이 놓아야 해.
> • 지훈: 소음을 발생시키는 물체의 떨림을 더 크게 만들어.
> • 승현: 소음 피해가 적은 곳으로 소음을 반사시켜 보내야 해.

( )

5 단원

1 7종 공통

소리에 대한 설명으로 옳은 것을 보기 에서 두 가지 골라 기호를 쓰시오.

보기
- ㉠ 소리가 나는 물체에서 떨림이 느껴진다.
- ㉡ 소리가 나는 트라이앵글을 손으로 움켜쥐면 소리가 더 커진다.
- ㉢ 모기나 벌이 날 때 들리는 '윙'하는 소리는 입에서 나는 소리이다.
- ㉣ 소리가 나지 않는 스피커에 손을 대 보면 떨림이 느껴지지 않는다.

(　　　　　　　　)

2 서술형 7종 공통

고무망치로 쳐서 소리가 나는 소리굽쇠의 소리가 나지 않게 하려면 어떻게 해야 하는지 쓰시오.

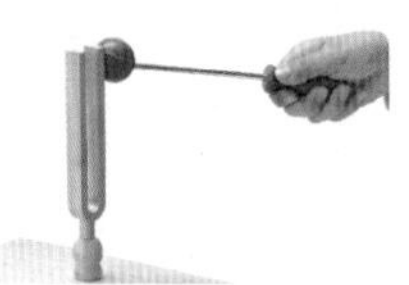

3 7종 공통

다음은 서율이가 아침에 들었던 소리에 대해 쓴 글입니다. 가장 작은 소리를 표현한 문장을 골라 기호를 쓰시오.

학교에 가려고 밖으로 나왔다. ㉠ 근처 공사장에서 망치질하는 소리가 들렸다. ㉡ 학교로 걸어가는 길에 구급차가 사이렌 소리를 내며 지나갔다. 많이 아픈 사람이 있는지 걱정이 되었다. ㉢ 학교에 도착하니 일찍 온 친구들이 운동장에서 축구를 하며 응원을 하고 있었다. 교실에 들어가 보니 ㉣ 친구들이 책을 읽으며 책장을 넘기는 소리가 들렸다.

(　　　　　　　　)

4 아이스크림

큰 소리가 나는 경우끼리, 작은 소리가 나는 경우끼리 선으로 이으시오.

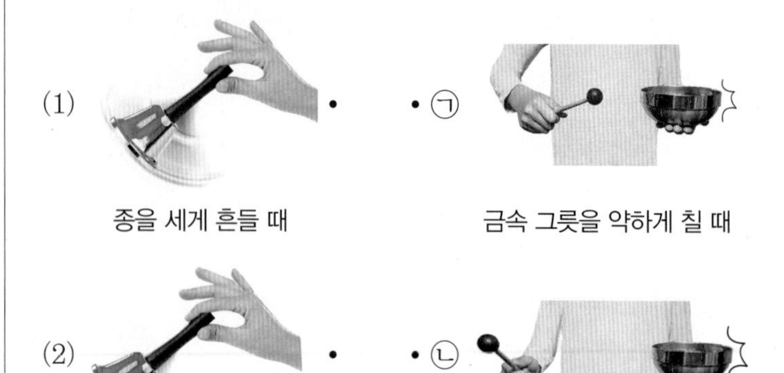

(1) 종을 세게 흔들 때 • 　　• ㉠ 금속 그릇을 약하게 칠 때

(2) 종을 약하게 흔들 때 • 　　• ㉡ 금속 그릇을 강하게 칠 때

5 7종 공통

다음과 같이 작은북 위에 좁쌀을 올려놓고 북채로 작은북을 칠 때의 결과로 (　) 안에 들어갈 알맞은 말을 각각 골라 쓰시오.

작은북을 약하게 치면 좁쌀이 ㉠ (낮게, 높게) 튀고, 작은북을 세게 치면 좁쌀이 ㉡ (낮게, 높게) 튄다.

㉠ (　　　　　　), ㉡ (　　　　　　)

6 7종 공통

낮은 소리를 내는 방법으로 옳은 것은 어느 것입니까? (   )

① 큰북을 북채로 세게 칠 때
② 실로폰의 긴 음판을 칠 때
③ 작은북을 북채로 약하게 칠 때
④ 피아노의 건반을 약하게 칠 때
⑤ 기타 줄을 짧게 잡고 힘차게 뚱길 때

[7-8] 다음 여러 가지 악기를 보고, 물음에 답하시오.

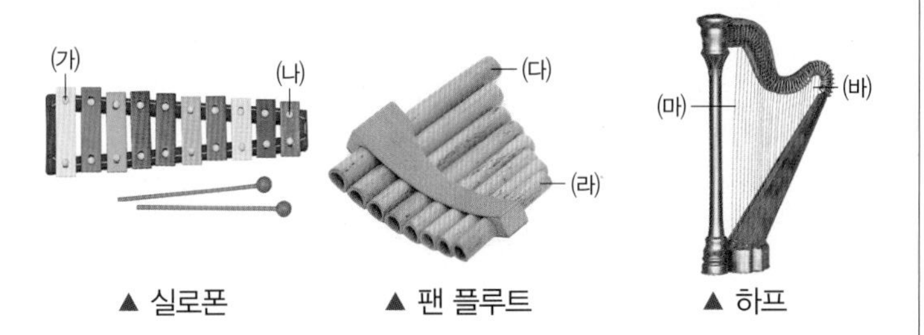

▲ 실로폰 ▲ 팬 플루트 ▲ 하프

7 7종 공통

위 각각의 악기에서 높은 소리가 나는 부분끼리 옳게 짝 지은 것은 어느 것입니까? (   )

① (가), (다), (바)
② (가), (라), (마)
③ (나), (다), (마)
④ (나), (다), (바)
⑤ (나), (라), (바)

8 7종 공통

위 악기에서 높낮이가 다른 소리가 나는 까닭을 정리한 것입니다. (   ) 안에 들어갈 알맞은 말을 쓰시오.

악기에서 소리가 나는 부분이 짧을수록 빠르게 떨려 (㉠)은/는 소리가 나고, 소리가 나는 부분이 길수록 느리게 떨려 (㉡)은/는 소리가 난다.

㉠ (   ), ㉡ (   )

9 동아, 김영사, 지학사

다음 악기의 소리에 대해 옳게 말한 사람의 이름을 쓰시오.

리코더 기타

- 은혜: ㉡의 줄을 짧게 잡고 뚱기면 낮은 소리가 나.
- 시우: ㉠의 구멍을 처음에는 모두 막지 않고 하나씩 닫으면서 불면 점점 낮은 소리가 나.
- 로하: ㉠과 ㉡은 높낮이를 다르게 하여 연주할 수 있지만, 소리의 세기는 다르게 할 수 없어.
- 준우: ㉠은 높낮이를 다르게 하여 연주할 수 있지만, ㉡은 높이가 같은 음만 낼 수 있는 악기야.

(   )

5 단원

10 서술형 7종 공통

배에서 먼 곳까지 신호를 보내기 위한 뱃고동 소리는 낮은 소리를 이용합니다. 반대로 우리 주변에서 높은 소리를 이용한 예를 두 가지 쓰시오.

11 7종 공통

다음은 혜나의 일기 중 일부입니다. 밑줄 친 부분에서 소리를 전달한 물질은 어느 것입니까? (　　　)

> 구름사다리 놀이를 한 체육 시간이 끝나고 <u>연수가 나를 부르는 소리가 들렸다.</u> 연수와 나는 함께 세면대로 가서 손을 씻고 교실로 돌아왔다.

① 유리　　② 나무
③ 공기　　④ 수돗물
⑤ 구름사다리

12 7종 공통

놀이터의 철봉에 준호가 귀를 대고 반대편에서 소영이가 철봉을 두드렸습니다. 준호의 생각으로 가장 알맞은 것을 보기 에서 골라 기호를 쓰시오.

보기
㉠ '두드리는 소리가 잘 들리네.'
㉡ '아무런 소리가 들리지 않아.'
㉢ '소리가 들리는 것 같지만 너무 작아.'

(　　　　　　　　)

13 7종 공통

소리의 전달에 대한 설명으로 옳은 것에 ○표, 옳지 않은 것에 ×표 하시오.

(1) 우주에서는 소리가 매우 느리게 전달된다. (　　)
(2) 소리는 여러 가지 물질을 통하여 전달된다. (　　)
(3) 고체에서는 소리가 전달되지만, 액체와 기체에서는 소리가 전달되는지 확인할 수 없다. (　　)

14 금성, 비상, 천재

오른쪽은 공기를 뺄 수 있는 장치에 소리가 나는 스피커를 넣은 모습입니다. 각 과정에 해당하는 결과를 각각 골라 기호를 쓰시오.

보기
㉠ 스피커의 소리가 일정하게 들린다.
㉡ 스피커의 소리가 점점 크게 들린다.
㉢ 스피커의 소리가 점점 작게 들린다.

(1) 손잡이를 당겨 공기를 뺄 때　(　　　　　　)
(2) 공기가 없던 장치 안에 공기를 다시 채울 때　(　　　　　　)

15 서술형 동아, 금성, 김영사, 천재

다음은 종이컵과 실을 연결하여 만든 실 전화기로 이야기를 듣는 모습입니다. ㉠과 ㉡ 중 친구의 목소리가 더 잘 들리는 것의 기호를 쓰고, 그 까닭을 쓰시오.

㉠

㉡

(1) 목소리가 더 잘 들리는 경우: (　　　　　　)
(2) 까닭: ______________________________

____

16 7종 공통

다음은 소리의 성질 중 무엇에 대한 설명인지 ( ) 안에 들어갈 알맞은 말을 쓰시오.

물체가 없는 빈 공간에서 소리가 울리는 것은 소리가 잘 ( )되기 때문이다.

( )

17 7종 공통

다음 중 소리가 반사되는 경우가 아닌 것을 보기 에서 골라 기호를 쓰시오.

보기

㉠ 동굴에서 소리가 울리는 경우
㉡ 산에서 메아리가 되돌아오는 경우
㉢ 목욕탕에서 목소리가 울리는 경우
㉣ 책상에 귀를 대고 책상 두드리는 소리를 듣는 경우

( )

18 금성, 천재

둥글게 만 두 개의 종이관을 직각이 되게 놓고 한쪽 종이관에 작은 소리가 나는 이어폰을 넣었습니다. 다른 쪽 종이관 끝에서 소리가 가장 크게 들리는 경우와 가장 작게 들리는 경우의 기호를 쓰시오.

나무판자를 세웠을 때

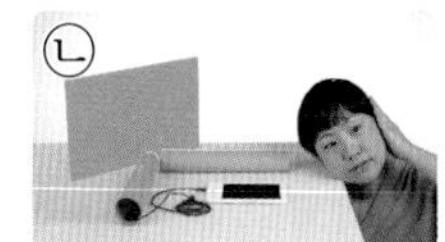

스펀지를 세웠을 때

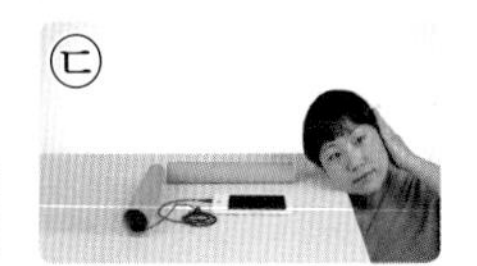

아무것도 세우지 않았을 때

(1) 소리가 가장 크게 들리는 경우: ( )

(2) 소리가 가장 작게 들리는 경우: ( )

19 7종 공통

도로에서 들리는 소음을 줄이기 위한 방법으로 알맞은 것을 두 가지 고르시오. ( )

① 도로변에 방음벽을 설치한다.
② 더 많은 자동차가 지나가게 한다.
③ 자동차가 더 빠르게 지나가게 한다.
④ 자동차의 색깔을 더 다양하게 만든다.
⑤ 자동차 운전자가 경적을 많이 울리지 않는다.

20 서술형 7종 공통

다음은 생활에서 소음을 줄이는 방법을 정리한 것입니다. ㉠~㉣ 중 잘못된 것을 골라 기호를 쓰고, 옳게 고쳐 쓰시오.

소음	소음을 줄이는 방법
확성기 소리	㉠ 확성기의 사용을 줄인다.
스피커 소리	㉡ 스피커 소리의 세기를 줄인다.
음악실 소리	㉢ 벽에 소리가 잘 전달되는 물질을 붙인다.
굴착기 소리	㉣ 공사장 주변에 방음벽을 설치하여 소음을 차단한다.

(1) 잘못된 것: ( )

(2) 고쳐 쓰기: ______________________

____

5 단원

정답과 풀이 32쪽

평가 주제	소리가 물질을 통해 전달되는 성질을 이용해 실 전화기 만들기
평가 목표	소리가 전달되는 성질을 이용하여 실 전화기를 만들 수 있고, 소리가 잘 전달되게 하는 방법을 설명할 수 있다.

[1-3] 다음 실험 과정을 보고, 물음에 답하시오.

1

두 개의 종이컵 바닥에 납작못으로 각각 구멍을 뚫고, 실을 넣어 연결한다.

2
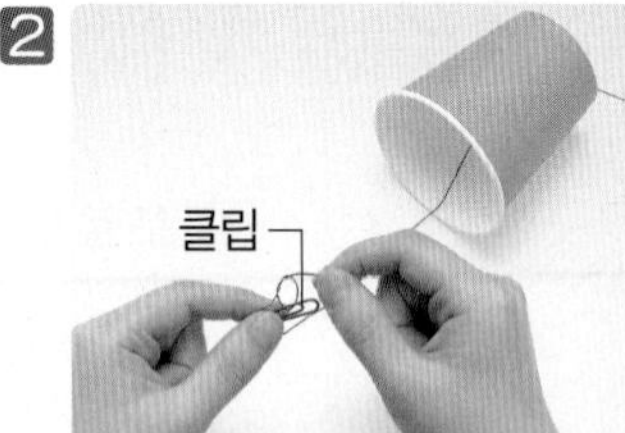

종이컵을 연결한 실 끝에 클립을 묶는다.

3
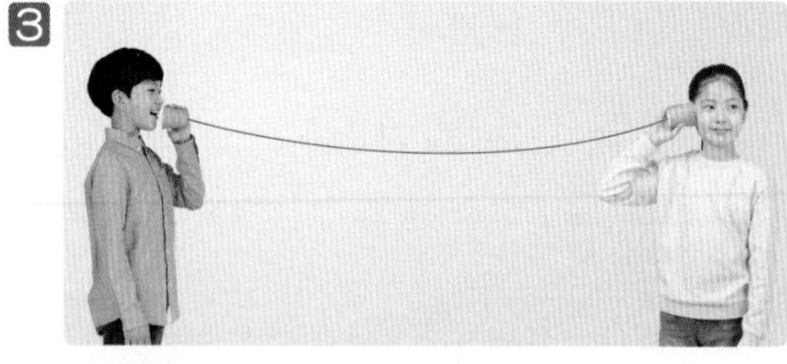
실 전화기로 친구와 이야기해 본다.

1 위 2 과정에서 실 끝에 클립을 묶는 까닭은 무엇인지 쓰시오.

2 위 실 전화기를 이용해 친구와 이야기할 때 실을 손으로 잡으면 어떻게 되는지 그 까닭과 함께 쓰시오.

3 위 3 과정에서 실 전화기를 이용해 친구와 이야기할 때 친구의 목소리가 잘 들리지 않았습니다. 친구의 목소리가 잘 들리도록 종이컵 사이의 실을 연결하시오.

동아출판

초능력 쌤과 탐구력을 키우자

초능력 비주얼씽킹 과학 1 1~2학년
초능력 비주얼씽킹 과학 2 3~4학년
초능력 비주얼씽킹 과학 3 5~6학년

비주얼씽킹이란?

자신의 생각을 글과 이미지를 통해 체계화하여 기억력과 이해력을 키우는 시각적 사고 방법입니다. 비주얼씽킹 초등 과학으로 그림으로 생각하고 정리하는 힘을 키워 주세요.

강의가 더해진, **교과서 맞춤 학습**

백점

과학 3·2

모바일 빠른 정답

친절한 해설북

- 한눈에 보이는 **정확한 답**
- 한번에 이해되는 **자세한 풀이**

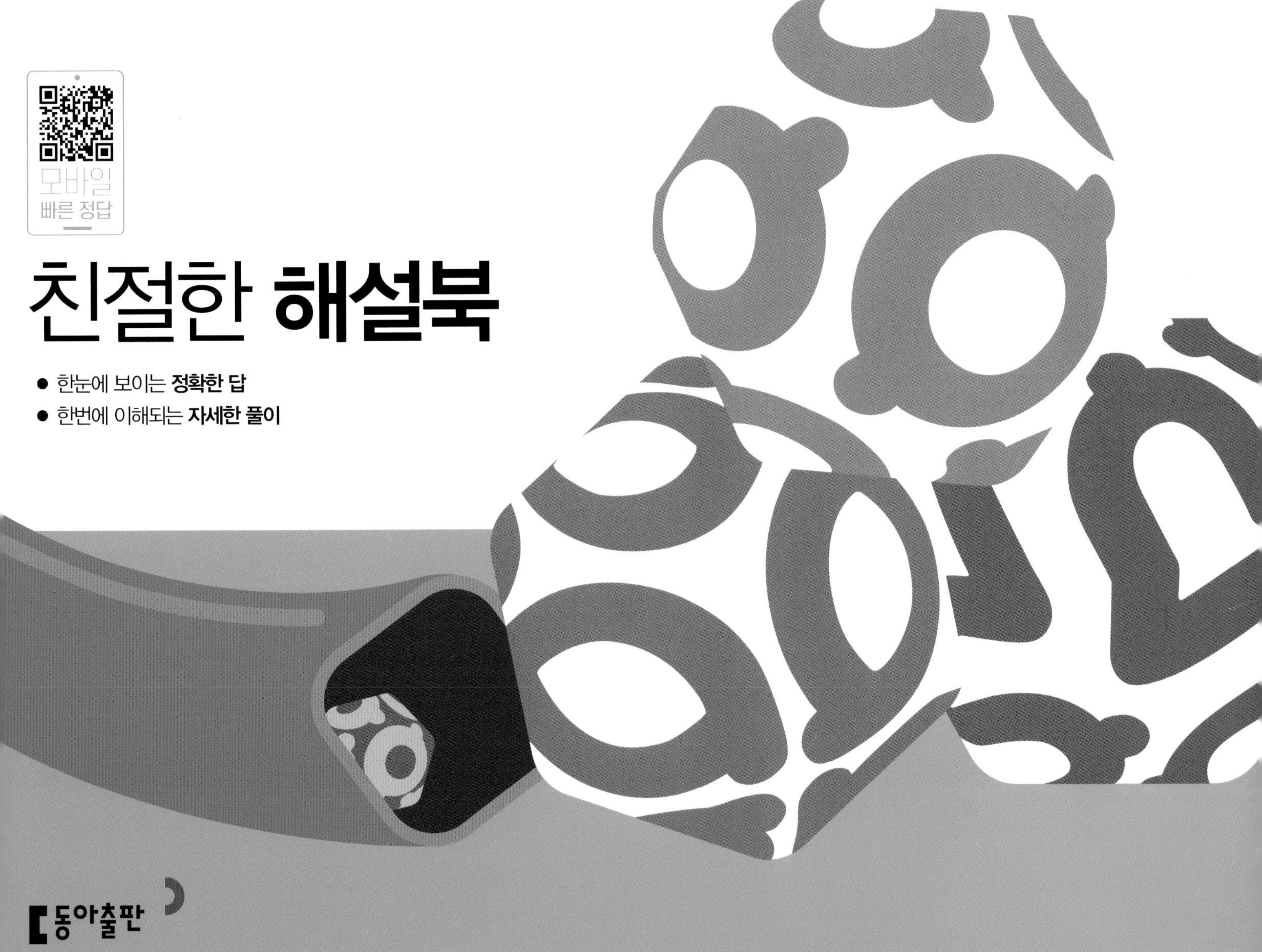

동아출판

친절한 해설북 구성과 특징

1 해설로 개념 다시보기

• 문제와 관련된 해설을 다시 한번 확인하면서 학습 내용에 대해 깊이 있게 이해할 수 있습니다.

2 서술형 채점 TIP

• 서술형 문제 풀이에는 채점 기준과 채점 TIP을 구체적으로 제시하고 있습니다.

차례

백점 과학 빠른 정답

QR코드를 찍으면 **정답**과 **해설**을 쉽고 빠르게 확인할 수 있습니다.

개념북 9~12쪽

1. 신나는 과학 탐구

◎ 나의 과학 탐구

9쪽 문제 학습

1 ㉠ **2** ㉠, ㉡, ㉢, ㉣ **3** 예 막대 끝의 모양과 관계없이 비눗방울은 공 모양입니다. **4** ② **5** ㉢, ㉣ **6** ①

1 주변에서 일어나는 일을 직접 관찰하면서 궁금한 점을 잊지 않도록 기록해 두었다가, 이로부터 탐구 문제를 정합니다.

2 탐구 계획서에는 탐구 문제, 탐구 순서 외에도 준비물, 예상되는 결과, 같게 해야 할 것, 다르게 해야 할 것 등을 씁니다.

3 막대 끝의 모양이 각각 동그라미, 네모, 별 모양일 때 나온 비눗방울의 모양이 모두 공 모양인 것으로 보아, 막대 끝의 모양과 관계없이 비눗방울은 공 모양이라는 것을 알 수 있습니다.

▲ 여러 가지 모양의 막대

▲ 여러 가지 모양의 막대에서 나온 공 모양의 비눗방울

채점 tip 막대 끝의 모양과 관계없이 비눗방울은 공 모양이라고 쓰면 정답으로 합니다.

4 탐구 과정을 반복해서 실행하면 더 정확한 결과를 얻을 수 있습니다.

5 ㉠ 발표 자료를 크고 화려하게 만드는 것이나 ㉡ 발표를 할 때 다른 나라에서 어떤 일이 일어날지는 탐구 결과 발표 자료를 만들 때 생각할 내용이 아닙니다.

6 탐구 문제는 관찰이나 실험 등 탐구 과정을 통해서 스스로 해결할 수 있는 것이 적절합니다. '우리 가족은 몇 명일까?'와 같이 탐구하는 사람이 답을 이미 알고 있는 것은 탐구 문제로 적절하지 않습니다.

예
[탐구 문제] 바람개비가 돌아가는 속도는 날개의 개수에 따라 어떻게 다를까?
- 다르게 해야 할 것: 바람개비 날개의 개수
- 예상되는 결과: 날개의 개수가 많을수록 바람개비가 돌아가는 속도가 빠를 것입니다.

◎ 신나는 과학 탐구

12쪽 문제 학습

1 ㉠, ㉡ **2** 예 동그라미 모양인가?, 네모 모양인가?, 다리가 있는가?, 머리 위에 뿔이 있는가? **3** (1) ○ **4** ② **5** ㉡ **6** 의사소통

1 ㉢ 날개에 점이나 무늬가 없이 하나의 색깔로만 이루어진 나비(두 번째 나비)도 있습니다.

2 분류는 대상들을 관찰하여 공통점과 차이점을 바탕으로 무리 짓는 것입니다.

채점 tip 가상 생물을 두 무리로 분류할 수 있는 객관적인 분류 기준을 두 가지 이상 모두 옳게 쓰면 정답으로 합니다.

예

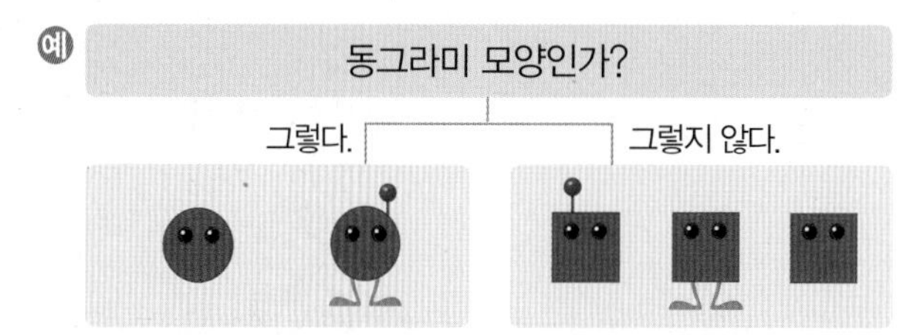

3 탐구의 측정 결과를 통해 쇠구슬을 넣지 않았을 때 물의 높이가 약 8.0 cm, 쇠구슬 1개를 넣었을 때 물의 높이가 약 8.5 cm, 쇠구슬 2개를 넣었을 때 물의 높이가 약 9.0 cm로 쇠구슬이 한 개씩 늘어날 때마다 물의 높이가 0.5 cm씩 일정한 간격으로 높아진 것을 알 수 있습니다.

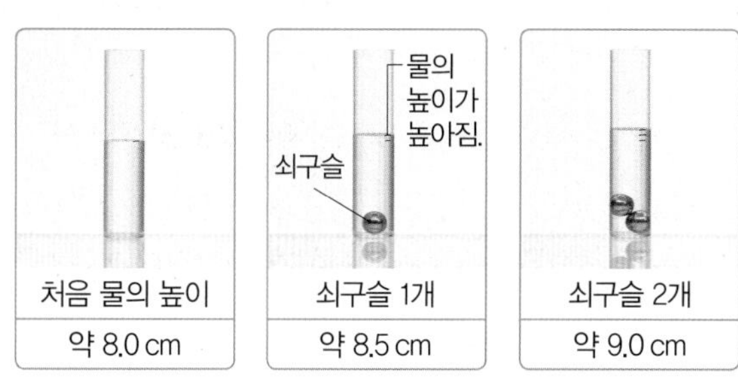

4 측정 결과를 바탕으로 물에 쇠구슬 한 개를 넣을 때마다 물의 높이가 0.5 cm씩 늘어난다는 규칙을 찾았으므로, 물에 쇠구슬 3개를 넣었을 때 물의 높이는 약 9.5 cm가 될 것입니다.

5 발자국의 크기로는 발자국의 주인이 안경을 썼는지 안썼는지에 대해 추리할 수 없습니다.

6 의사소통을 할 때에는 정확한 용어를 사용하여 이해하기 쉽게 설명하는 것이 좋습니다. 또 타당한 근거를 제시하여 설명하고 표, 그림, 몸짓 등과 같은 다양한 방법을 활용합니다.

2. 동물의 생활

1 주변에서 사는 동물, 동물 분류하기

16쪽~17쪽 문제 학습

1 예 고양이, 까치 2 예 돋보기, 확대경 3 분류 기준 4 달팽이 5 동물 6 수현 7 ③ 8 ㉡ 9 (1) ㈎ (2) 예 몸을 공처럼 둥글게 만듭니다. 10 ㈏ 11 ① 12 ㉢ 13 (1) 참새, 까마귀 (2) 개미, 나비

6 개는 나무 위에서는 보기 힘든 동물입니다. 또한 달팽이는 날아다니는 동물이 아닙니다.

7 꿀벌은 주로 화단에서 볼 수 있는 동물입니다.

8 나비는 날개가 있어 날아다니며, 다리가 세 쌍, 더듬이가 한 쌍인 동물(곤충)입니다.

9 화단에서 볼 수 있고 몸이 여러 개의 마디로 되어 있는 동물은 공벌레입니다. 공벌레를 건드리면 몸을 공처럼 둥글게 만드는 특징이 있습니다.

▲ 공벌레

채점 tip (1)에 ㈎를 쓰고, (2)에 몸을 공처럼 둥글게 만든다는 내용으로 모두 옳게 쓰면 정답으로 합니다.

10 까치는 나무 위나 화단에서 볼 수 있으며 날개가 있어 날아다닙니다. 까치의 몸은 검은색과 흰색의 깃털로 덮여 있습니다.

11 거미, 달팽이, 뱀은 모두 날개가 없는 동물입니다.

12 분류 기준으로 '뿔이 멋진 것과 뿔이 멋지지 않은 것'은 알맞지 않습니다. 어떤 동물의 뿔이 멋지고 멋지지 않은지를 판단하는 기준이 사람마다 다르기 때문입니다.

13 참새, 까마귀는 다리가 한 쌍(두 개)인 동물이고, 개미, 나비는 다리가 세 쌍(여섯 개)인 동물로 분류할 수 있습니다.

2 땅에서 사는 동물, 물에서 사는 동물

20쪽~21쪽 문제 학습

1 땅(속) 2 예 뱀, 개미 3 다리 4 오징어 5 비늘 6 ㈑ 7 (1) ㈎, ㈑ (2) ㈏, ㈐ 8 (1) ㈎ (2) 예 다리가 없어 기어 다닙니다. 9 ②, ④ 10 털 11 (1) 게 (2) 조 12 ㈎ 13 (1) ㉠ (2) ㉡ (3) ㉡ (4) ㉠ 14 예 바위에 붙어서 기어 다닙니다.

6 두더지는 몸이 털로 덮여 있고 눈이 거의 보이지 않으며, 앞발이 튼튼하여 땅속에 굴을 파서 이동하는 땅에서 사는 동물입니다.

7 지렁이와 두더지는 땅속에서 사는 동물이고, 소와 다람쥐는 땅 위에서 사는 동물로 분류할 수 있습니다.

8 지렁이, 소, 다람쥐, 두더지 중에서 다리가 없는 동물은 지렁이입니다.

채점 tip (1)에 ㈎를 쓰고, (2)에 다리가 없어 기어 다닌다는 내용으로 모두 옳게 쓰면 정답으로 합니다.

9 다슬기와 게는 물에서 사는 동물이고, 공벌레와 땅강아지는 땅에서 사는 동물입니다.

10 물에서 사는 동물인 수달은 몸이 길고 털로 덮여 있으며, 다리 네 개로 걸어 다닙니다. 발가락에는 물갈퀴가 있어 물속에서 헤엄을 잘 칠 수 있습니다.

11 게는 집게발 두 개와 걷거나 헤엄치는 데 이용하는 다리 여덟 개가 있습니다. 조개는 몸이 두 장의 딱딱한 껍데기로 둘러싸여 있으며, 납작한 도끼 모양의 발로 땅을 파고 들어가거나 기어 다닙니다. 게와 조개는 모두 갯벌에서 사는 동물입니다.

▲ 게

▲ 조개

12 물속에서 사는 동물인 붕어는 몸이 부드러운 곡선 형태인 유선형이고 비늘로 덮여 있으며, 지느러미를 이용하여 헤엄을 칩니다.

13 ㈎ 붕어와 ㈑ 물방개는 강이나 호수의 물속에서 살고, ㈏ 전복과 ㈐ 오징어는 바닷속에서 사는 동물입니다.

14 ㈏ 전복은 바위에 붙어서 기어 다니는 동물입니다.

채점 tip 기어 다닌다는 내용을 포함하여 쓰면 정답으로 합니다.

3 날아다니는 동물, 사막이나 극지방에서 사는 동물

24쪽~25쪽 문제 학습

1 새 2 날개 3 사막 4 혹 5 펭귄 6 ㉠ 7 ㈑ 8 (1) ㈎, ㈏ (2) ㈐, ㈑ 9 예 하늘다람쥐는 날개가 없지만 앞다리와 뒷다리 사이에 날개 역할을 하는 막이 있어 날아서 이동할 수 있습니다. 10 ㉠ 건조 ㉡ 춥다 11 ① 12 (1) ○ 13 북극여우 14 ⑤

6 직박구리와 매미는 날아다니는 동물이고, 개는 날개가 없으며 다리로 걷거나 뛰어다니는 동물입니다.

7 나비는 날개가 있어 날아다닐 수 있고, 몸이 머리, 가슴, 배의 세 부분으로 구분되는 곤충입니다. 대롱 같이 생긴 입으로 꽃의 꿀을 먹으며 삽니다.

8 ㈎ 까치와 ㈏ 박새는 새이고, ㈐ 잠자리와 ㈑ 나비는 곤충입니다.

9 하늘다람쥐는 날개가 없지만 날개 역할을 하는 막이 있어서 날 수 있습니다.

▲ 하늘다람쥐

채점 tip 하늘다람쥐는 날개 역할을 하는 막이 있기 때문에 날 수 있다는 내용을 포함하여 쓰면 정답으로 합니다.

10 사막은 물이 부족하고 매우 건조하며, 낮에는 햇볕이 뜨겁고 밤에는 매우 춥습니다. 또 모래바람이 강하게 붑니다.

11 낙타는 등에 지방을 저장한 혹이 있어서 물과 먹이가 없어도 며칠 동안 살 수 있습니다.

12 낙타는 발바닥이 넓적해서 모래에 발이 잘 빠지지 않습니다. (2)는 사막여우의 특징이고, (3)은 전갈의 특징입니다.

13 북극여우는 몸에 털이 많고 귀가 작아서 몸의 열을 빼앗기지 않는 특징이 있습니다. 또한 여름에는 털 색깔이 땅과 비슷한 갈색이고, 눈이 많이 오는 겨울에는 흰색 털이 나와서 다른 동물의 눈에 잘 띄지 않습니다.

14 사막이나 극지방에서 사는 동물은 사람이 살기 어려운 환경에서도 잘 살 수 있는 알맞은 특징이 있습니다.

4 동물의 특징을 모방하여 활용한 예, 동물의 생김새

28쪽~29쪽 문제 학습

1 수리 발 2 물 3 산양 4 홍합 접착제 5 로봇 6 ② 7 ㉠ 8 산천어 9 ㈏ 10 ⑤ 11 예 빛을 내는 반딧불이의 특징을 활용하여 반짝이는 인형을 만들 수 있습니다. 12 (1) ○ 13 ③ 14 정윤

6 물갈퀴는 개구리의 발을 모방하여 만든 물건입니다.

7 칫솔걸이와 같이 거울이나 유리에 붙이는 생활용품의 흡착판은 문어 빨판의 잘 붙는 특징을 모방한 것입니다.

8 앞부분이 부드러운 곡선 형태인 산천어를 모방하여, 공기 저항을 줄여 빠르게 달리는 고속 열차를 만들었습니다.

▲ 산천어

9 에어컨 실외기 날개는 지느러미에 혹이 있어서 물의 저항을 줄이는 혹등고래의 특징을 활용하였습니다.

▲ 혹등고래

10 지느러미에 혹이 있어서 물의 저항을 줄이는 것은 혹등고래의 특징입니다.

11 빛을 내는 반딧불이의 특징을 활용하여 만들 수 있는 것을 다양한 방면에서 생각해 봅니다.

채점 tip 빛을 내는 반딧불이의 특징을 활용하여 만들 수 있는 것을 한 가지 알맞게 썼으면 정답으로 합니다.

12 로봇 과학자들은 동물의 특징을 활용하여 로봇을 만들기도 합니다. 동물의 특징을 활용한 로봇에는 벌이나 소금쟁이와 같이 몸집이 작은 동물의 특징을 활용한 것도 있습니다.

13 왜가리는 물속에 있는 먹이를 잡아먹기에 알맞은 긴 부리를 가지고 있습니다.

14 동물은 사는 곳의 환경에 비슷한 색깔과 모양을 가져서 자신을 잡아먹는 천적의 눈을 피합니다.

30쪽~31쪽 교과서 통합 핵심 개념

❶ 물(연못) ❷ 분류 기준 ❸ 있는 ❹ 없는 ❺ 날개 ❻ 혹 ❼ 흰 ❽ 편리

32쪽~34쪽 **단원 평가 ❶회**

1 ④ **2** ㉡ **3** ㉡, ㉣ **4** 예 잠자리와 메뚜기는 곤충인 것으로 분류할 수 있고, 달팽이와 개구리는 곤충이 아닌 것으로 분류할 수 있습니다. **5** ㉡, ㉢ **6** (3) ○ **7** 예 땅강아지는 삽처럼 생긴 크고 넓적한 앞다리가 있어, 땅속에서 쉽게 굴을 파서 이동할 수 있습니다. **8** ㉣ **9** ① **10** ④ **11** ① **12** ①, ③ **13** (1) ○ **14** 예 북극여우는 귀가 작아 몸의 열이 밖으로 빠져나가는 것을 막아 줍니다. **15** ㉢

1 화단에서는 꿀벌, 나무 위에서는 참새, 연못에서는 금붕어를 볼 수 있습니다.

2 공벌레는 몸이 여러 개의 마디로 되어 있고, 건드리면 몸을 공처럼 둥글게 만듭니다.

3 ㉠은 몸이 무엇보다 크거나 작은 것인지 정해야 하며, ㉢에서 말하는 좋은 냄새는 사람마다 생각하는 기준이 다르므로 알맞지 않습니다.

4 몸이 머리, 가슴, 배의 세 부분으로 구분되고 다리가 세 쌍인 동물을 곤충이라고 합니다.

채점 tip 잠자리와 메뚜기는 곤충인 것으로, 달팽이와 개구리는 곤충이 아닌 것으로 분류하면 정답으로 합니다.

5 뱀과 지렁이는 다리가 없어 기어서 이동합니다.

6 땅에서 사는 동물 중에는 뱀이나 개미와 같이 땅 위와 땅속을 오가면서 사는 동물도 있습니다.

7 땅강아지는 삽처럼 생긴 앞다리가 있어 땅속에서 굴을 파서 이동할 수 있습니다.

채점 tip 땅강아지는 삽처럼 생긴 크고 넓적한 앞다리가 있어 땅속에서 쉽게 굴을 팔 수 있다는 내용을 포함하여 옳게 쓰면 정답으로 합니다.

8 수달은 몸이 길고 털로 덮여 있으며, 발가락에 물갈퀴가 있어 물속에서 잘 헤엄칠 수 있습니다.

9 붕어, 다슬기, 미꾸라지는 강이나 호수의 물속, 수달은 강가나 호숫가에서 볼 수 있는 동물입니다.

10 붕어와 고등어는 물속에서 헤엄쳐 이동하기에 알맞은 생김새를 가지고 있습니다.

11 나비, 까치와 같은 날아다니는 동물에게는 날개가 있습니다.

12 사막에 살면서 발을 번갈아 들어 올려 열을 식히는 동물은 사막에 사는 도마뱀입니다. 앞다리로 땅을 파서 굴을 만들어 이동하는 동물은 땅강아지입니다.

13 사막은 모래바람이 많이 불며 낮에는 매우 뜨겁고 밤에는 춥습니다. 또 비가 거의 내리지 않아 매우 건조하며 물의 양이 적습니다.

14 북극여우는 귀가 작아 몸의 열이 밖으로 빠져나가는 것을 막으며, 여름철에는 갈색이던 털의 색깔이 겨울에는 흰색으로 바뀌면서 먹잇감의 눈에 잘 띄지 않아, 사냥을 하기에 유리합니다.

채점 tip 북극여우가 극지방에서 잘 살 수 있는 까닭을 한 가지 옳게 쓰면 정답으로 합니다.

15 오리의 발가락 사이에는 막이 있어 물속에서 헤엄을 잘 치는 데, 이러한 오리의 발 모양을 활용하여 오리발을 만들었습니다.

35쪽~37쪽 **단원 평가 ❷회**

1 ③ **2** ⑤ **3** (1) ㉠, ㉤ (2) ㉢, ㉣, ㉥ (3) ㉡ **4** ① **5** (1) ㉢ (2) 예 다리가 없어 기어서 이동합니다. **6** ㉠, 확대경 **7** ④ **8** (2) ○ (3) ○ **9** 예 날개가 있어 날아다닙니다. 몸이 가늘고 깁니다. 몸이 머리, 가슴, 배의 세 부분으로 구분됩니다. 다리가 세 쌍 있습니다. **10** ㉠, ㉡ **11** ② **12** ② **13** 영웅 **14** ③ **15** (1) 산천어 (2) 예 앞부분이 부드러운 곡선 형태인 산천어의 특징을 모방하여 공기 저항을 줄인 고속 열차를 만들었습니다.

1 ① 게는 다리가 두 쌍입니다. ② 거미는 날개가 없습니다. ④ 달팽이는 다리가 없어 기어 다닙니다. ⑤의 내용은 거미의 특징입니다.

2 금붕어와 고등어는 지느러미가 있지만, 토끼와 달팽이는 지느러미가 없습니다.

3 노루와 다람쥐는 땅 위, 지렁이, 두더지, 땅강아지는 땅속, 개미는 땅 위와 땅속을 오가면서 삽니다.

4 두더지는 몸이 털로 덮여 있고, 튼튼한 앞발로 땅속에 굴을 파서 이동합니다.

5 땅에서 사는 동물 중 다리가 있는 동물은 걷거나 뛰어다니고, 다리가 없는 동물은 기어서 이동합니다.

채점 tip (1)에 ㉢, (2)에 기어서 이동한다고 쓰면 정답으로 합니다.

6 확대경을 이용하면 개미와 같이 움직이는 작은 동물을 가두어 놓고 자세하게 관찰할 수 있습니다.

7 붕어는 아가미로 숨을 쉬며, 지느러미를 이용하여 물속에서 헤엄칩니다.

8 물에서 사는 수달, 개구리, 다슬기 등의 동물에게는 지느러미가 없습니다.

9 잠자리는 날개가 있어 날아다닐 수 있고, 몸이 가늘고 길며 머리, 가슴, 배의 세 부분으로 구분되는 곤충입니다.

채점 tip 잠자리의 특징을 두 가지 모두 옳게 쓰면 정답으로 합니다.

10 매미와 부엉이는 모두 날개로 날아다닐 수 있습니다.

11 설명에 해당하는 환경인 사막에서 사는 동물에는 사막여우, 전갈, 낙타, 사막딱정벌레 등이 있습니다.

12 전갈은 온몸이 딱딱한 껍데기로 덮여 있어 몸 안의 수분이 밖으로 잘 빠져나가지 않아 사막에서도 잘 살 수 있습니다.

13 사막에서 사는 동물은 물이 부족한 환경에서도 잘 살 수 있는 특징을 가집니다.

14 펭귄, 북극여우, 북극곰은 극지방에서 삽니다.

15 고속 열차에는 앞부분이 부드러운 곡선 형태인 산천어의 특징을 모방하였습니다.

채점 tip (1)에 산천어를 쓰고, (2)에 고속 열차의 모습에 모방한 산천어 생김새의 특징을 옳게 쓰면 정답으로 합니다.

38쪽 수행 평가 ①회

1 (1) 땅속 (2) 사막 (3) 땅 위

2 (1) 사막딱정벌레, 소 (2) 지렁이 (3) 예 사막딱정벌레와 소는 다리가 있어서 걸어 다니고, 지렁이는 다리가 없어서 기어 다닙니다.

3 예 사막딱정벌레는 물구나무를 서서 몸에 있는 돌기에 맺힌 물을 입으로 흘려 보냅니다.

1 땅에서 사는 지렁이는 주로 땅속에서 생활하고, 사막딱정벌레는 사막, 소는 땅 위에서 삽니다.

2 사막딱정벌레와 소는 다리가 있는 동물이고, 지렁이는 다리가 없는 동물입니다.

채점 tip (1)에 사막딱정벌레와 소, (2)에 지렁이를 쓰고, (3)에 사막딱정벌레와 소는 걸어 다니고, 지렁이는 기어 다닌다는 내용을 포함하여 모두 옳게 쓰면 정답으로 합니다.

3 사막딱정벌레는 물이 부족한 사막에 사는 동물로 사막에서 잘 살 수 있는 특징을 가집니다.

채점 tip 사막딱정벌레는 물구나무를 서서 몸에 있는 돌기에 맺힌 물을 입으로 흘려 보내 물이 부족한 사막에서 잘 살 수 있다는 내용으로 쓰면 정답으로 합니다.

39쪽 수행 평가 ②회

1 날개

2 예 새인 것과 곤충인 것, 다리가 두 개인 것과 다리가 여섯 개인 것, 날개가 두 개인 것과 날개가 네 개인 것, 깃털이 있는 것과 깃털이 없는 것 등으로 분류할 수 있습니다.

3 수리

1 수리, 잠자리, 박새는 몸에 있는 날개를 이용하여 날아다니는 동물들입니다.

2 수리와 박새는 새, 잠자리는 곤충이므로, 새의 특징과 곤충의 특징을 들어 분류할 수도 있습니다.

예 [분류 기준] 새인 것과 곤충인 것

새인 것	곤충인 것
수리, 박새	잠자리

채점 tip 수리, 잠자리, 박새를 두 무리로 분류할 수 있는 분류 기준을 한 가지 옳게 쓰면 정답으로 합니다.

3 먹이를 잘 잡고 놓치지 않는 수리의 발 모양을 모방하여 물건을 잡아서 원하는 곳으로 옮길 수 있는 집게 차를 만들었습니다.

40쪽 쉬어가기

3. 지표의 변화

1 장소에 따른 흙의 특징

44쪽~45쪽 문제 학습

1 밭 **2** 화단 흙 **3** 운동장 흙 **4** 클 **5** 부식물 **6** ③ **7** (1) 화단 (2) 운동장 **8** ㉡ **9** ㉡ **10** ㉠ 운동장 흙 ㉡ 화단 흙 **11** 수빈 **12** (1) ㉠, ㉡, ㉣ (2) ㉢ **13** ㈎ **14** (1) ㈏ (2) 예 물에 뜬 부식물이 식물이 잘 자랄 수 있도록 도와 주기 때문입니다.

6 갯벌 흙은 많이 어두운색을 띱니다. 물이 고여 있으며, 만지면 촉촉한 편입니다.

7 화단 흙은 어두운 갈색이며, 운동장 흙은 밝은 갈색입니다. 따라서 (1)은 화단 흙, (2)는 운동장 흙입니다.

8 운동장 흙은 화단 흙에 비해 대체적으로 밝은색입니다. 운동장 흙을 만져 보면 거칠지만, 화단 흙을 만져 보면 약간 부드럽습니다.

9 같은 양의 물을 비슷한 빠르기로 부었을 때 흙의 종류에 따라 물이 빠지는 정도가 얼마나 다른지 비교하기 위한 실험입니다.

10 같은 시간 동안 물이 더 많이 빠진 ㉠이 운동장 흙이고, 물이 빠진 양이 적은 ㉡이 화단 흙입니다.

11 화단 흙보다 운동장 흙에서 같은 시간동안 더 많은 양의 물이 빠졌습니다. 운동장 흙은 물이 잘 빠지고, 화단 흙은 물이 잘 빠지지 않습니다.

12 흙의 종류에 따른 부식물의 양을 비교하는 실험이므로, 흙의 종류를 제외하고 나머지 조건은 모두 같게 해야 합니다.

13 물에 뜬 물질이 작은 먼지 정도로 거의 없는 ㈎에 운동장 흙이 들어 있습니다.

운동장 흙의 물에 뜬 물질 ▶

14 물에 뜬 물질이 많은 ㈏ 유리컵에는 화단 흙이 들어 있습니다. 화단 흙에는 식물이 잘 자랄 수 있도록 도와 주는 부식물이 많이 들어 있습니다.

채점 tip (1) ㈏를 옳게 쓰고, (2) 물에 뜬 부식물이 식물이 잘 자랄 수 있도록 한다는 내용을 쓰면 정답으로 합니다.

2 흙이 만들어지는 과정

48쪽~49쪽 문제 학습

1 흙 **2** 오랜(긴) **3** 물 **4** 기온 **5** 오랜(긴) **6** 물, 바람, 나무뿌리 **7** ㉢ **8** 현준 **9** 예 나무가 자라면서 굵어지는 뿌리가 바위에 틈을 만들고 바위를 넓혔기 때문입니다. **10** ㉡ **11** 나영 **12** (3) ○ **13** ㉠ 짧은 ㉡ 긴 **14** (1) ㉡ (2) ㉠ (3) ㉢

6 자연에서 물, 바람, 나무뿌리, 비, 기온 변화 등의 영향으로 바위가 부서져 흙이 만들어집니다.

7 자연에서 바위나 돌은 오랜 시간에 걸쳐 여러 가지 과정으로 작게 부서져 흙이 만들어집니다.

8 물이 얼었다 녹았다를 반복하면서 바위에 힘을 작용하면 바위틈이 더 벌어지면서 그 사이로 물이 더 많이 들어갑니다. 오랜 시간 동안 반복되면서 바위가 부서집니다.

9 바위틈으로 들어간 나무의 씨가 싹 터 자라면서 점점 굵어지는 뿌리가 바위에 힘을 작용하여 바위틈이 더 벌어지고, 결국 바위가 부서지기도 합니다.

채점 tip 자라면서 굵어진 뿌리가 바위에 틈을 만들고 바위를 넓혔기 때문이라는 내용을 쓰면 정답으로 합니다.

10 자연에서는 강한 바람과 비, 차가워지거나 따뜻해지는 기온 변화의 반복 등에 의해 바위나 돌이 부서질 수 있습니다. 또한, 사람들의 필요로 인해 땅을 개발하면서 바위나 돌이 부서지기도 합니다.

11 동물과 식물이 살아가는 데에는 흙이 꼭 필요하기 때문에 주변에 나무를 심거나 가꾸기, 산에 쓰레기를 버리지 않고 가져오기, 땅에 쓰레기를 함부로 버리지 않기, 합성 세제의 사용 줄이기 등의 방법으로 흙을 오염시키지 않고 잘 보존해야 합니다.

12 과자 여러 개를 플라스틱 통에 넣고 흔들면 과자가 부서져 가루가 보입니다.

13 과자가 작은 가루로 부서지는 것은 짧은 시간에 가능하지만, 실제 자연에서 바위가 부서져 흙이 만들어지기까지는 아주 오랜 시간이 필요합니다.

14 모형실험의 과자는 실제 자연에서의 바위나 돌을 나타내고, 플라스틱 통을 흔드는 것은 물이나 나무뿌리 등이 바위나 돌을 부수는 작용을 나타냅니다. 과자 가루는 바위가 부서져 만들어진 흙을 나타냅니다.

3 흐르는 물에 의한 땅의 모습 변화

52쪽~53쪽 문제 학습

1 흙 2 침식 3 운반 4 (흐르는) 물 5 위, 아래 6 (1) ㉡ (2) ㉠ 7 (1) ○ (2) × (3) ○ 8 준호 9 (1) ㉠ (2) 예 침식 작용이 활발한 곳입니다. 10 운반 11 ④, ⑤ 12 찬규 13 ㉡ 14 (1) ㉠, ㉣ (2) ㉡, ㉢

6 비가 온 후 운동장에는 다양한 물길이 생기고 물이 고인 곳도 있으며, 흙이 깎이거나 쌓인 곳도 있습니다.

7 땅의 표면을 지표라고 합니다. 흐르는 물은 지표의 돌이나 흙을 함께 운반하면서 지표의 모습을 변화시킵니다.

8 비가 온 후 산의 모습을 보면 흙이 깎여 있거나 운반되어 쌓여 있는 곳이 있습니다.

9 계곡은 흐르는 물이 바위, 돌, 흙 등을 깎아 내는 침식 작용이 활발한 침식 지형입니다.

채점 tip (1) ㉠을 쓰고, (2) 침식 작용이 활발한 곳이라는 내용을 옳게 쓰면 정답으로 합니다.

10 경사진 곳에서 깎인 돌, 모래, 흙 등이 다른 곳으로 옮겨지는 운반 작용입니다.

11 강과 바다가 만나는 부분은 강의 경사가 급한 부분에서 흐르는 물에 의해 침식되어 운반된 돌, 모래, 흙 등이 쌓이는 퇴적 작용이 활발합니다.

12 흐르는 물에 의한 지표의 변화를 알아보는 실험이므로, 젖은 흙이 언제 마르는지 관찰할 필요는 없습니다.

13 흙 언덕의 위쪽에서 물을 흘려보냈을 때 흙이 흘러내려 쌓이는 곳은 아래쪽인 ㉡입니다.

14 흙 언덕에 물을 흘려보내기 전에는 흙 언덕이 경사져 있지만, 물을 흘려보낸 후에는 위쪽의 흙이 깎여 아래쪽에 쌓여 있는 모습을 볼 수 있습니다.

4 강과 바닷가 주변의 모습

56쪽~57쪽 문제 학습

1 하류 2 상류 3 침식, 퇴적 4 침식 5 모래사장 6 (1) ㉠ (2) ㉡ 7 ㉠ 8 윤서 9 (1) 강 하류 (2) 강 상류 10 ㉠ 침식 ㉡ 퇴적 11 예 파도에 의하여 침식되어 만들어진 지형입니다. 12 재이 13 (1) ○ 14 침식, 운반, 퇴적

6 강의 상류에서는 강물에 의한 침식 작용이 퇴적 작용보다 활발하게 일어나고, 하류로 갈수록 퇴적 작용이 침식 작용보다 활발하게 일어납니다.

7 강의 하류에는 알갱이의 크기가 작은 모래와 진흙을 많이 볼 수 있습니다. ㉡은 강의 상류, ㉢은 강의 중류에서 주로 볼 수 있는 돌의 모습입니다.

8 강 상류에는 큰 바위가 많고 강폭이 좁으며, 강의 경사가 급하여 물이 빠르게 흐릅니다.

9 (1)은 강폭이 넓고 경사가 완만한 강 하류의 모습이고, (2)는 강폭이 좁고 경사가 급하며 바위가 많은 강 상류의 모습입니다.

10 바닷가에서 바다 쪽으로 튀어나온 부분에서는 파도에 의한 침식 작용이 활발하여 파도가 바위의 약한 부분을 깎고, 육지 쪽으로 들어간 부분은 파도가 세지 않고 물살이 느려 침식 작용으로 깎인 모래나 고운 흙이 퇴적 작용으로 쌓입니다.

11 바다 쪽으로 튀어나온 곳은 파도가 세게 치기 때문에 침식 작용이 활발하여 가파른 절벽이나 구멍 뚫린 바위, 기둥처럼 생긴 바위 등이 만들어집니다.

채점 tip 파도에 의해 침식되어 만들어졌다는 내용을 옳게 쓰면 정답으로 합니다.

12 파도에 의해 가운데의 구멍이 점점 더 커지면서 구멍 위의 연결된 부분이 가늘어지다가 결국 끊어질 것입니다. 이러한 파도에 의한 침식 작용은 아주 오랜 시간이 걸립니다.

13 바닷가에서 (가)는 육지 쪽으로 들어간 곳으로, 침식 작용으로 깎인 모래나 고운 흙이 바닷물에 의해 운반되고 퇴적 작용으로 쌓여 모래사장(모래 해변)이나 갯벌이 됩니다.

14 바닷가에서 볼 수 있는 다양한 지형은 바닷물의 침식 작용, 운반 작용, 퇴적 작용으로 만들어집니다.

58쪽~59쪽 교과서 통합 핵심 개념

❶ 운동장 ❷ 화단 ❸ 흙 ❹ 물 ❺ 침식 작용 ❻ 운반 작용 ❼ 퇴적 작용

60쪽~62쪽 단원 평가 ①회

1 ㈎ **2** ㈎ ㉠ ㈏ ㉡ **3** ② **4** 예 바위나 돌이 물과 나무뿌리 등에 의해 부서져서 알갱이의 크기가 작아지기 때문입니다. **5** ㉡, ㉢ **6** ① **7** 예 흙은 사람에게 매우 소중합니다. 흙은 지구의 생물이 살아가는 터전이므로 흙을 보존해야 합니다. **8** ① **9** ③ **10** ④ **11** ㈎ **12** ㉢ **13** ㈎ ㉣ ㈏ ㉠, ㉢ **14** ㈐, ㈑ **15** (1) ㉠ (2) 예 육지 쪽으로 들어간 모래사장은 바닷물에 의해 운반된 모래나 고운 흙이 퇴적 작용으로 쌓여 만들어진 것입니다.

1 같은 시간 동안 ㈎에서 빠진 물의 높이는 약 2 cm이고, ㈏에서 빠진 물의 높이는 약 1 cm이므로 ㈎에 담긴 흙이 ㈏에 담긴 흙보다 물 빠짐이 더 좋습니다.

2 운동장 흙이 화단 흙보다 물이 더 잘 빠지기 때문에 물 빠짐이 좋은 ㈎에 담긴 흙이 ㉠에서 가져온 운동장 흙이고, ㈏에 담긴 흙이 ㉡에서 가져온 화단 흙입니다.

3 투명 용기를 흔들면 안에서 각설탕끼리 서로 부딪쳐 부서져서 투명 용기에 넣고 흔들기 전보다 알갱이의 크기가 작아집니다.

▲ 흔들기 전의 각설탕

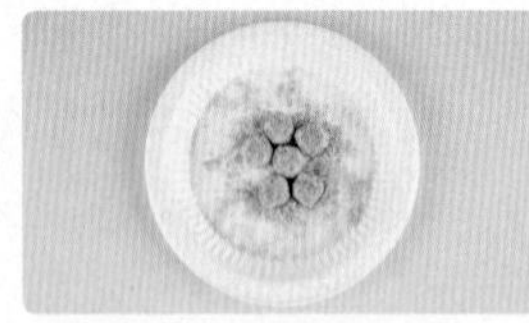
▲ 흔든 후의 각설탕

4 투명 용기 안의 각설탕이 부서져서 크기가 작아지는 것처럼, 바위나 돌이 부서져서 크기가 작아집니다.

채점 tip 바위나 돌이 부서져서 크기가 작아진다는 내용을 쓰면 정답으로 합니다.

5 자연에서는 물과 나무뿌리, 비, 바람, 반복되는 기온 변화 등에 의해 오랜 시간에 걸쳐 바위나 돌이 작게 부서집니다.

▲ 물이 얼었다 녹으면서 부서진 바위

6 바위틈에 물이 들어가 얼었다 녹았다를 반복하면서 바위를 부서뜨립니다.

7 흙은 지구의 생물이 살아가는 터전이고, 소중한 흙이 만들어지는 과정은 매우 오랜 시간이 걸리기 때문에 흙의 중요성을 알고 잘 보존해야 합니다.

채점 tip 흙이 소중하다는 내용을 쓰거나 흙은 우리가 살아가는 터전이므로 잘 보존해야 한다는 내용을 쓰면 정답으로 합니다.

8 비 온 후에는 흙이 파이거나 쌓여 땅이 울퉁불퉁합니다.

비가 온 후의 운동장 ▶

9 침식 작용에 의해 깎이거나 잘게 부서진 알갱이들이 다른 곳으로 운반되다가 물의 속도가 느려지는 곳에 쌓이는 것을 퇴적 작용이라고 합니다.

10 흙 언덕의 위쪽에서 물을 흘려보내면 위쪽의 흙이 물이 흐르는 방향으로 물과 함께 아래쪽으로 흘러내려 쌓입니다.

11 ㈎는 강의 상류 지역으로, 침식 작용이 활발하게 일어나고, 크고 모난 바위나 돌이 많습니다.

12 ㈏ 지역인 강의 하류에서는 강폭이 넓고 강의 경사가 완만하며, 강의 상류에 비해 물이 천천히 흐릅니다. ㉠은 강의 중류, ㉡은 강의 상류, ㉢은 강의 하류 모습입니다.

13 강의 상류인 ㈎ 지역은 침식 작용이 활발하지만, 침식 작용만 일어나는 것은 아닙니다. 강의 하류인 ㈏ 지역은 퇴적 작용이 가장 활발하게 일어나고, 고운 흙이나 가는 모래가 많습니다.

14 바닷가에서 바다 쪽으로 튀어나온 부분은 센 파도에 의해 바위의 약한 부분이 깎이면서 해식 절벽, 해식 동굴, 구멍 뚫린 바위 등과 같은 침식 지형이 만들어집니다.

15 침식 작용으로 깎인 모래나 고운 흙이 바닷물에 의해 운반되고 퇴적 작용으로 쌓여 모래사장이나 갯벌이 됩니다.

채점 tip (1) ㉠을 옳게 쓰고, (2) 퇴적 작용에 의해 모래나 흙이 쌓여 만들어진다는 내용을 쓰면 정답으로 합니다.

63쪽~65쪽 **단원 평가 ❷회**

1 ㈎ **2** (1) ㉠ ㈏, ㉡ ㈎ (2) 예 물에 뜬 부식물은 식물이 잘 자랄 수 있도록 도움을 주기 때문에 ㈎ 유리컵에 담긴 흙에서 식물이 더 잘 자랍니다. **3** ㉡ **4** ④ **5** (1) ○ (3) ○ **6** ⑤ **7** ㉡ **8** 시훈 **9** 예 ㉠에 있던 흙이 물과 함께 깎인 후 자연에서 흙이 쌓이는 퇴적 작용과 같이 ㉡으로 흘러내려 쌓입니다. **10** ②, ④ **11** ㈎ **12** (1) ㈏ (2) ㈎ **13** 예 ㈎인 강 상류에서 ㈏인 강 하류로 갈수록 강폭이 넓어지고, 경사가 완만해집니다. **14** 민찬 **15** ㈎ ㉡, ㉣ ㈏ ㉠, ㉢

1 ㈎ 화단 흙은 물에 뜬 물질이 많이 있고, ㈏ 운동장 흙은 물에 뜬 물질이 거의 없습니다.

2 식물의 뿌리, 작은 나뭇가지, 죽은 동물, 나뭇잎 조각 등의 물에 뜬 부식물은 식물이 잘 자랄 수 있도록 도움을 줍니다.

채점 tip (1)을 각각 옳게 쓰고, (2) 물에 뜬 물질(부식물)이 많은 ㈎의 흙이 식물이 더 잘 자랄 수 있다는 내용을 쓰면 정답으로 합니다.

3 바위나 돌이 흙이 되는 과정은 오랜 시간에 걸쳐 서서히 일어납니다. 물, 비, 바람, 나무의 뿌리 등의 작용으로 바위가 작게 부서진 알갱이와 나무뿌리, 낙엽, 생물이 썩어 생긴 물질 등이 섞여 흙이 됩니다.

4 바위틈으로 들어간 물이 얼면서 바위에 힘을 작용하고, 바위틈이 더 벌어지면 물이 더 많이 들어갑니다. 오랜 시간 물이 얼었다 녹는 과정을 반복하면서 바위에 힘을 작용하면 결국 바위가 부서집니다.

바위틈에서 물이 얼었다 녹았다를 반복하거나, 나무뿌리가 자랍니다.	바위가 작은 돌로 부서집니다.	작은 돌은 다시 더 작은 돌 알갱이로 부서집니다.	작은 돌 알갱이와 부식물이 섞여 흙이 됩니다.

5 과자가 부서져 가루가 되는 것은 자연에서 바위나 돌이 부서져 흙이 만들어지는 과정과 같습니다.

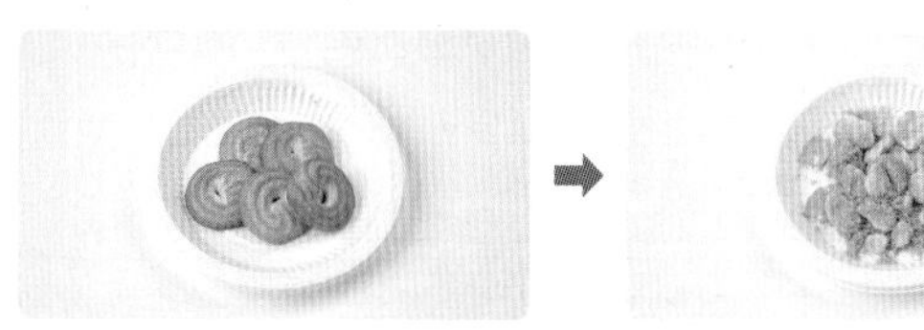

▲ 흔들기 전의 과자　　▲ 흔든 후의 과자

6 비가 온 후에는 빗물이 운동장을 흐르면서 흙을 깎아 옮겨 놓기 때문에 물길이 생기고, 흙이 파인 곳에 물웅덩이가 생기기도 합니다.

7 폭포의 위쪽에서 아래쪽으로 빠르게 흐르는 물은 위쪽의 지표를 깎아 아래쪽으로 운반합니다.

8 흙 언덕 위쪽에 색 모래나 색 자갈을 뿌리면 물이 흐르면서 흙 언덕의 변화 모습을 쉽게 살펴볼 수 있습니다.

9 ㉠에 있던 흙이 물과 함께 아래쪽인 ㉡으로 흘러내려 쌓이는 것은 실제 자연에서의 퇴적 작용과 비슷합니다.

채점 tip 자연에서 흙이 쌓이는 퇴적 작용과 같이 흙 언덕 윗부분에서 흘러내린 흙이 ㉡에 쌓인다는 내용을 쓰면 정답으로 합니다.

10 흙 언덕의 위쪽에서 흘려보내는 물의 양이 많을수록, 물을 한 번에 더 많이 흘려보낼수록, 물을 더 오랫동안 흘려보낼수록, 흙 언덕의 기울기가 급할수록 언덕 위쪽의 흙을 아래쪽에 더 많이 쌓이게 할 수 있습니다.

11 강의 상류는 강폭이 좁고 강의 경사가 급해 물살이 빠른 편입니다. 빠른 물살에서 래프팅을 즐기려면 강의 하류인 ㈏보다 강의 상류인 ㈎가 알맞습니다.

▲ 강 상류에서 래프팅하는 모습

▲ 강 하류에서 래프팅하는 모습

12 강의 상류인 ㈎에는 큰 바위가 많고, 강의 하류인 ㈏에는 알갱이가 작은 모래와 흙이 많습니다.

13 강 상류는 강폭이 좁고 경사가 급하지만, 강 하류는 강폭이 넓고 경사가 완만합니다.

채점 tip 강 상류에서 강 하류로 갈수록 강폭이 넓어지고 경사는 완만해진다는 내용을 옳게 쓰면 정답으로 합니다.

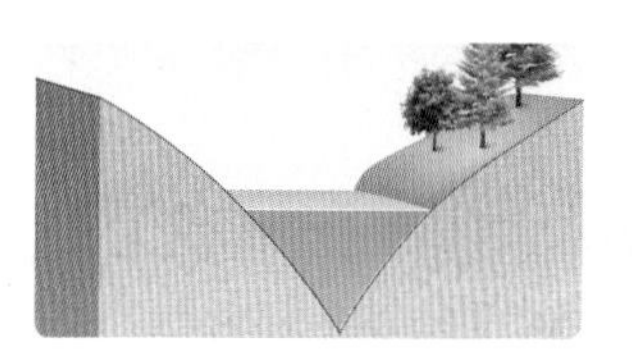

▲ 강 상류

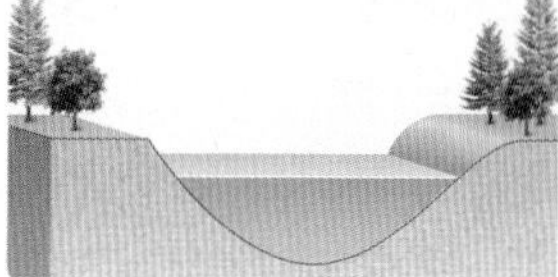

▲ 강 하류

14 바다 쪽으로 튀어나온 절벽인 ㉠은 세게 부딪치는 파도가 바위를 깎으면서 만들어졌고, 육지 쪽으로 들어간 모래사장인 ㉡은 모래나 고운 흙이 바닷물에 의해 운반되고 퇴적 작용으로 쌓여 만들어졌습니다.

15 바다 쪽으로 튀어나온 ㈎ 지역은 파도가 세게 부딪치기 때문에 파도가 바위를 깎고 무너뜨리는 침식 작용이 활발합니다. 육지 쪽으로 들어간 ㈏ 지역은 파도가 잔잔하게 밀려와 고운 모래나 흙이 쌓이는 퇴적 작용이 활발합니다.

66쪽 수행 평가 ❶회

1 ㉠  ㉡ 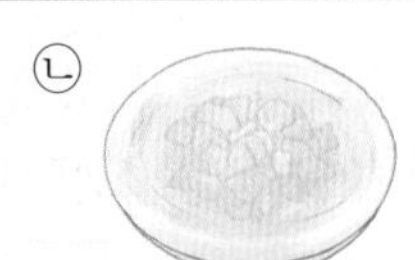

㉢ 예 과자의 크기가 크고, 과자 가루가 거의 없습니다. ㉣ 예 과자의 크기가 작아지고, 과자 가루들이 생겼습니다.

2 예 투명 용기를 흔드는 힘에 의해 과자가 부서져 과자 가루가 생기는 것처럼 바람에 날리는 암석 부스러기나 모래알이 바위의 약한 아랫부분을 더 많이 깎아 버섯과 같은 모양의 바위를 만듭니다.

1 투명 용기를 흔들기 전에는 과자의 크기가 크고 과자 가루가 거의 없었지만, 투명 용기를 흔든 후에는 과자의 크기가 작아지고 과자가 부서져 가루들이 생겼습니다.

2 모래 바람이 많이 닿는 아랫부분이 윗부분보다 더 많이 깎여서 버섯과 같은 모양의 바위가 만들어집니다.

채점 tip 과자가 든 투명 용기를 흔들어 과자 가루가 생기는 것처럼 바람에 의해 바위의 아랫부분이 더 많이 깎여서 만들어진다는 내용을 쓰면 정답으로 합니다.

67쪽 수행 평가 ❷회

1 (1) ㉡, ㉤, ㉥ (2) ㉠, ㉢, ㉣

2 예 강의 위치마다 활발하게 일어나는 강물의 작용이 다르기 때문입니다.

1 강 하류인 ㈎는 강폭이 넓고 주변에서는 넓은 평지가 보입니다. 강 상류인 ㈏는 강폭이 좁고 물이 빠르게 흐릅니다.

2 강 상류에서는 강물이 바위를 깎는 침식 작용이 활발하게 일어나고, 강 하류에서는 운반된 물질이 쌓이는 퇴적 작용이 활발하게 일어납니다.

채점 tip 강의 위치에 따라 강물의 작용이 다르기 때문이라는 내용을 쓰면 정답으로 합니다.

68쪽 쉬어가기

4. 물질의 상태

1 고체의 성질

72쪽~73쪽 문제 학습

1 액체 2 나뭇조각 3 물 4 고체 5 고체 6 ㈏ 7 ㉠ ㈎, ㈏ ㉡ ㈐ 8 ㈎ 액체 ㈏ 고체 ㈐ 기체 9 ㉠ 10 고체 11 예 고체는 담는 그릇이 바뀌어도 모양과 부피가 일정한 성질이 있습니다. 12 새론 13 ㉡, ㉤, ㉥ 14 (2) ○

6 나무는 손으로 잡을 수 있지만, 물은 흘러내려 손으로 잡기 어렵고, 지퍼 백에 든 공기는 눈에 보이지 않아 잡은 것인지 알 수 없습니다.

7 ㈎ 물과 ㈏ 나무는 눈으로 볼 수 있지만, ㈐ 지퍼 백에 든 공기는 눈에 보이지 않습니다.

8 흘러내려 손으로 전달하기 어려운 물은 액체, 손으로 잡아서 전달할 수 있는 나무는 고체, 눈에 보이지 않는 지퍼 백에 든 공기는 기체입니다.

9 물은 눈으로 직접 볼 수 있지만, 모양이 계속 변하고 흘러내려 잡거나 전달하기는 어렵습니다.

10 공룡 인형을 모양이 다른 그릇에 옮겨 담았을 때 공룡 인형의 모양과 부피가 변하지 않았으므로, 공룡 인형의 물질의 상태는 고체입니다. 공룡 인형이 담긴 모습이 다르다고 공룡 인형 자체의 모양이 변한 것은 아닙니다.

11 필통, 연필, 지우개는 항상 모양과 부피가 일정한 고체입니다.

채점 tip 고체는 담는 그릇이 바뀌어도 모양과 부피가 일정하다는 내용을 옳게 쓰면 정답으로 합니다.

12 나무 막대를 여러 가지 모양의 그릇에 넣어도 나무 막대의 모양과 부피는 변하지 않습니다.

13 돌, 철 못, 플라스틱 막대는 고체이므로 손으로 잡을 수 있고, 여러 가지 모양의 그릇에 넣었을 때 각각의 모양과 부피가 변하지 않습니다.

14 소금과 같은 가루 물질은 담는 그릇에 따라 가루 전체의 모양은 변하지만, 알갱이 하나하나의 모양은 변하지 않으므로 고체입니다.

2 액체의 성질

76쪽~77쪽 문제 학습

1 액체 2 주방 세제 3 예 변합니다 4 예 변하지 않습니다 5 빨대 6 ㉡ 7 ㉢ 8 빗물, 샴푸 9 ③ 10 예 컵 모양이었던 주스는 빨대를 지날 때는 빨대의 모양(동그라미 또는 하트 모양)으로 변합니다. 11 ⑤ 12 (3) ○ 13 ㉡ 14 ㉠

6 간장, 식초, 참기름은 주방에서 자주 사용하는 액체 물질로, 담는 그릇에 따라 모양이 변합니다.

7 꿀과 간장은 액체이므로 담는 그릇에 따라 모양은 변하지만, 부피는 변하지 않습니다. 탁구공은 고체이므로 모양이 다른 그릇에 담아도 탁구공의 모양과 부피는 변하지 않습니다.

8 담는 그릇에 따라 모양이 변하지만 부피는 변하지 않는 물질의 상태는 액체입니다. 빗물과 샴푸가 액체에 해당합니다.

9 흘러내려서 손으로 잡을 수 없는 것은 액체인 우유입니다.

10 컵에 담겨 있을 때 컵 모양과 같았던 주스의 모양은 빨대를 통과하면서 빨대와 같은 모양으로 변합니다.

채점 tip 주스가 동그라미 모양이나 하트 모양인 빨대 모양으로 변한다는 내용을 쓰면 정답으로 합니다.

11 물과 주스는 액체 상태이므로 흐르는 성질이 있습니다.

12 물은 담는 그릇에 따라 모양이 달라지지만, 맛이나 색깔이 달라지지는 않습니다.

13 물은 담는 그릇에 따라 모양이 변하지만 부피는 변하지 않기 때문에 처음 사용한 그릇으로 다시 옮기면 물의 높이가 처음과 같습니다.

14 물은 담는 그릇에 따라 모양이 변하지만, 부피와 색깔은 변하지 않습니다.

③ 공간을 차지하는 기체의 성질

80쪽~81쪽 문제 학습

1 공기 2 기체 3 풍선 4 공기, 공기 5 공간
6 공기 7 ⑤ 8 (2) ○ (3) ○ 9 ㈎ 10 ㈏
11 예 공기는 공간을 차지합니다. 12 도경 13 ㉠
14 ㉡

6 연을 날리는 것과 풍선을 부풀리는 것은 우리 주변에 공기가 있기 때문에 할 수 있습니다.

7 기체는 담는 그릇에 따라 모양이 변하고, 담긴 그릇을 항상 가득 채우는 성질을 가지고 있는 물질의 상태로, 눈에 보이지 않지만 고체, 액체 물질과 같이 공간을 차지하고 담는 그릇의 모양에 따라 모양이 달라집니다.

8 풍선 입구를 쥐었던 손을 놓으면 풍선 입구에서 공기 방울이 생겨 위로 올라오면서 보글보글 소리가 납니다. 공기 방울을 보고 눈에 보이지는 않지만 우리 주변에 공기가 있다는 것을 알 수 있습니다.

9 ㈎ 플라스틱 컵의 바닥에 뚫린 구멍으로 컵 안에 있던 공기가 빠져나가기 때문에 수조의 물이 컵 안으로 들어갑니다.

10 ㈏ 플라스틱 컵과 같이 바닥에 구멍이 뚫리지 않은 컵은 컵 안에 있는 공기가 공간을 차지하고 있기 때문에 컵 안 공기의 부피만큼 수조 안 물이 밀려나와 수조 안 물의 높이가 조금 높아집니다.

11 바닥에 구멍이 뚫리지 않은 플라스틱 컵을 수조 바닥까지 밀어 넣을 때 컵 안의 공기가 공간을 차지하고 있어서 컵 안으로 물이 들어가지 못해 페트병 뚜껑이 수조 바닥까지 내려갑니다.

채점 tip 공기가 공간을 차지한다는 내용을 쓰면 정답으로 합니다.

12 공기는 항상 공간을 가득 채우기 때문에 ㉠과 ㉡ 풍선 속 공기의 모양은 각각의 풍선의 모양과 같습니다.

13 자동차의 에어 백과 풍선 놀이 틀(에어 바운스)은 공기가 공간을 차지하는 성질을 이용한 것입니다.

14 액체는 담는 그릇이 달라져도 부피가 변하지 않으므로 액체의 부피보다 더 큰 그릇은 가득 채우지 못합니다. 기체는 담는 그릇이 커져도 그 그릇을 항상 가득 채웁니다.

④ 이동하는 기체의 성질

84쪽~85쪽 문제 학습

1 이동 2 이동, 공간 3 공기 4 밖, 안 5 이동
6 ①, ③ 7 ㉠ 8 (2) ○ 9 예 공기가 이동하기 때문입니다. 10 ㉡, ㉣ 11 ㉣ 12 승우
13 ➡ 14 ㉢

6 공기가 든 비닐봉지를 누르면 공기가 비닐봉지에서 비닐장갑으로 이동하여 비닐봉지는 쭈그러들고 비닐장갑은 팽팽해집니다.

7 풍선 밖에 있던 공기가 공기 주입기를 통해 풍선 안으로 이동합니다.

8 공기도 물질이므로 다른 곳으로 이동할 수 있고, 이동한 공간에서도 공기는 항상 공간을 가득 채웁니다.

9 공기는 다른 곳으로 이동할 수 있기 때문에 주사기 안의 공기가 밖으로 이동합니다.

채점 tip 공기가 이동하기 때문이라는 내용을 쓰면 정답으로 합니다.

10 공기 펌프로 바람 풍선의 아랫부분에 넣은 공기가 바람 풍선의 위쪽으로 이동하면서 공간을 차지합니다.

11 선풍기, 비눗방울, 수족관의 공기 공급 장치는 공기가 이동하는 성질을 이용합니다.

12 손으로 페트병을 누르면 페트병 속의 공기가 풍선으로 이동하기 때문에 풍선이 부풀어 오릅니다.

13 당겨 놓은 주사기의 피스톤을 밀면 주사기와 비닐관 속에 들어 있는 공기가 다른 쪽 주사기로 이동합니다.

14 당겨 놓은 주사기 속의 공기가 비닐관을 통해 피스톤을 당겨 놓지 않은 오른쪽 주사기로 이동하면서 주사기의 피스톤을 밀어냅니다.

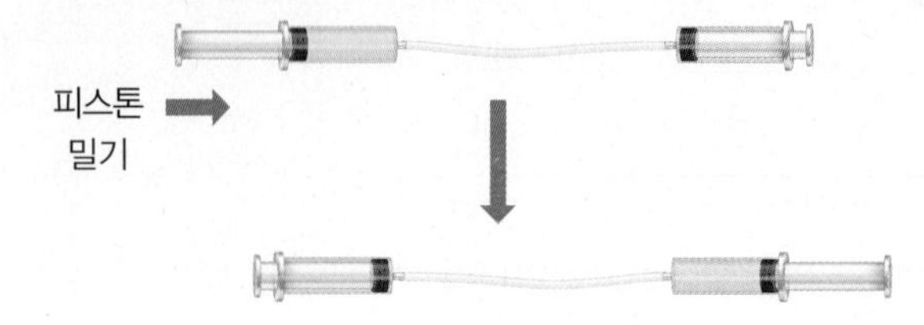

5 무게가 있는 기체의 성질, 물질의 분류

88쪽~89쪽 문제 학습

1 무게 2 예 늘어납니다 3 예 늘어납니다 4 무게 5 삼각자 6 ㉡ 7 ㉡ 8 채이 9 ㉡ 10 < 11 무게 12 ㉠ 13 (1) 예 사진기, 산소통, 물안경 (2) 예 바닷물 (3) 예 공기 방울, 산소통 속의 기체 14 (1) 우유 (2) 예 우유는 담는 그릇에 따라 모양이 변하지만 부피는 변하지 않으므로 액체로 분류해야 합니다.

6 공기가 빠진 ㉠ 축구공보다 공기가 가득 찬 ㉡ 축구공 안에 더 많은 공기가 들어 있으므로, ㉡ 축구공이 더 무겁습니다.

7 공기에 무게가 있기 때문에 공기가 든 고무보트에서 공기를 빼내면 그만큼 고무보트가 가벼워져 쉽게 옮길 수 있습니다.

8 체육관 안에는 공기가 가득 차 있으며, 체육관 안 공기의 무게는 약 5,000 kg입니다.

9 공기 주입 마개를 누르기 전보다 공기 주입 마개를 누른 후에 페트병의 무게가 더 늘어납니다.

10 공기 주입 마개를 누르기 전보다 공기 주입 마개를 누른 후에 페트병의 무게가 더 무거워진다는 것을 알 수 있습니다.

11 공기 주입 마개를 눌러 공기를 채운 페트병의 무게가 처음보다 늘어난 것으로 공기에 무게가 있다는 것을 알 수 있습니다.

12 공기 주입 용기의 아래쪽 막대를 당겨 공기를 넣으면 공기 주입 용기의 무게가 늘어나고, 공기를 빼는 버튼을 눌러 공기를 빼면 공기 주입 용기의 무게가 가벼워집니다.

13 잠수부가 들고 있는 사진기, 메고 있는 산소통, 몸에 착용하고 있는 물안경과 장갑 등은 물속에서도 모양과 부피가 변하지 않는 고체입니다.

14 우리 주변의 물질은 고체, 액체, 기체의 다양한 상태로 존재합니다. 각 물질의 상태마다 갖는 특징을 이용해 편리하게 사용할 수 있습니다.

채점 tip (1) 우유를 옳게 쓰고, (2) 우유는 담는 그릇에 따라 모양이 변하고 부피는 변하지 않기 때문에 액체로 분류해야 한다는 내용을 쓰면 정답으로 합니다.

90쪽~91쪽 교과서 통합 핵심 개념

❶ 고체 ❷ 액체 ❸ 기체 ❹ 이동 ❺ 무게

92쪽~94쪽 단원 평가 ❶회

1 ㉠ 플라스틱, 나무 ㉡ 물, 주스 ㉢ 공기 2 예 담는 그릇이 바뀌어도 물체의 모양과 부피가 변하지 않고 일정하기 때문입니다. 3 ㉡, ㉢ 4 ②, ③ 5 세아 6 공기 7 ⑤ 8 (1) 액 (2) 기 (3) 공통 (4) 액 9 ㉠ 10 (1) ㉡ (2) 예 플라스틱 컵 바닥의 구멍으로 공기가 빠져나가기 때문에 수조 안 물의 높이는 처음의 높이에서 변하지 않습니다. 11 윤슬 12 예 페트병에 있던 공기가 풍선으로 이동했기 때문입니다. 13 (1) ○ 14 ① 15 ㉡

1 고체인 플라스틱과 나무는 눈으로 볼 수 있고 손으로 잡을 수 있습니다. 액체인 물과 주스는 눈으로 볼 수 있으나 흘러내려 손으로 잡기는 어렵습니다. 기체인 공기는 눈에 보이지도 않고 손으로 잡을 수도 없습니다.

2 공책, 색연필, 장난감 블록 등과 같이 담는 그릇이 바뀌어도 모양과 부피가 일정한 물질의 상태를 고체라고 합니다.

채점 tip 항상 모양과 부피가 변하지 않고 일정하다는 내용을 쓰면 정답으로 합니다.

3 담는 그릇에 따라 모양이 변하지만 부피는 변하지 않는 액체는 바닷물과 설탕물입니다.

4 고체인 나무 막대는 다른 그릇에 담아도 모양과 부피가 변하지 않지만, 액체인 주스는 다른 그릇에 옮겨 담으면 모양이 변하고 부피는 변하지 않습니다.

▲ 나무 막대 옮겨 담기

▲ 주스 옮겨 담기

5 ㉠, ㉡, ㉢ 그릇에 담은 물의 부피는 같고, 그릇의 모양에 따라 담긴 물의 모양만 달라집니다.

6 페트병 입구에서 공기 방울이 생겨 위로 올라온 후 사라지는 모습을 보고, 공기는 눈에 보이지 않지만 우리 주변에 있다는 것을 알 수 있습니다.

7 기체는 담는 그릇에 따라 모양이 변하기 때문에 풍선으로 여러 가지 모양을 쉽게 만들 수 있습니다.

8 액체는 눈으로 보고 손으로 만질 수 있지만 자꾸 흘러내려 손으로 잡을 수는 없습니다. 기체는 눈에 보이지 않습니다.

9 컵 안에 있던 공기가 컵 바닥의 구멍으로 빠져나가기 때문에 컵 안으로 물이 들어가고, 스타이로폼 공은 물 위에 그대로 있습니다.

10 바닥에 구멍이 뚫린 플라스틱 컵을 수조 바닥까지 밀어 넣을 때 컵 안의 공기가 컵 바닥의 구멍으로 빠져나가기 때문에 수조 안 물의 높이는 변하지 않습니다.

채점 tip (1) ㉡을 옳게 쓰고, (2) 컵 바닥의 구멍으로 공기가 빠져나가기 때문에 수조 안 물의 높이가 변하지 않는다는 내용을 쓰면 정답으로 합니다.

11 고무장갑에 손가락이 들어갔을 때 고무장갑에 공기를 넣고 입구를 막은 후 고무장갑의 입구를 누르면 손가락 쪽으로 공기가 이동하면서 안으로 들어간 손가락이 펴집니다.

12 페트병 속에 가득 차 있던 공기가 손으로 누르는 힘에 의해 풍선 속으로 이동하여 풍선이 부풀어 오릅니다.

채점 tip 페트병의 공기가 풍선으로 이동했기 때문이라는 내용을 옳게 쓰면 정답으로 합니다.

13 당겨 놓은 주사기의 피스톤을 밀면 다른 쪽 주사기의 피스톤이 뒤로 밀려납니다.

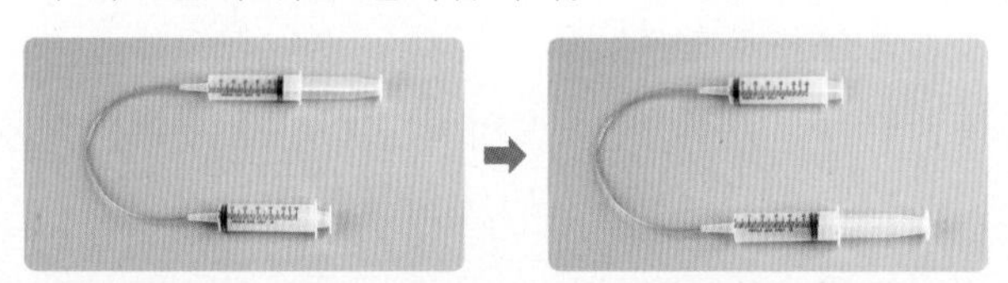

14 공기 주입 마개를 끼운 페트병의 무게를 측정하고 공기 주입 마개를 눌러 페트병이 팽팽해질 때까지 공기를 넣은 후 다시 페트병의 무게를 측정하면 공기가 무게가 있다는 것을 알 수 있습니다.

15 공기는 무게가 있기 때문에 공기를 채우기 전인 ㈎ 페트병의 무게보다 공기를 채운 ㈐ 페트병의 무게가 더 무겁습니다.

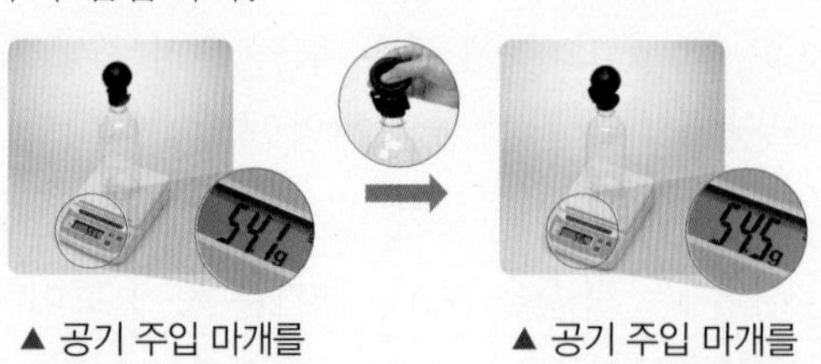

▲ 공기 주입 마개를 누르기 전의 무게　▲ 공기 주입 마개를 누른 후의 무게

95쪽~97쪽 **단원 평가 ❷회**

1 ㈎ ㉢ ㈏ ㉠ ㈐ ㉡　2 (1) 물 (2) 예 물은 흘러서 손으로 전달하기 어렵습니다.　3 ㉢　4 (1) ○　5 보람　6 예 우유　7 (2) ○　8 민찬　9 ㉡　10 예 컵 안에 있는 공기가 공간을 차지하여 컵 안으로 물이 들어가지 못하기 때문에 페트병 뚜껑도 컵이 내려가는 높이만큼 내려갑니다.　11 (1) ㉢ (2) ㉠　12 ㉠　13 도현　14 ㉡　15 예 공기 주입 마개를 누르기 전의 무게인 54.1 g보다 공기 주입 마개를 누른 후의 무게가 늘어납니다.

1 ㈎는 눈에 보이지 않는 기체이고, ㈏는 모양이 변하지 않는 고체입니다. ㈐는 부피는 변하지 않지만 담는 그릇에 따라 모양이 변하는 액체입니다.

2 물은 액체이기 때문에 흘러서 손으로 전달하기가 어렵습니다.

채점 tip (1) 물을 옳게 쓰고, (2) 물은 흘러내려서 전달하기 어렵다는 내용을 쓰면 정답으로 합니다.

3 소금의 전체 모양은 달라져 보이지만 소금 알갱이 하나하나의 모양은 변하지 않는 고체입니다.

4 주스는 액체이므로 담긴 그릇의 모양에 따라 주스의 모양이 변합니다.

5 주스를 여러 가지 모양의 유리컵에 넣으면 담는 컵의 모양에 따라 주스의 모양은 변하지만 부피는 변하지 않습니다.

6 주변에서 볼 수 있는 액체인 물, 우유, 식용유, 간장, 샴푸 등의 액체는 모두 같은 결과를 볼 수 있습니다.

7 하늘을 날고 있는 연을 보고 눈에 보이지 않지만 주변에 공기가 있다는 것을 알 수 있습니다.

8 빈 페트병의 입구를 손등에 가까이 가져가 페트병을 누르면 페트병에서 공기가 나와 손등을 지나가면서 바람이 느껴집니다.

9 풍선을 채우고 있는 공기의 모양은 풍선의 모양과 같습니다.

10 바닥에 구멍이 뚫리지 않은 컵 안의 공기가 공간을 차지하고 있기 때문에 컵으로 물이 들어가지 못합니다.

채점 tip 컵 안의 공기가 공간을 차지하고 있어 물이 들어가지 못하여 페트병 뚜껑도 내려간다는 내용을 쓰면 정답으로 합니다.

11 풍선을 끼운 페트병을 누르면 페트병 안의 공기가 납작하게 접혀 있던 풍선 안으로 이동하여 공기가 채워지면서 풍선이 하트 모양으로 팽팽하게 부풀어 오릅니다. 눌렀던 손에 힘을 빼 페트병이 펴지면 풍선 안의 공기가 페트병 안으로 이동합니다.

12 피스톤을 당겨 놓은 ㈎ 주사기에 공기가 더 많이 있으므로, ㈎ 주사기의 피스톤을 밀어 넣으면 공기가 비닐관을 통해 ㈏ 주사기로 이동합니다.

13 공기도 무게가 있기 때문에 공기를 빼내면 공기 침대의 무게가 가벼워져 한 사람이 쉽게 옮길 수 있습니다.

14 공기가 빠져 찌그러진 축구공보다 탱탱한 축구공 안에 공기가 더 많이 들어 있습니다.

15 공기 주입 마개를 누르기 전의 무게와 공기 주입 마개를 누른 후의 무게 차이만큼 공기 주입 마개를 눌러서 공기를 더 넣은 것입니다.

채점 tip 공기 주입 마개를 누르기 전의 무게보다 공기 주입 마개를 누른 후의 무게가 늘어난다는 내용을 쓰면 정답으로 합니다.

98쪽 수행 평가 ❶회

1 (1) 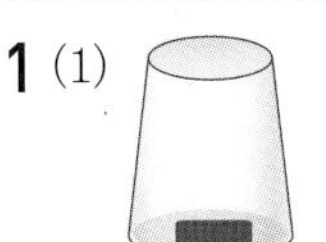 (2) 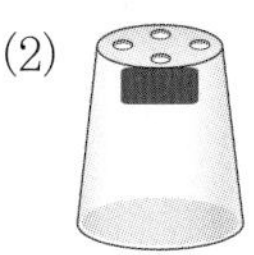

2 예 플라스틱 컵 안의 공기가 공간을 차지하기 때문에 페트병 뚜껑이 밀려 수조의 바닥까지 내려갑니다.

1 바닥에 구멍이 뚫리지 않은 플라스틱 컵으로 덮은 페트병 뚜껑은 밀려 수조의 바닥까지 내려갑니다. 바닥에 구멍이 뚫린 플라스틱 컵 안에 있던 공기는 컵 바닥의 구멍을 통해 빠져나가기 때문에 페트병 뚜껑이 밀리지 않고 그대로 있습니다.

2 바닥에 구멍이 뚫리지 않은 플라스틱 컵은 공기가 컵 안에서 공간을 차지하고, 바닥에 구멍이 뚫린 컵은 구멍으로 공기가 빠져나갑니다.

채점 tip 컵 안의 공기가 공간을 차지하기 때문에 페트병 뚜껑이 밀려 수조의 바닥까지 내려간다는 내용을 옳게 쓰면 정답으로 합니다.

99쪽 수행 평가 ❷회

1 (1) 예 공기가 공간을 차지하는 성질을 이용합니다. (2) 예 공기가 이동하는 성질을 이용합니다.

2 (1) ㉠ 44.6 ㉡ 46.8 ㉢ 50.1 (2) 예 공기 주입 마개를 여러 번 누를수록 페트병에 공기가 많이 들어가 페트병의 무게가 무거워집니다.

1 공기 침대는 공기가 공간을 차지하는 성질을 이용하여 공기를 넣어 사용하고, 선풍기는 공기가 이동하는 성질을 이용하여 시원한 바람을 만듭니다.

채점 tip (1) 공기가 공간을 차지하는 성질을 이용한다고 쓰고, (2) 공기가 이동하는 성질을 이용한다는 내용을 쓰면 정답으로 합니다.

2 공기에 무게가 있으므로 페트병에 공기가 많이 들어갈수록 페트병의 무게가 무거워집니다.

채점 tip (1) 각각의 페트병의 무게를 옳게 골라 쓰고, (2) 공기 주입 마개를 여러 번 누를수록 페트병의 무게가 무거워진다는 내용을 쓰면 정답으로 합니다.

100쪽 쉬어가기

5. 소리의 성질

1 소리가 나는 물체, 큰 소리와 작은 소리

104쪽~105쪽 문제 학습

1 떨림 2 떨림 3 세기 4 큰, 작은 5 망치질하는 6 헤진 7 (2) ○ 8 ㉠ 9 ㉡ 10 (1) 작 (2) 큰 (3) 작 (4) 큰 11 예 손에 떨림이 느껴집니다. 12 (1) ○ 13 ㉠ 세기 ㉡ 떨림 14 ⑤

6 물체가 떨리면서 소리가 나므로, 소리가 나는 물체에 손을 대 보면 떨림이 느껴집니다.

7 벌이 날 때 '윙~'하는 소리는 빠른 날갯짓의 떨림 때문에 나는 소리입니다.

8 소리가 나는 물체는 떨림이 있으므로 손을 대었을 때 떨림이 느껴지는 트라이앵글이 소리가 나는 것입니다.

9 소리가 나는 소리굽쇠를 물 표면에 대 보면 소리굽쇠의 떨림에 의해 물이 튕니다.

10 까치발을 하고 걷는 소리와 시계 바늘이 움직이는 소리는 주변에서 들을 수 있는 작은 소리입니다. 야구장에서 응원을 하거나 멀리 있는 친구를 부를 때에는 큰 소리를 냅니다.

11 "아~" 소리를 내면 떨림이 있기 때문에 손에 떨림이 느껴집니다.

채점 tip 손에 떨림이 느껴진다는 내용을 쓰면 정답으로 합니다.

12 작은북을 점점 더 세게 치면 북면의 가죽이 더 세게 떨리면서 좁쌀이 처음보다 더 높게 튀어 오를 것입니다.

▲ 처음에 작은북을 쳤을 때

▲ 작은북을 점점 더 세게 쳤을 때

13 소리의 크고 작은 정도를 나타내는 소리의 세기는 물체가 떨리는 정도에 따라 달라집니다. 물체가 크게 떨리면 큰 소리가 나고, 물체가 작게 떨리면 작은 소리가 납니다.

14 도서관과 같은 공공장소에서 친구와 이야기할 때에는 작은 소리를 내야 합니다.

2 높은 소리와 낮은 소리

108쪽~109쪽 문제 학습

1 높낮이 2 높, 낮 3 낮, 높 4 뱃고동 5 높낮이 6 ㉠ 7 (2) ○ 8 ㉢ 9 재원 10 예 구멍을 하나씩 열면 점점 높은 소리가 납니다. 11 (1) 4 (2) 10 12 ㉠ 큰 ㉡ 작은 13 ㉡ 14 ㉠

6 긴 줄을 튕기면 짧은 줄을 튕겼을 때보다 낮은 소리가 납니다.

7 하프의 긴 줄을 튕기면 줄이 느리게 떨려 낮은 소리가 납니다.

8 북과 장구는 같은 높이의 음을 내는 악기이고, 피아노는 다른 높이의 음을 내는 악기입니다.

9 소방차와 구급차, 경찰차 등은 경보음의 높낮이를 다르게 하여 위급한 상황을 주변에 알립니다.

10 악기의 관의 길이가 짧을수록 높은 소리가 나고 길수록 낮은 소리가 나기 때문에 구멍을 하나씩 열수록 관의 길이가 짧아져 높은 소리가 납니다.

채점 tip 점점 높은 소리가 난다는 내용을 옳게 쓰면 정답으로 합니다.

11 빨대가 짧을수록 높은 소리가 나므로 길이가 가장 짧은 빨대를 불었을 때 가장 높은 소리가 납니다.

12 큰 금속 그릇을 칠 때보다 작은 금속 그릇을 칠 때 높은 소리가 납니다.

13 실로폰의 음판이 짧을수록 쳤을 때 더 높은 소리가 납니다. ㉠처럼 실로폰의 가장 긴 음판을 치면 가장 낮은 소리, ㉡처럼 가장 짧은 음판을 치면 가장 높은 소리가 납니다.

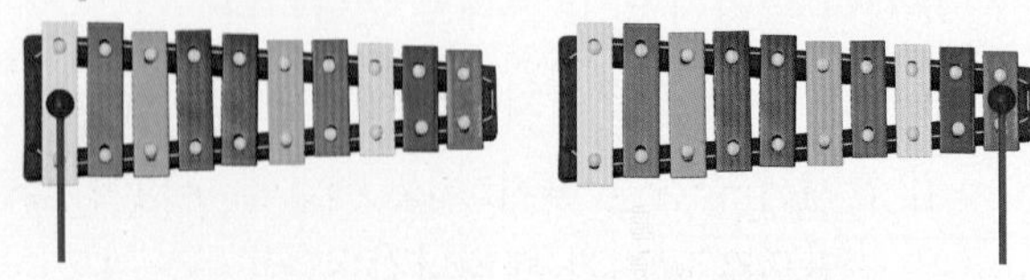
▲ 가장 낮은 음이 나는 경우 ▲ 가장 높은 음이 나는 경우

14 기타 줄을 길게 잡을 때보다 짧게 잡고 뚱길 때 높은 소리가 납니다.

③ 소리의 전달

112쪽~113쪽 문제 학습

1 기체 2 고체 3 떨림 4 물(액체) 5 공기(기체) 6 효린 7 예 북이 떨리면서 그 떨림이 주위의 공기에 전달되고, 공기의 떨림이 친구의 귀에 전달됩니다. 8 (1) ○ 9 ㉢ 10 ⑤ 11 액체 (상태) 12 ㈎ 13 ㉠ 물 ㉡ 공기 14 현준

6 소리는 고체, 액체, 기체와 같은 물질을 통해 전달됩니다. 우주에는 공기가 없기 때문에 지구에서처럼 공기를 통해서는 소리가 전달되지 않습니다.

7 북의 떨림은 주위의 공기를 떨리게 하고, 공기의 떨림이 귀에 전달됩니다.

채점 tip 북의 떨림이 공기에 전달되고, 공기의 떨림이 귀에 전달된다는 내용을 옳게 쓰면 정답으로 합니다.

8 손잡이를 당겨 장치 안의 공기를 빼내면 장치 안에 스피커의 소리를 전달해 줄 공기가 없기 때문에 스피커의 소리가 잘 들리지 않습니다.

9 실 전화기로 이야기하면서 실에 손을 대 보면 실의 떨림이 느껴집니다. 실이 떨리면서 소리를 전달합니다.

10 새 소리, 텔레비전 소리, 개가 짖는 소리, 친구가 부르는 소리는 공기(기체)를 통해 전달되고, 귀를 댄 철봉을 두드리는 소리는 금속인 철봉(고체)을 통해 소리가 전달됩니다.

11 액체인 물이 소리를 전달하기 때문에 물속에서도 소리를 들을 수 있습니다.

12 책상에 귀를 대고 책상을 두드리면 고체인 책상이 소리를 전달합니다.

13 액체인 물과 기체인 공기는 소리를 전달하기 때문에 물속에서는 물에 의해 스피커에서 나는 소리가 전달됩니다. 물 밖에서 사람의 귀까지는 그 사이의 공기가 스피커의 소리를 전달합니다.

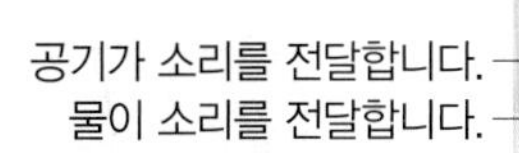

14 고체인 책상, 액체인 물, 기체인 공기를 통해 소리가 전달된다는 것을 알 수 있습니다.

④ 소리의 반사, 소음을 줄이는 방법

116쪽~117쪽 문제 학습

1 반사 2 단단한 3 반사 4 전달 5 나무판 6 ㉠ 단단한 ㉡ 부드러운 7 ㉠ 8 반사 9 ㉠ 10 ㉡ 11 예 소리는 물체에 부딪치면 반사됩니다. 소리는 단단한 물체일수록 더 잘 반사됩니다. 12 소영 13 ㉠, ㉢ 14 ㉡

6 소리는 단단한 물체에 부딪치면 잘 반사되지만, 부드러운 물체에 부딪치면 소리가 흡수되어 잘 반사되지 않습니다.

7 교실에서 이야기하면 교실 벽에서 소리가 반사되어 소리가 잘 들리지만, 운동장에서 이야기하면 소리가 앞으로 퍼져 나가고 되돌아오지 않기 때문에 잘 들리지 않습니다.

8 공연장 천장에는 반사판을 설치하거나 천장을 특수한 모양으로 만들어 공연 소리가 반사되어 모든 관객에게 소리를 고르게 전달할 수 있게 합니다.

9 소리는 단단한 물체를 만나면 반사하는 성질이 있기 때문에 산에서 "야호~" 외치면 소리가 나아가다가 반대편의 바위에 반사되어 메아리가 들립니다.

10 나무판을 플라스틱 통 위쪽에서 비스듬히 들면 소리가 위쪽 방향으로 나아가다가 단단한 나무판에 부딪쳐 내 귀 쪽으로 오기 때문에 가장 크게 들립니다.

11 소리가 나아가다가 물체에 부딪쳐 되돌아오는 소리는 단단한 물체에서는 잘 반사되지만 부드러운 물체에서는 잘 반사되지 않습니다.

채점 tip 소리가 반사되는 성질이 있다는 내용을 쓰거나, 단단한 물체일수록 소리가 잘 반사된다는 내용을 옳게 쓰면 정답으로 합니다.

12 도로에서는 자동차가 빠르게 달릴 때 들리는 소리나 자동차가 울리는 경적 소리 등의 소음이 발생합니다.

13 소음을 줄이려면 음악실 벽에 소리가 잘 전달되지 않는 물질을 붙여 소리가 밖으로 전달되지 않도록 하고, 창문을 닫거나 커튼을 설치하여 밖의 소음이 집 안으로 전달되지 않도록 합니다.

14 큰 도로변에는 도로 방음벽을 설치하여 시끄러운 자동차 소음이 도로 쪽으로 반사되고 주택 쪽으로 가지 않도록 합니다.

126쪽 **수행 평가 ❶회**

1 (1) ㈏, ㈑, ㈒ (2) ㈎, ㈐, ㈓
2 (1) 예 음판의 길이가 짧은 것을 칩니다. (2) 예 음판의 길이가 긴 것을 칩니다.
3 ㉠ 높 ㉡ 낮

1 실로폰, 피아노, 하프는 높은 소리와 낮은 소리를 낼 수 있습니다. 장구, 작은북, 트라이앵글은 같은 높이의 음을 내는 악기입니다.

2 실로폰의 짧은 음판을 칠 때 높은 소리가 나고, 긴 음판을 칠 때 낮은 소리가 납니다.
채점 tip (1) 높은 소리를 내려면 짧은 음판을 치고, (2) 낮은 소리를 내려면 긴 음판을 친다고 쓰면 정답으로 합니다.

3 물체가 빠르게 떨리면 높은 소리가 나고, 물체가 느리게 떨리면 낮은 소리가 납니다.

127쪽 **수행 평가 ❷회**

1 예 소리가 나아가다가 나무판에 부딪쳐 반사되었기 때문입니다.
2 ㈏, 예 소리는 나무판과 같이 단단한 물체에서는 잘 반사되지만, 스펀지 판과 같이 부드러운 물체에서는 잘 반사되지 않기 때문입니다.
3 예 나무는 단단해서 소리를 잘 반사하기 때문에 천장과 벽을 나무로 만들어 모든 관람객에게 소리가 잘 들리도록 하기 위해서입니다.

1 나무판을 대면 아무것도 대지 않았을 때보다 소리가 더 크게 들리는 것은 소리가 나아가다가 나무판에 부딪쳐 되돌아오기 때문입니다. 이러한 성질을 소리의 반사라고 합니다.
채점 tip 소리가 나무판에 부딪쳐 반사되었기 때문이라는 내용을 쓰면 정답으로 합니다.

2 나무판이나 벽처럼 단단한 물체에서는 소리의 반사가 잘 일어나지만, 스펀지나 스타이로폼처럼 부드러운 물체에서는 소리가 흡수되어 잘 반사되지 않습니다.
채점 tip ㈏를 쓰고, 부드러운 물체보다 단단한 물체에서 소리의 반사가 잘 일어난다는 내용을 쓰면 정답으로 합니다.

3 음악 공연장의 천장과 벽을 나무로 특수하게 설치한 까닭은 소리를 잘 반사하여 관람하는 모든 좌석의 사람에게 소리가 잘 들리게 하기 위해서입니다.
채점 tip 나무가 소리를 잘 반사하여 모든 사람이 소리가 잘 들리도록 하기 위해서라는 내용을 쓰면 정답으로 합니다.

128쪽 **쉬어가기**

2. 동물의 생활

2쪽 묻고 답하기 ①회

1 고양이　2 달팽이　3 땅강아지　4 지렁이　5 금붕어　6 조개　7 매미　8 사막　9 북극곰　10 수리(의 발)

3쪽 묻고 답하기 ②회

1 공벌레　2 참새　3 뱀　4 수달　5 고등어　6 잠자리　7 타조　8 (사막에 사는) 도마뱀　9 극지방　10 문어(의 빨판)

4쪽~7쪽 단원 평가 기출

1 ㉤, ㉥　2 ㉥　3 ①　4 ②　5 (1) ㉡ (2) 예 개구리는 다리가 네 개인 동물이기 때문입니다.　6 ②　7 ③　8 ㉡, ㉣　9 예 두더지는 앞발이 튼튼하여 땅속에 굴을 파서 이동합니다.　10 ③　11 (1) ㉠ (2) ㉢ (3) ㉢ (4) ㉡　12 ②　13 (1) ㉢ (2) 예 몸이 부드러운 곡선 형태(유선형)여서 물의 저항을 적게 받습니다.　14 ⑤　15 아미　16 ①, ⑤　17 (1) ㉢ (2) 예 서 있거나 이동할 때 뜨거운 모래 위에서 발을 식히기 위해 두 발씩 번갈아 들어 올립니다.　18 ㉠, ㉢　19 ③　20 예 원하는 곳으로 무거운 물건을 집어 옮길 수 있습니다.

1 나무 위에서는 까치, 참새와 같은 새를 주로 볼 수 있습니다.

2 날개가 있어 날아다니며 몸이 갈색과 흰색 깃털로 덮여 있는 것은 참새 생김새의 특징입니다. 참새는 곤충이나 벼 등을 먹습니다.

3 고양이는 다리 네 개로 걷거나 뛰어다닙니다. ㉡ 달팽이는 다리가 없는 동물입니다. ㉢ 공벌레는 날개가 없습니다. ㉣ 꿀벌은 깃털이 없습니다. ㉤ 까치는 몸이 검은색과 흰색 깃털로 덮여 있으며, 건드렸을 때 몸을 공처럼 둥글게 만드는 것은 ㉢ 공벌레의 특징입니다.

4 돋보기를 이용하여 우리 주변에서 사는 작은 동물을 확대해 자세히 관찰할 수 있습니다.

5 ㉠은 다리가 여섯 개인 동물, ㉡은 다리가 네 개인 동물로 분류된 것입니다. 따라서 다리가 네 개인 개구리는 ㉡으로 분류해야 합니다.

채점 tip (1)에 ㉡을 쓰고, (2)에 개구리는 다리가 네 개인 동물이기 때문이라는 내용으로 옳게 쓰면 정답으로 합니다.

6 동물을 분류하는 분류 기준은 누가 분류하더라도 분류 결과가 같은 것이어야 합니다. 귀여운 것과 귀엽지 않은 것은 분류하는 사람에 따라 결과가 다를 수 있으므로 분류 기준으로 알맞지 않습니다.

7 나비, 꿀벌, 달팽이는 더듬이가 있는 동물로 분류할 수 있습니다. 거미는 더듬이가 없는 동물입니다.

8 소와 다람쥐는 땅 위에서 사는 동물이고, 지렁이와 땅강아지는 땅속에서 사는 동물입니다.

9 두더지는 앞발이 튼튼하여 땅속에 굴을 파서 이동할 수 있습니다. 또 몸이 털로 덮여 있고 꼬리가 짧습니다.

채점 tip 두더지의 앞발이 튼튼하여 땅속에 굴을 파서 이동할 수 있다는 내용을 포함하여 쓰면 정답으로 합니다.

10 땅에서 사는 동물 중에서 다리가 있는 동물은 걷거나 뛰어다니고, 다리가 없는 동물은 기어 다닙니다.

11 조개는 갯벌에서 살고, 오징어와 고등어는 바닷속에서 삽니다. 개구리는 강가나 호숫가에서 땅과 물을 오가며 사는 동물입니다.

12 붕어는 지느러미를 이용하여 물속에서 헤엄쳐 이동합니다. ① 수달은 코로 숨을 쉽니다. ③ 전복은 다리가 없으며 기어 다닙니다. ④ 상어는 바닷속에서 삽니다. ⑤ 다슬기는 강이나 호수의 물속에서 수초 등을 먹으면서 삽니다.

13 붕어는 몸이 부드러운 곡선 형태여서 물의 저항을 적게 받으므로 물속에서 헤엄을 잘 칠 수 있습니다.

채점 tip (1)에 ㉢을 쓰고, (2)에 몸이 부드러운 곡선 형태(유선형)라는 내용을 포함하여 쓰면 정답으로 합니다.

14 박새, 직박구리와 같은 새와 박각시나방, 나비, 잠자리와 같은 곤충은 날개가 있어 날 수 있는 동물입니다.

15 나비는 대롱같이 생긴 모양의 입이 있습니다.

16 사막여우는 귓속의 많은 털로 인해 모래바람이 불어도 귓속으로 모래가 잘 들어가지 않으며, 몸에 비해 큰 귀를 가지고 있어서 몸속의 열을 밖으로 내보내는 체온 조절을 잘 할 수 있습니다.

17 사막에서 사는 도마뱀은 뜨거운 사막의 모래 위에 서 있거나 이동할 때 두 발씩 번갈아 들어 올리며 발의 열을 식힙니다.

채점 tip (1)에 ㉢을 쓰고, (2)에 서 있거나 이동할 때 두 발씩 번갈아 들어 올리며 발의 열을 식힌다는 내용을 포함하여 쓰면 정답으로 합니다.

18 낙타와 미어캣은 사막에서 사는 동물입니다.

19 흡착판(압착 고무)처럼 거울이나 유리에 붙일 수 있는 생활용품은 문어의 빨판이 잘 붙는 특징을 활용하여 만든 것입니다.

▲ 문어의 빨판

20 수리의 발의 특징을 활용하여 만든 집게 차는 원하는 곳으로 무거운 물건을 집어 옮길 수 있습니다.

채점 tip 원하는 곳으로 물건을 집어 옮길 수 있다는 내용을 포함하여 쓰면 정답으로 합니다.

8쪽~11쪽 **단원 평가** 실전

1 ① 2 ④ 3 예 화단에는 숨을 곳이 있어서 개미나 공벌레와 같은 동물들이 안전하게 생활할 수 있기 때문입니다. 4 ②, ③ 5 ㉠ 6 (1) ㉠, ㉢ (2) ㉡, ㉣ 7 (1) ㉡ (2) ㉣ 8 ① 9 (1) 공벌레 (2) ㉢ 10 (1) ○ 11 지우 12 ㉡, ㉢ 13 (1) ㉡ (2) ㉠ 14 ③, ⑤ 15 날개 16 낙타 17 예 사막에 사는 도마뱀은 뜨거운 모래 위에 서 있거나 이동할 때 발을 두 발씩 번갈아 들어 올리는 방법으로 발의 열을 식힐 수 있습니다. 18 ㉡ 19 ② 20 ⑤

1 나비와 꿀벌은 다리가 세 쌍이며, 지렁이는 다리가 없어 기어 다니는 동물입니다.

2 금붕어는 연못에서 볼 수 있고 지느러미를 이용해서 물속을 헤엄칩니다.

3 우리 주변에서 동물을 볼 수 있는 곳은 동물의 먹이가 있고, 숨을 곳이 있어서 안전하게 생활할 수 있는 곳입니다.

채점 tip 화단에는 숨을 곳이 있기 때문에 안전하게 생활할 수 있다는 내용을 포함하여 옳게 쓰면 정답으로 합니다.

4 확대경을 사용하면 움직이는 동물을 가두어 놓고 관찰할 수 있고, 작은 동물을 확대하여 자세하게 관찰할 수 있습니다.

5 개미는 몸이 머리, 가슴, 배의 세 부분으로 구분됩니다. 대롱같이 생긴 입으로 꽃의 꿀을 먹는 것은 나비입니다.

▲ 개미의 생김새

6 개구리와 까치는 다리가 있지만, 상어와 달팽이는 다리가 없는 동물입니다.

7 다리가 없는 동물인 상어와 달팽이 중에서 아가미로 숨을 쉬는 동물은 상어이고, 아가미로 숨을 쉬지 않는 동물은 달팽이입니다.

▲ 상어의 아가미

8 나비, 꿀벌, 개미는 곤충이고, 뱀, 고양이, 참새는 곤충이 아닙니다.

9 공벌레는 일곱 쌍의 다리로 걸어 다니며, 위험을 느끼면 몸을 동그랗게 말고 움직이지 않습니다.

10 땅강아지는 삽처럼 생긴 크고 넓적한 앞다리를 이용해서 몸길이의 200배가 되는 긴 굴을 팔 수 있습니다.

11 땅에서 사는 동물 중에서 다리가 있는 동물은 걷거나 뛰어다닙니다. 다리가 없는 동물은 기어 다닙니다.

12 게는 갯벌에서 살고, 고등어는 바닷속에서 삽니다.

13 다슬기는 물속 바위에 붙어서 배발로 기어 다니며, 몸이 고깔 모양의 단단한 껍데기로 덮여 있습니다. 게는 몸이 딱딱한 껍데기로 덮여 있고, 집게발 두 개와 걷거나 헤엄치는 데 이용하는 다리 여덟 개가 있습니다.

14 수달은 발가락에 물갈퀴가 있어 물속에서 헤엄을 잘 치며, 강가나 호숫가에서 사는 동물입니다.

15 새는 날개가 있어 하늘을 날 수 있습니다.

16 낙타는 등에 있는 혹에 지방이 있어서 물과 먹이가 없어도 며칠동안 생활할 수 있습니다. 또 발바닥이 넓어 모래에 발이 잘 빠지지 않으며, 긴 속눈썹과 귀 주위의 긴 털, 여닫을 수 있는 콧구멍이 사막의 모래 먼지를 막아 줍니다. 이러한 특징이 있는 낙타는 사막의 환경에서 생활하기에 알맞습니다.

17 사막에 사는 도마뱀은 뜨거운 모래 위에서 발을 두 발씩 번갈아 들어 올리는 방법으로 발의 열을 식힐 수 있어 사막의 환경에서도 잘 살 수 있습니다.

채점 tip 사막에 사는 도마뱀의 특징을 한 가지 옳게 쓰면 정답으로 합니다.

18 북극곰은 몸집이 크고 귀가 작아 추운 극지방에서도 체온을 잘 유지할 수 있습니다. 또 발바닥에도 털이 많이 나 있어 차가운 얼음 위를 미끄러지지 않고 걸을 수 있습니다.

19 펭귄은 몸에 지방층이 두껍고, 깃털이 촘촘해서 물이 몸속으로 스며들지 않게 막아 주어 극지방에서도 잘 살 수 있습니다.

20 하늘다람쥐의 날개막을 활용하여 윙슈트를 만들었습니다.

12쪽 수행 평가 ①회

1 확대경, ㉠ 확대경을 이용하면 작은 동물을 가두어 놓고 관찰할 수 있어, 빠르게 움직이는 동물을 확대하여 자세하게 관찰할 수 있습니다.
2 ㉣, ㉠ 개미는 다리 세 쌍으로 걸어서 이동합니다.
3 ㉠, ㉢

1 확대경을 이용하면 작은 동물을 가두어 놓고 확대하여 관찰할 수 있습니다.

채점 tip 확대경을 고르고, 확대경을 이용하면 동물을 가두어 놓고 자세하게 관찰할 수 있다는 내용을 포함하여 모두 옳게 쓰면 정답으로 합니다.

2 개미는 다리가 세 쌍 있으며 걸어서 이동합니다.

채점 tip ㉣을 고르고, '다리 두 쌍'을 '다리 세 쌍'으로 고쳐 쓰면 정답으로 합니다.

3 개미는 몸이 머리, 가슴, 배의 세 부분으로 구분되며 다리가 세 쌍 있는 곤충입니다. ㉠ 잠자리와 ㉢ 매미는 몸이 머리, 가슴, 배의 세 부분으로 구분되며 다리가 세 쌍 있는 곤충입니다. ㉡ 달팽이와 ㉣ 개구리는 곤충이 아닌 동물입니다.

13쪽 수행 평가 ②회

1 (1) ㉠, ㉡, ㉤ (2) ㉢, ㉣, ㉥
2 ㉡
3 ㉠ 낙타는 등에 지방을 저장한 혹이 있어 물과 먹이가 없는 사막에서 며칠 동안 살 수 있습니다. 발바닥이 넓적해서 사막의 모래에 발이 잘 빠지지 않습니다.

1 전갈, 낙타, 사막여우는 사막에서 사는 동물이고, 북극곰, 펭귄, 북극여우는 극지방에서 사는 동물입니다.

2 몸에 혹이 있고, 발바닥이 넓은 특징을 가진 사막에 사는 동물은 ㉡ 낙타입니다.

3 낙타는 먹이가 부족할 때 혹에 저장된 지방을 에너지로 사용합니다. 또 낙타의 넓적한 발바닥은 모래 위를 걸을 때 발이 모래 속에 빠지는 것을 막아 줍니다.

채점 tip 낙타가 사막의 환경에서 잘 살 수 있는 까닭을 한 가지 옳게 쓰면 정답으로 합니다.

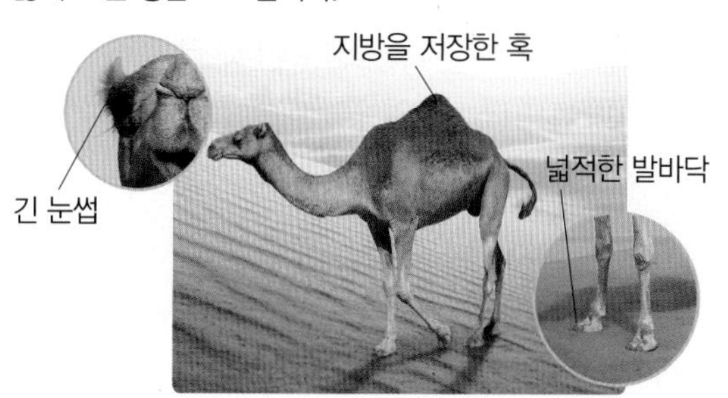

3. 지표의 변화

14쪽 묻고 답하기 ①회

1 갯벌 2 운동장 흙 3 화단 흙 4 흙 5 예 작아집니다. 6 침식 작용 7 (흙 언덕의) 아래쪽 8 강 상류 9 육지 쪽으로 들어간 곳 10 절벽

15쪽 묻고 답하기 ②회

1 예 성질이 조금씩 다릅니다. 2 운동장 흙 3 화단 흙 4 예 식물 뿌리, 나뭇잎, 죽은 곤충 5 기온 6 흙 7 퇴적 작용 8 (흙 언덕의) 위쪽 9 강 하류 10 퇴적 작용

16쪽~19쪽 단원 평가 기출

1 ㉠ 2 ④ 3 화단 흙 4 (1) ㉮, ㉡ (2) ㉯, ㉠ 5 (1) ㉡, ㉢, ㉠ (2) 예 바위가 작은 돌로 부서지고 작은 돌은 더 작은 모래로 부서집니다. 알갱이가 더 작게 부서지면서 부식물이 섞여 흙이 됩니다. 6 예 부서집니다 7 예 바위틈에서 나무뿌리가 점점 굵게 자라면서 바위가 힘을 받아 부서집니다. 8 ④, ⑤ 9 ㉡, ㉢ 10 누리 11 ㉢ 12 ④ 13 예 흐르는 물이 바위, 돌, 흙 등을 깎아 내는 침식 작용, 침식된 돌, 모래, 흙 등이 흐르는 물에 의해 이동하는 것을 운반 작용, 운반된 돌, 모래, 흙 등이 쌓이는 것을 퇴적 작용이라고 합니다. 14 (1) ㉠ (2) ㉡ 15 ㉢ 16 (1) 상 (2) 하 (3) 상 (4) 하 17 ⑤ 18 예 강 상류에 있는 큰 바위가 침식되어 강 하류로 운반되면서 점점 깎인 모래가 하류에 쌓이기 때문입니다. 19 서윤 20 ⑤

1 흙은 장소에 따라 색깔, 알갱이의 크기 등의 성질이 조금씩 다릅니다. 논의 흙은 갈색이며, 만지면 촉촉하고 부드럽습니다.

2 부식물이 많은 흙은 화단 흙이고, 부식물은 식물이 자라는 데 필요한 양분이 되므로 화단 흙에서 식물이 잘 자랄 수 있습니다.

3 같은 시간 동안 운동장 흙의 물 빠짐이 더 좋으므로 화단 흙 속에 물이 더 많습니다.

4 (1) 운동장 흙은 물에 뜬 물질이 거의 없습니다. (2) 화단 흙에서 식물의 뿌리, 작은 나뭇가지, 죽은 동물, 나뭇잎 조각 등과 같은 물에 뜬 물질이 식물이 잘 자랄 수 있도록 도움을 주는 부식물입니다.

5 바위나 돌이 오랜 시간에 걸쳐 서서히 작게 부서진 알갱이와 나무뿌리, 낙엽, 생물이 썩어 생긴 물질 등이 섞여서 흙이 됩니다.

채점 tip (1) ㉡, ㉢, ㉠ 순서를 옳게 쓰고, (2) 바위가 부서져 돌과 모래 등 작은 알갱이가 되고, 작은 알갱이에 다양한 부식물이 섞여 흙이 된다는 내용을 옳게 쓰면 정답으로 합니다.

6 바위틈으로 들어간 물이 얼었다 녹으면서 바위에 힘을 작용하는 것을 반복하면서 바위가 약해지고 결국 부서져 흙이 됩니다.

7 바위틈 사이로 나무뿌리를 내리기 시작하며, 시간이 흘러 나무가 자라면서 점점 뿌리가 굵어져 바위틈을 더욱 벌리고, 결국 바위가 부서집니다.

채점 tip 나무뿌리가 바위틈에서 굵게 자라면 바위가 힘을 받아 부서진다는 내용을 쓰면 정답으로 합니다.

8 흙은 지구의 생물이 살아가는 터전이지만, 만들어지는 과정은 매우 오랜 시간이 걸리기 때문에 오염되거나 유실되지 않도록 보존해야 합니다.

9 바위나 돌이 비, 바람, 나무뿌리 등의 외부 작용 때문에 작게 부서져 흙이 되는 것처럼 암석 조각이나 소금 덩어리를 통 속에 넣고 흔들면 부서져 가루가 보이고 크기가 작아집니다.

10 모형실험은 각설탕을 통에 넣고 흔드는 과정만으로 가루로 만들 수 있지만, 실제 흙이 만들어지는 과정은 물이나 생물의 작용, 기온 변화 등과 같은 다양한 원인의 작용으로 만들어지고, 이 과정은 오랜 시간이 걸립니다.

11 비가 온 후 운동장에 물길이 생기고, 웅덩이에 물이 고이기도 하는 것은 빗물이 흐르면서 운동장의 흙을 깎고 운반하기 때문입니다.

▲ 비가 오기 전

▲ 비가 온 후

12 높은 곳에서 낮은 곳으로 흐르는 물은 지표를 깎아 돌과 흙 등을 낮은 곳에 옮겨 쌓으므로 오랜 시간 동안 지표의 모습이 서서히 변합니다.

13 흐르는 물은 침식 작용, 운반 작용, 퇴적 작용을 하여 지표의 모습을 변화시킵니다.

채점 tip 흐르는 물이 바위, 돌, 흙 등을 깎아 내는 침식 작용, 깎은 흙을 이동시키는 운반 작용, 운반된 흙, 모래 등을 쌓는 퇴적 작용에 대해 옳게 쓰면 정답으로 합니다.

14 흐르는 물에 의해 흙 언덕 윗부분에서 깎인 흙이 물과 함께 흙 언덕의 아래쪽으로 운반되어 쌓입니다.

15 흙 언덕의 위쪽에서 한 번에 많은 양의 물을 흘려보내면 언덕 위쪽의 흙을 아래쪽에 더 많이 쌓이게 할 수 있습니다.

16 강폭이 좁은 강의 상류는 큰 바위가 많고, 바위를 깎는 침식 작용이 활발하게 일어납니다. 강폭이 넓은 강의 하류는 모래나 진흙이 많고, 운반된 모래와 흙이 쌓이는 퇴적 작용이 활발하게 일어납니다.

17 경사가 급한 상류에서는 침식 작용이 활발하게 일어나고, 경사가 완만한 하류에서는 퇴적 작용이 활발하게 일어납니다.

18 흐르는 물이 강 상류에 있는 바위를 깎고 운반하는 과정에서 모래가 만들어져 하류에 쌓입니다.

채점 tip 강 상류에서 큰 바위가 침식되고 운반되면서 깎인 모래가 강 하류에 쌓였기 때문이라는 내용을 쓰면 정답으로 합니다.

19 모래사장은 침식 작용으로 깎인 모래가 바닷물에 의해 운반되고 쌓여 만들어진 바닷가 주변의 퇴적 지형입니다.

20 바다 쪽으로 튀어나온 부분에서 주로 볼 수 있는 해안 절벽은 바닷물(파도)의 작용으로 깎여서 만들어진 대표적인 침식 지형입니다.

20쪽~23쪽 단원 평가 실전

1 (1) ㉢, ㉣ (2) ㉠, ㉡ 2 ⑤ 3 ㈏ 4 ㉠
5 (1) ㉡ (2) 예 화단 흙에는 운동장 흙과 다르게 물에 뜬 물질이 많기 때문입니다. 6 시아 7 예 나무가 자랄수록 바위틈이 벌어져서 바위가 부서집니다. 8 ㉢ 9 ①, ④ 10 흙 11 ①, ⑤
12 ㈎ 침식 작용 ㈏ 퇴적 작용 ㈐ 운반 작용 13 ㈎ (강의) 상류 ㈏ (강의) 하류 14 ⑤ 15 예 흐르는 물은 바위나 돌, 흙 등을 깎아 낮은 곳으로 운반하여 쌓아 놓으면서 지표를 변화시킵니다.
16 ㈎ 17 ㉠ 침식 ㉡ 퇴적 18 예 해수욕장은 파도에 의해 고운 모래나 흙이 퇴적되어 생긴 지형이므로, 파도가 세지 않고 넓게 펼쳐진 땅에 고운 모래가 쌓여 있습니다. 19 파도 20 ②

1 산에 있는 흙은 부식물의 양이 많고 색깔이 비교적 어둡습니다. 바닷가의 모래사장에 있는 흙은 모래가 많고 부식물이 거의 없어 물이 잘 빠지며, 색깔이 비교적 밝습니다.

2 갯벌 흙은 많이 어두운색으로, 물이 고여 있어 촉촉합니다. 알갱이가 매우 작아 만지면 부드럽습니다.

3 운동장 흙은 주로 모래나 흙 알갱이가 보이며, 화단 흙보다 색깔이 밝은 편입니다.

4 같은 시간 동안 화단 흙인 ㈎보다 운동장 흙인 ㈏에서 물이 더 많이 빠지므로, ㉠ 비커의 물이 ㉡ 비커의 물보다 높이가 낮습니다.

5 운동장 흙에는 물에 뜬 물질이 거의 없지만, 화단 흙에는 식물의 뿌리, 작은 나뭇가지, 죽은 동물, 나뭇잎 조각 등과 같이 물에 뜬 물질이 많습니다.

채점 tip (1) ㉡을 옳게 쓰고, (2) 화단 흙에는 물에 뜬 물질이 많기 때문이라는 내용을 옳게 쓰면 정답으로 합니다.

6 바위틈으로 들어간 물이 얼었다 녹았다를 오랜 시간 동안 반복하면 바위에 힘이 작용하여 바위가 부서집니다.

7 바위틈으로 들어간 나무의 씨가 싹 터 자라면서 나무뿌리가 굵어지면 바위틈이 점점 더 벌어지다가 결국 바위가 부서집니다.

채점 tip 바위틈이 벌어져서 바위가 부서진다는 내용을 쓰면 정답으로 합니다.

8 흙이 쓸려가지 않도록 주변에 나무를 심고 가꾸기, 흙의 오염을 막기 위해 쓰레기를 함부로 땅에 버리지 않기, 합성 세제나 화학 약품 등의 사용 줄이기 등의 방법으로 흙을 보존해야 합니다.

9 플라스틱 통을 흔들면 플라스틱 통에 과자가 부딪치기 때문에 큰 과자 알갱이가 부서져 작은 알갱이가 되고, 과자 가루도 생깁니다.

10 과자가 부서져 가루가 되는 것은 자연에서 바위나 돌이 부서져 흙이 만들어지는 과정과 같습니다.

11 비가 오면 운동장에는 다양한 물길과 작은 웅덩이가 생기기도 합니다. 흐르는 물에 의해 흙이 깎여 물과 함께 흙탕물이 흘러가기도 합니다.

12 센 물살 때문에 큰 바위에서 떨어져 나온 ㈎는 침식 작용, 물의 흐름이 약해져 이동한 알갱이들이 쌓이는 ㈏는 퇴적 작용, 흐르는 물에 의해 알갱이가 이동하는 ㈐는 운반 작용이 활발합니다.

13 침식 작용은 강의 상류, 퇴적 작용은 강의 하류에서 가장 활발합니다.

14 흐르는 물은 흙 언덕 위쪽의 흙을 깎아 운반하여 흙 언덕의 아래쪽에 쌓습니다.

15 흐르는 물의 침식 작용, 퇴적 작용에 의해 서서히 지표가 변화됩니다.

채점 tip 흐르는 물이 바위나 돌, 흙 등을 깎아 낮은 곳에 쌓아 놓기 때문이라는 내용을 쓰면 정답으로 합니다.

16 강폭이 좁고 큰 바위나 폭포를 많이 볼 수 있는 곳은 강의 상류입니다.

17 강의 상류인 ㈎에서는 흐르는 물에 의한 침식 작용이 활발하고, 강의 하류인 ㈏에서는 강의 상류에서 깎이고 운반되면서 만들어진 모래나 흙이 주로 쌓이는 퇴적 작용이 활발합니다.

18 해수욕장으로 사용되는 곳은 바닷가 안쪽의 모래사장으로, 파도가 세지 않고 물살이 느려서 퇴적 작용에 의해 고운 모래가 쌓여 만들어진 곳입니다.

채점 tip 모래사장의 특징과 퇴적 작용에 의하여 생긴다는 내용을 옳게 쓰면 정답으로 합니다.

19 흙더미는 바닷가 절벽, 책받침으로 일으킨 물결은 바닷가에서 파도가 치는 것을 나타낸 것입니다.

20 흙더미가 깎여 나가 다른 쪽에 쌓이는 것은 파도에 의해 절벽이 깎이는 침식 작용에 의해 지표의 모습이 변한다는 것을 알 수 있습니다.

24쪽 수행 평가 ①회

1 예 운동장 흙은 알갱이의 크기가 비교적 크고, 화단 흙은 알갱이의 크기가 큰 것도 있고 작은 것도 있으며 대부분 운동장 흙보다 작습니다.
2 흙의 종류
3 예 운동장 흙이 화단 흙보다 알갱이의 크기가 더 크므로 운동장 흙에서 물이 더 빠르게 빠집니다.

1 운동장 흙의 알갱이가 화단 흙의 알갱이보다 비교적 큽니다.

채점 tip 운동장 흙은 알갱이의 크기가 크고, 화단 흙은 알갱이의 크기가 큰 것도 있고 작은 것도 있다고 쓰거나 운동장 흙보다 작다는 내용을 쓰면 정답으로 합니다.

2 물 빠짐을 비교하는 실험이므로, 흙의 종류만 다르게 해 주고 나머지 조건은 모두 같게 해 주어야 합니다.

3 같은 시간 동안 운동장 흙에서 더 많은 양의 물이 빠졌으므로, 알갱이의 크기가 클수록 물이 더 빠르게 빠진다는 것을 알 수 있습니다.

채점 tip 운동장 흙의 알갱이 크기가 화단 흙보다 커서 물이 더 빠르게 빠진다는 의미로 쓰면 정답으로 합니다.

25쪽 수행 평가 ②회

1 ㉡, ㉢ / ㉠, ㉣
2 예 육지 쪽으로 들어간 ㈎는 파도의 퇴적 작용으로 모래나 고운 흙이 쌓여 만들어지고, 바다 쪽으로 튀어나온 ㈏는 파도의 침식 작용으로 깎여 만들어집니다.

1 육지 쪽으로 들어간 ㈎에서는 파도가 밀려와 고운 모래나 흙이 쌓이므로 ㉡ 모래사장과 ㉢ 갯벌과 같은 퇴적 지형을 볼 수 있습니다. 바다 쪽으로 튀어나온 ㈏에서는 파도가 세게 부딪쳐 커다란 바위를 깎으며 구멍을 만들기 때문에 ㉠ 해식 동굴과 ㉣ 기둥처럼 생긴 바위와 같은 침식 지형을 볼 수 있습니다.

2 육지 쪽으로 들어간 부분은 파도가 약해지면서 흙을 쌓는 퇴적 작용이 활발하고, 바다 쪽으로 튀어나온 부분은 센 파도가 바위의 약한 부분을 깎아 만들어집니다.

채점 tip 육지 쪽으로 들어간 ㈎는 파도의 퇴적 작용, 바다 쪽으로 튀어나온 ㈏는 파도의 침식 작용으로 만들어진다는 내용을 쓰면 정답으로 합니다.

4. 물질의 상태

26쪽 묻고 답하기 ❶회

1 나뭇조각 2 변하지 않습니다. 3 고체 4 변합니다. 5 예 우유, 바닷물, 꿀 6 공기 7 기체 8 예 조금 높아집니다. 9 이동할 수 있습니다. 10 탱탱한 축구공

27쪽 묻고 답하기 ❷회

1 공기 2 물 3 책, 모래 4 예 변하지 않습니다.(일정합니다.) 5 액체 6 공기 방울 7 예 컵 바닥의 구멍으로 빠져나갑니다. 8 예 피스톤이 밀려납니다. 9 무게가 있습니다. 10 공기

28쪽~31쪽 단원 평가 기출

1 (1) 나무 막대 (2) 예 나무 막대는 손으로 잡아서 전달하고 그릇에 담을 수 있기 때문입니다. 2 ㉠ 기체 ㉡ 액체 ㉢ 기체 ㉣ 고체 3 ㉣
4

5 ③ 6 ⑤ 7 (1) ㉡ (2) 예 물은 액체이므로 담는 그릇에 따라 모양이 변하지만 부피는 변하지 않으므로 물의 높이가 처음과 같아야 하기 때문입니다.
8 공기 9 도람 10 공기(기체) 11 (1) ㈎ (2) ㈏
12 ⑤ 13 ㉠ 공기 ㉡ 이동 14 ㉡ 15 ④
16 도훈, 소윤 17 ㉢ 18 ⑤ 19 예 공기 주입 마개를 누르면 페트병에 공기가 더 들어가고, 공기는 무게가 있기 때문에 늘어난 공기만큼 페트병의 무게가 늘어납니다. 20 (1) 모양(부피), 부피(모양) (2) 액체 (3) 기체

1 고체인 나무 막대는 손으로 잡아서 전달할 수 있지만, 액체인 물은 흘러내리고 기체인 공기는 눈에 보이지 않아 전달하기 어렵습니다.

채점 tip (1) 나무 막대를 옳게 쓰고, (2) 나무 막대는 손으로 전달하고 그릇에 담을 수 있다는 내용을 쓰거나 고체이기 때문이라는 내용을 쓰면 정답으로 합니다.

2 어항 윗부분의 공기와 물속에서 볼 수 있는 공기 방울은 기체, 물고기가 헤엄쳐 다니는 부분의 물은 액체, 어항의 바닥에 깔린 돌멩이는 고체입니다.

3 고체인 ㉣ 돌멩이만 손으로 잡아서 전달할 수 있습니다.

4 고체인 탁구공을 여러 가지 모양의 그릇에 옮겨 담아도 탁구공의 모양과 크기가 변하지 않습니다. 고체는 모양이 변하지 않기 때문에 그릇의 입구보다 큰 물체는 그릇에 넣을 수 없습니다.

5 집게, 유리컵, 수첩, 모래는 고체입니다. 식용유, 물약, 요구르트는 액체입니다. 페트병 속 공기는 기체입니다.

6 우유, 바닷물, 샴푸는 물질의 상태가 액체입니다. 액체는 담는 그릇에 따라 모양은 변하지만 담긴 그릇을 항상 가득 채우지는 않습니다.

7 액체는 담는 그릇에 따라 모양이 변하지만 부피는 변하지 않습니다.

채점 tip (1) ㉡을 옳게 쓰고, (2) 물의 부피가 변하지 않기 때문이라는 내용을 쓰면 정답으로 합니다.

8 바람은 공기의 이동에 의해 나타나는 현상으로, '공기'에 대해 국어사전에서 찾은 내용입니다.

9 기체는 담는 그릇에 따라 모양과 부피가 변하고, 담긴 그릇을 항상 가득 채우는 성질이 있습니다.

10 에어 캡의 작은 원 하나하나에는 공기가 들어 있어서 싸고 있는 물건에 충격이 전달되지 않도록 하는 역할을 합니다.

11 바닥에 구멍이 뚫린 컵을 밀어 넣으면 페트병 뚜껑이 그대로 있고, 바닥에 구멍이 뚫리지 않은 컵을 밀어 넣으면 수조 안 물의 높이가 조금 높아집니다.

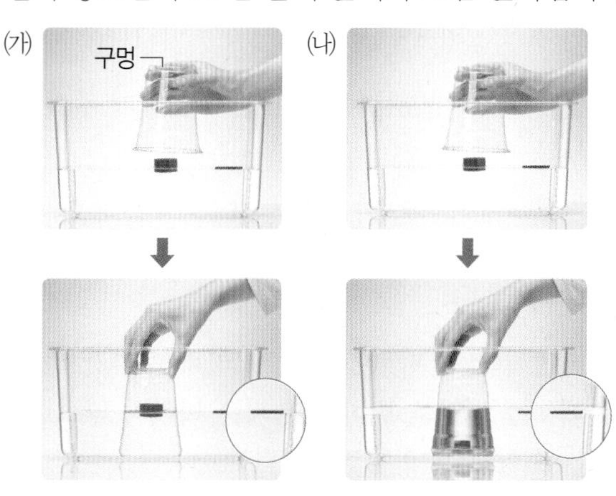

12 바닥에 구멍이 뚫리지 않은 플라스틱 컵 안에 있는 공기가 공간을 차지하고 있기 때문에 컵 안으로 물이 들어가지 못합니다.

13 부풀린 풍선 입구를 쥐었던 손을 살짝 놓으면 풍선 속의 공기가 풍선 밖으로 이동하면서 공기 방울이 보이고, 보글보글 소리가 납니다.

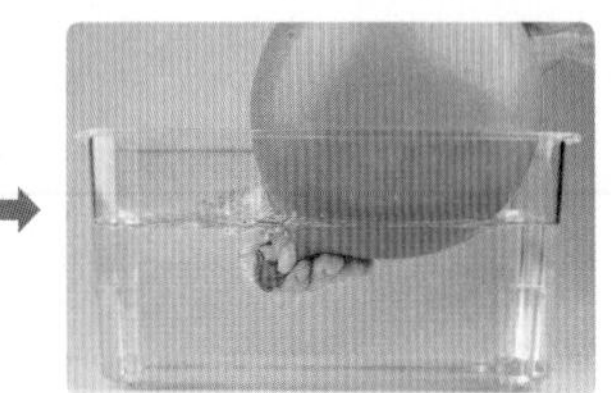

14 ㉡ 부채는 공기가 이동하는 성질을 이용합니다. ㉠ 자동차 에어 백과 ㉢ 비눗방울 불기는 공기가 공간을 차지하고 이동하는 성질을 이용합니다.

15 풍선을 끼운 페트병을 양손으로 힘껏 누르면 페트병 속의 공기가 풍선 쪽으로 이동하여 풍선이 부풀어 오릅니다.

16 ㉠ 주사기의 피스톤을 당기거나 ㉡ 주사기의 피스톤을 안쪽으로 밀면 주사기와 비닐관 안쪽의 공기가 ㉠ 주사기 쪽으로 이동합니다.

17 버스 안에는 눈에 보이지 않지만 공기가 가득 차 있습니다. 버스 안 공기의 무게는 약 100~120 kg으로 기체도 무게가 있으며, 양이 늘어나면 무게도 늘어납니다.

18 공기 주입 마개를 눌러 공기를 더 넣으면 페트병의 무게가 무거워지므로 공기 주입 마개를 누르기 전인 46.9 g의 무게보다 무거워야 합니다.

19 공기 주입 마개를 누르기 전보다 공기 주입 마개를 누른 후 페트병의 무게가 더 늘어납니다.

채점 tip 공기는 무게가 있기 때문에 공기 주입 마개를 눌러 페트병에 공기를 더 넣으면 무게가 늘어난다는 내용을 알맞게 쓰면 정답으로 합니다.

20 담는 그릇에 따라 고체는 모양과 부피가 일정하고, 액체는 모양은 변하고 부피는 변하지 않으며, 기체는 모양과 부피가 변합니다.

32쪽~35쪽 단원 평가 실전

1 공기 **2** ⑤ **3** (1) 고체 (2) 예 담는 그릇에 따라 가루 물질 전체의 모양은 변하지만, 가루 물질의 알갱이 하나하나의 모양과 부피는 변하지 않기 때문입니다. **4** ㉡ **5** 서영 **6** (1) ㉠ (2) 예 물은 흐르는 성질이 있습니다. **7** (1) ○ (3) ○ **8** ㉠ **9** 지윤 **10** 기체 (상태) **11** (1) ㉠ (2) ㉢ **12** 예 고무보트, 바람 인형 **13** ㉠ 공기 ㉡ 예 공간을 차지 **14** 예 풍선 밖에 있던 공기가 공기 주입기를 통해 풍선 안으로 이동하고 공간을 차지하는 성질 때문에 풍선에 공기를 넣을 수 있습니다. **15** ⑤ **16** ㉠ **17** 주영 **18** ㉠ **19** 예 ㉡에서 공기 주입 마개를 더 많이 눌러 페트병에 공기를 더 넣었기 때문에 ㉠ 페트병보다 ㉡ 페트병이 더 무겁습니다. **20** (1) ㉡, ㉢, ㉤ (2) ㉠, ㉥, ㉦ (3) ㉣, ㉧

1 눈에 보이지 않는 공기는 손에 느껴지지 않아 잡을 수 없고, 모양이 변하며, 담는 그릇을 항상 가득 채웁니다.

2 플라스틱 막대는 고체입니다. 설탕, 종이컵, 컴퓨터는 플라스틱 막대와 같은 고체 상태입니다.

3 가루 물질의 알갱이 하나하나의 모양과 부피는 변하지 않습니다.

채점 tip (1) 고체를 옳게 쓰고, (2) 가루 물질의 알갱이 하나하나의 모양과 부피는 변하지 않기 때문이라는 내용을 쓰면 정답으로 합니다.

4 고체는 담는 그릇이 바뀌어도 모양과 부피가 변하지 않고, 액체는 담는 그릇에 따라 부피는 변하지 않지만 모양이 변합니다.

5 분무기는 안에 있는 물을 작은 물방울로 만들어 공기 중에 뿌리는 것으로 분무기 안에 있는 물 ㉠과 분무기 밖으로 나오는 물 ㉡은 액체입니다. 물질의 상태는 변하지 않고 물의 모양만 달라집니다.

6 액체인 물은 흐르는 성질이 있습니다.

채점 tip (1) ㉠을 옳게 쓰고, (2) 물은 흐르는 성질이 있다는 내용을 쓰면 정답으로 합니다.

7 우유를 컵에 붓거나 컵에 있는 물을 빨대로 마실 때, 병에 담긴 기름을 프라이팬에 부으면 모두 액체의 모양이 변하는 것을 볼 수 있습니다.

8 액체인 주스는 담는 그릇에 따라 모양은 변하지만 부피는 변하지 않으므로 처음에 사용한 그릇으로 옮겨 담으면 주스의 높이가 처음과 같습니다.

9 색깔과 냄새가 없는 공기는 눈에 보이지 않지만 하늘을 나는 연, 바람에 흔들리는 나뭇가지 등의 모습을 보고 공기가 있다는 것을 알 수 있습니다.

10 공기 주입기를 통해 풍선 밖에서 풍선 안으로 이동해 풍선을 가득 채우고 있는 공기는 기체입니다.

11 플라스틱 컵 안에 있는 공기가 공간을 차지하고 있기 때문에 컵 안의 공기 부피만큼 밀려나와 수조 안의 물의 높이가 조금 높아집니다.

12 고무보트, 바람 인형, 튜브, 에어 캡, 응원용 막대 풍선, 공기 침대, 공기 베개, 구조용 안전 매트 등은 공기가 공간을 차지하는 성질을 이용합니다.

13 눈에 보이지 않지만 페트병 안에는 공기가 가득 차 있어 공간을 차지하고 있기 때문에 손으로 눌러도 완전히 찌그러지지 않고 살짝만 눌립니다.

14 공기 주입기로 펌프질을 하면 풍선 밖의 공기가 풍선 안으로 이동하고, 풍선 안에서 공기가 공간을 차지하기 때문에 풍선이 점점 크게 부풀어 오릅니다.

채점 tip 공기가 이동하고 공간을 차지하는 성질을 이용한다는 내용을 쓰면 정답으로 합니다.

15 코끼리 나팔의 입구에 공기를 불어 넣으면 공기가 코끼리 나팔로 이동하면서 코끼리 나팔이 길게 늘어납니다. 선풍기에서 나오는 바람은 공기의 이동으로 시원함을 느낄 수 있습니다.

16 당겨 놓은 주사기 속의 공기가 피스톤을 당겨 놓지 않은 주사기 속으로 이동합니다.

17 찌그러진 축구공에 공기를 넣으면 공기를 넣기 전보다 축구공의 무게가 늘어납니다.

18 고무보트에서 공기를 빼내면 고무보트의 무게를 줄여 쉽게 옮길 수 있습니다.

19 공기는 무게가 있기 때문에 공기가 많이 들어 있는 페트병이 더 무겁습니다.

채점 tip ㉠ 페트병보다 ㉡ 페트병에 공기가 더 많이 들어 있기 때문이라는 내용을 쓰면 정답으로 합니다.

20 머리빗, 리코더, 삼각자는 모양과 부피가 변하지 않는 고체입니다. 우유, 식용유, 액상 세제는 모양이 변하고 부피는 변하지 않는 액체입니다. 바람 인형과 구명조끼 속의 공기는 모양과 부피가 변하는 기체입니다.

36쪽 수행 평가 1회

1 예 처음에 사용한 ㈎ 과정의 그릇으로 옮겨 담으면 물의 높이가 처음에 표시한 물의 높이와 같습니다.
2 예 액체는 담는 그릇에 따라 모양은 변하지만 부피가 일정한 성질을 가지고 있습니다.
3 주스, 꿀, 우유, 참기름

1 물을 여러 가지 모양의 그릇에 옮겨 담으면 담는 그릇에 따라 물의 모양은 변하지만, 부피는 변하지 않습니다.

채점 tip 물의 높이가 처음과 같다는 내용을 쓰면 정답으로 합니다.

2 물이나 주스와 같은 액체는 담는 그릇에 따라 모양은 변하지만 부피는 변하지 않습니다.

채점 tip 액체는 담는 그릇에 따라 모양은 변하지만, 부피는 변하지 않는다는 내용을 쓰면 정답으로 합니다.

3 주스, 꿀, 우유, 참기름 등은 담는 그릇에 따라 모양은 변하지만 부피가 일정한 성질을 가지고 있는 액체입니다. 설탕, 소금, 지우개는 고체, 공기는 기체입니다.

37쪽 수행 평가 2회

1 ㉢, ㉡, ㉠
2 예 공기 주입 마개가 페트병 바깥에 있는 공기를 페트병 안으로 넣기 때문에 공기 주입 마개를 여러 번 누르면 페트병이 팽팽해집니다.
3 예 공기는 눈에 보이지 않지만, 무게가 있습니다.

1 페트병 입구에 끼운 공기 주입 마개를 눌러 페트병에 공기를 더 넣고 무게를 측정해 보면 공기 주입 마개를 누르기 전보다 누른 후의 무게가 늘어난 것을 확인할 수 있습니다. 공기 주입 마개를 누르는 횟수가 늘어날수록 무게도 늘어납니다.

2 공기 주입 마개를 누르면 바깥에 있는 공기가 페트병 안으로 들어가기 때문에 페트병이 팽팽해집니다.

채점 tip 공기 주입 마개가 바깥에 있는 공기를 페트병 안으로 넣기 때문이라는 내용을 쓰면 정답으로 합니다.

3 공기와 같은 기체는 대부분 눈에 보이지 않지만, 고체나 액체처럼 무게가 있습니다.

채점 tip 공기는 무게가 있다는 내용을 옳게 쓰면 정답으로 합니다.

5. 소리의 성질

38쪽 묻고 답하기 ①회

1 떨림 2 세게 칠 때 3 소리의 세기 4 큰 소리 5 높은 소리 6 트라이앵글 7 긴 음판 8 공기 9 소리의 반사 10 단단한 물체

39쪽 묻고 답하기 ②회

1 예 물이 튑니다. 2 큰 소리 3 작은 소리 4 소리의 높낮이 5 짧은 관 6 고체 7 실이 팽팽할 때 8 전달됩니다. 9 나무판 10 (방음) 귀마개

40쪽~43쪽 단원 평가 기출

1 ② 2 (1) ㉠ (2) ㉡ 3 (1) ○ 4 ㉣ 5 (1) 예 작은북과 캐스터네츠를 세게 칩니다. (2) 예 작은북과 캐스터네츠를 약하게 칩니다. 6 ㉠ 7 ②, ③ 8 4, 7, 10 9 (1) 오른쪽 (2) 예 기타 줄이 길수록 더 낮은 소리가 나기 때문입니다. 10 ① 11 ㉢, ㉣ 12 ② 13 ④ 14 서린 15 (1) 실 (2) 물 (3) 공기 16 (가) 17 ㉠ (가) ㉡ (나) 18 ㉡ 19 예 학생들의 합성 소리나 응원하는 소리 등을 들을 수 있습니다. 20 승현

1 물체에서 소리가 날 때에는 물체가 떨립니다.

2 소리가 나는 트라이앵글이나 소리굽쇠에 손을 대면 떨림이 느껴집니다. 소리가 나지 않는 트라이앵글이나 소리굽쇠에 손을 대면 떨림이 느껴지지 않습니다.

3 생활 속에서 들을 수 있는 작은 소리에는 까치발을 하고 걷는 소리, 시계 소리 등이 있고, 큰 소리에는 자동차의 경적 소리, 망치질하는 소리 등이 있습니다.

4 물체가 크게 떨리면 큰 소리가 나고, 물체가 작게 떨리면 작은 소리가 납니다.

5 작은북과 캐스터네츠를 약하게 치면 작은북과 캐스터네츠가 작게 떨리면서 작은 소리가 납니다. 작은북과 캐스터네츠를 세게 치면 작은북과 캐스터네츠가 크게 떨리면서 큰 소리가 납니다.

채점 tip (1) 큰 소리를 내려면 작은북과 캐스터네츠를 세게 치고, (2) 작은 소리를 내려면 작은북과 캐스터네츠를 약하게 친다는 내용을 옳게 쓰면 정답으로 합니다.

6 팬 플루트는 관의 길이가 길수록 낮은 소리가 나고, 관의 길이가 짧을수록 높은 소리가 납니다. 가장 긴 관을 연주한 경우는 가장 낮은 음인 ㉠입니다.

7 소리의 높고 낮은 정도를 소리의 높낮이라고 합니다. 장구, 작은북, 캐스터네츠는 높이가 같은 음을 내는 악기입니다.

8 플라스틱 빨대의 길이가 짧을수록 높은 소리가 나고, 플라스틱 빨대의 길이가 길수록 낮은 소리가 납니다.

9 ㉠보다 오른쪽 부분을 손으로 누르고 줄을 뚱기면 뚱기는 줄의 길이가 길어지기 때문에 더 낮은 소리가 납니다.

채점 tip (1) '오른쪽'을 옳게 쓰고, (2) 기타 줄이 길수록 더 낮은 소리가 나기 때문이라는 내용을 옳게 쓰면 정답으로 합니다.

10 불이 난 것을 알리는 화재 경보음, 위급한 환자가 타고 있는 것을 알리는 구급차 소리, 수영장에서 안전 요원이 부는 호루라기 소리 등은 높은 소리를 이용하는 예입니다. 화재 비상벨을 작은 소리로 울리면 사람들이 잘 들리지 않아 대피할 수 없습니다.

11 북을 치면 북면이 떨리고, 북면의 떨림이 주위의 공기에 전달됩니다. 공기의 떨림이 멀리 떨어져 있는 친구의 귀까지 전달되면 소리를 들을 수 있습니다.

12 소리는 고체, 액체, 기체 물질을 통해 전달됩니다. 북소리, 학교 종소리 등의 생활에서 듣는 소리의 대부분은 공기와 같은 기체를 통해 전달됩니다.

13 실 전화기의 실을 팽팽하게 당기면서 이야기하면 멀리서 이야기하는 친구의 목소리가 잘 들립니다.

14 물속인 ㉠ 부분에서는 물인 액체가 소리를 전달하고, 물과 사람의 귀 사이인 ㉡에서는 공기인 기체가 소리를 전달합니다.

15 소리는 실과 같은 고체 물질, 물과 같은 액체 물질, 공기와 같은 기체 물질을 통하여 전달됩니다.

16 플라스틱 통 위쪽에서 스타이로폼 판을 비스듬히 들었을 때보다 나무판을 비스듬히 들었을 때 소리가 더 잘 반사되어 크게 들립니다.

17 소리는 나무판과 같이 단단한 물체에서는 잘 반사되지만, 스타이로폼 판과 같이 부드러운 물체에서는 흡수되어 잘 반사되지 않습니다.

18 공연장 천장에 설치한 반사판은 소리를 반사시켜 공연장 전체에 소리를 골고루 전달하는 역할을 합니다.

19 학생들의 합성 소리나 응원하는 소리, 선생님이 부는 호루라기 소리 등의 다양한 소음을 들을 수 있습니다.

채점 tip 운동장에서 들을 수 있는 소음에 대한 내용을 알맞게 쓰면 정답으로 합니다.

20 소음을 줄이려면 소리의 세기 줄이기, 소음을 발생시키는 물체의 떨림을 작게 만들기, 소음을 발생시키는 물체에 소리가 잘 전달되지 않는 물질 붙이기 등의 방법으로 소음을 줄일 수 있습니다.

44쪽~47쪽 **단원 평가** 실전

1 ㉠, ㉣ 2 예 소리가 나고 있는 소리굽쇠를 손으로 잡아 떨림을 멈추게 합니다. 3 ㉣ 4 (1) ㉡ (2) ㉠ 5 ㉠ 낮게 ㉡ 높게 6 ② 7 ⑤ 8 ㉠ 높 ㉡ 낮 9 시우 10 예 위급한 환자가 타고 있는 것을 알리는 구급차 소리, 수영장에서 안전 요원이 부는 호루라기 소리, 불이 난 것을 알리는 화재 경보음 등이 있습니다. 11 ③ 12 ㉠ 13 (1) × (2) ○ (3) × 14 (1) ㉢ (2) ㉡ 15 (1) ㉠ (2) 예 실 전화기의 실을 손으로 잡으면 소리가 잘 전달되지 않기 때문에 손으로 잡지 않았을 때 소리가 더 잘 들립니다. 16 반사 17 ㉣ 18 (1) ㉠ (2) ㉢ 19 ①, ⑤ 20 (1) ㉢ (2) 예 음악실 벽에 소리가 잘 전달되지 않는 물질을 붙입니다.

1 소리가 나는 트라이앵글을 손으로 움켜쥐면 떨림이 멈추기 때문에 소리가 멈춥니다. 모기나 벌이 날 때 들리는 소리는 날갯짓의 떨림 때문에 나는 소리입니다.

2 고무망치로 쳐서 소리가 나는 소리굽쇠는 떨리기 때문에 소리가 납니다. 소리굽쇠를 손으로 움켜쥐어 떨림을 멈추게 하면 소리도 멈춥니다.

채점 tip 손으로 잡는 등의 방법으로 소리굽쇠의 떨림을 멈추게 한다고 쓰면 정답으로 합니다.

3 생활 속에서 다양한 소리를 들을 수 있습니다. 망치질하는 소리, 구급차 사이렌 소리, 응원하는 소리 등은 생활 속에서 들을 수 있는 큰 소리이고, 책장 넘기는 소리는 작은 소리입니다.

4 종을 세게 흔들거나 금속 그릇을 강하게 치면 종이나 금속 그릇이 크게 떨려 큰 소리가 납니다. 종을 약하게 흔들거나 금속 그릇을 약하게 치면 종이나 금속 그릇이 작게 떨려 작은 소리가 납니다.

5 북을 약하게 칠수록 작은 소리가 나고, 북이 작게 떨리면서 좁쌀이 낮게 튑니다. 북을 세게 칠수록 큰 소리가 나고, 북이 크게 떨리면서 좁쌀이 높게 튑니다.

6 실로폰의 음판이 짧을수록 높은 소리가 나고, 음판이 길수록 낮은 소리가 납니다. 큰북과 작은북은 높이가 같은 음을 내는 악기입니다.

7 실로폰의 음판이 짧을수록 높은 소리가 나고, 음판이 길수록 낮은 소리가 납니다. 팬 플루트는 관의 길이가 짧을수록 높은 소리가 나고, 관의 길이가 길수록 낮은 소리가 납니다. 하프는 짧은 줄을 튕기면 높은 소리가 나고, 긴 줄을 튕기면 낮은 소리가 납니다.

8 악기의 줄, 음판, 관의 길이가 짧을수록 빠르게 떨려 높은 소리가 나고, 길수록 느리게 떨려 낮은 소리가 납니다.

9 리코더의 구멍을 모두 막았다가 하나씩 열면 점점 높은 소리가 나고, 리코더의 구멍을 모두 막지 않았다가 하나씩 닫으면 점점 낮은 소리가 납니다. 리코더와 기타는 소리의 높낮이를 다르게 하여 연주할 수 있으며, 소리의 세기도 다르게 할 수 있습니다. 기타 줄을 짧게 잡고 뚱기면 높은 소리가 나고, 길게 잡고 뚱기면 낮은 소리가 납니다.

10 구급차나 경찰차, 화재 비상벨의 경보음, 안전 요원의 호루라기 소리 등은 높은 소리로 위급한 상황을 알립니다.

채점 tip 구급차 소리, 안전 요원의 호루라기 소리, 화재 경보음 등 높은 소리를 이용한 예를 두 가지 쓰면 정답으로 합니다.

11 공기를 통하여 소리가 전달되기 때문에 멀리 떨어져 있는 친구가 부르는 소리를 들을 수 있습니다.

12 놀이터의 금속으로 된 철봉이나 그네를 두드리면 금속을 통해 두드리는 소리가 전달되어 반대편에 귀를 대었을 때 소리를 잘 들을 수 있습니다.

13 소리는 고체, 액체, 기체와 같은 물질을 통하여 전달되지만, 공기가 없는 우주에서는 소리가 전달되지 않습니다.

14 손잡이를 당겨 장치 안의 공기를 빼낼수록 스피커의 소리를 전달할 물질이 없어져 소리가 점점 작게 들리지만, 공기를 다시 넣으면 작아졌던 소리가 다시 커집니다.

15 실 전화기의 실을 손으로 잡으면 실의 떨림이 잘 전달되지 않아서 소리가 잘 들리지 않습니다.

채점 tip (1) ㉠을 옳게 쓰고, (2) 실을 손으로 잡으면 소리가 잘 전달되지 않기 때문이라는 내용을 쓰면 정답으로 합니다.

16 물체가 없는 빈 공간에서는 소리가 잘 반사되어 소리가 울리지만, 물체가 있는 공간에서는 소리가 흡수되거나 여러 방향으로 반사되기 때문에 잘 울리지 않습니다.

17 책상에 귀를 대고 있을 때 책상을 두드리는 소리를 책상을 통해 듣는 것은 소리가 전달되는 성질을 이용한 것입니다.

18 단단한 나무판자를 세웠을 때 소리가 가장 크게 들립니다. 부드러운 스펀지를 세웠을 때에는 나무판자를 세웠을 때보다는 작게 들리지만 아무것도 세우지 않았을 때보다는 크게 들립니다.

19 도로에서는 자동차가 빠르게 달리는 소리, 자동차의 경적 소리 등의 소음이 발생하므로 자동차 운전자는 과속하지 않고 경적을 울리지 않는 방법으로 소음을 줄일 수 있습니다. 도로 변에 소리를 반사하는 방음벽을 설치하여 소음을 줄일 수도 있습니다.

20 음악실 벽에 부드러운 물질을 붙이면 소리가 흡수되어 밖으로 잘 전달되지 않으므로 소음을 줄일 수 있습니다.

채점 tip (1) ㉢을 옳게 쓰고, (2) 벽에 소리가 잘 전달되지 않는 물질을 붙인다는 내용을 옳게 쓰면 정답으로 합니다.

48쪽 수행 평가

1 예 실이 종이컵에서 빠지지 않도록 하기 위해서입니다.

2 예 실을 손으로 잡으면 실의 떨림이 멈추기 때문에 친구의 목소리가 잘 들리지 않습니다.

3

1 종이컵을 서로 당겼을 때 실이 빠지지 않도록 실 끝에 클립을 묶어 고정합니다. 클립으로 실을 고정할 때 실이 잘 풀리지 않도록 실을 여러 번 묶습니다.

채점 tip 실이 빠지지 않도록 하기 위해서라는 내용을 쓰면 정답으로 합니다.

2 실 전화기에서 소리는 실의 떨림으로 다른 쪽 종이컵으로 전달됩니다. 실을 손으로 잡아 떨림을 멈추게 하면 다른 쪽 종이컵에서는 소리를 들을 수 없습니다.

채점 tip 실의 떨림이 멈추기 때문에 소리를 잘 들을 수 없다고 쓰면 정답으로 합니다.

3 실이 팽팽할수록 실의 떨림이 소리를 잘 전달하므로 두 종이컵 사이의 실을 팽팽하게 합니다. 실이 굵을수록 소리를 잘 전달할 수 있고, 실에 물을 묻히면 실 사이의 공간이 물로 채워져 실이 더 단단해져서 소리를 잘 전달할 수 있습니다. 실의 길이가 너무 길면 실의 떨림이 줄어들기 때문에 실의 길이가 짧을수록 소리가 잘 전달됩니다.

백점 과학 3·2

초등학교 학년 반 번 이름